精準行銷聖經

日本電通洞察目標對象、找出賣點
打造暢銷商品的市場調查教戰手冊

阿佐見綾香 著

朱芳儀 審訂

◎ 市場研究找出關鍵洞察 掌握精準行銷的成功密碼

　　踏入行銷傳播產業28年，我常被問到這個問題：「要打造扣人心弦的行銷案例，秘訣是甚麼？」我的答案始終不變 — 精準的策略加上精彩的創意，兩者環環相扣，相輔相成。而策略和創意的基礎，在於洞察（Insight）。

　　要找出關鍵洞察，得進行全面的市場研究，其中一項重要的研究方法，就是市場調查。這是一門博大精深的學問，涉及各種類型和技巧。日本電通成立至今122年，作為歷史最悠久的行銷傳播集團之一，經過時間和經驗的淬鍊，已發展出一套獨門心法，而本書作者身為策略規劃師，當然是箇中翹楚。

　　本書詳細解說了不同型態的市調應用，有系統地梳理常見的盲點和克服障礙的明確做法；在此特別感謝台灣電通集團的策略與諮詢副總經理Julia（朱芳儀），以她曾在日本電通工作的角度切入，責無旁貸完成中文版的監修校閱工作，幫助中文讀者領略市場調查的精髓，學習日本專家的情報力與擅長細節微觀的洞察，更有效率地達到行銷目標。

　　在現代的商業環境中，洞察已成為企業經營和決策的核心依據。尤其行銷產業已進入證據行銷（Evidence marketing）的時代，唯有挖掘客戶、市場、文化、甚至是人性的洞察，企業才能夠了解客戶的真實需求、發現潛在的市場機會、釐清前進未來的方向。因此在電通台灣，我們特別重視洞察，成立了智能中心（dentsu solution center），將市場環境調查趨勢、消費行為與策略做深度的詮釋與整合，加速知識商業化、提升企業商業創新能量，並投資開發了智能工作平台，提升內部團隊的專業效能，提

供客戶以數據驅動的解決方案，擴大行銷效益，共創前所未見。

　　行銷是藝術和科學的綜合體，上述的研究、洞察、策略、到創意，每個步驟都必須到位，才能一針見血地解決商業課題，創造獨一無二的品牌價值。這套知識體系聽起來艱澀複雜，但正如本書書名所破題，這是一本精準行銷的聖經，相信讀者們定能從書中深入淺出的論述，各個擊破所有關於市場調查的疑難雜症，用擲地有聲的市場研究，產出精闢的洞察，精準設定「目標對象」與「賣點」，打造暢銷商品，提高企業的市占率和心占率！

電通行銷傳播集團執行長 唐心慧

◎ 商品是否暢銷，9 成原因出在「調查方式」

「明明覺得這項商品一定會熱賣，到底是哪裡出錯了…？」

「明明在這項商品投注了大量的心力，要讓銷路大增，結果卻賣得不好，害我都失去自信了……」

這些情況的問題通常出在「調查方式」。

在資訊與產品幾近氾濫的情況下，商品越來越賣不動。說是這麼說，但每天仍然會出現新的暢銷商品。到底該怎麼做，才能開發出暢銷商品呢？**祕訣就在找到正確的「目標對象」與「賣點」。**

凡是暢銷商品，都設定了正確的「目標對象」與「賣點」，而那些銷路不好的商品不是沒正確設定「目標對象」，就是沒找到「賣點」，不然就是兩者都沒找到。

正確地設定「目標對象」與「賣點」，讓你有一個好的開端，也才能讓同一種商品的業績往上翻好幾倍。這在廣告業界是眾所周知的事情。

話說回來，要找到「目標對象」與「賣點」真的很難。至今我見過不少客戶，也多次覺得「明明找到目標對象與賣點就能賣得好，真是太遺憾了！」

這時候，輪到**創造暢銷商品的「調查方式」**出場。

能創造暢銷商品的少數人，在能力上與其他人其實沒有太大差別。就算能力真的有差距，也只差在能不能有意識或無意識地使用本書介紹的「調查技巧」而已。在銷售商品的過程中使用創造暢銷商品的「調查技巧」，就能早日鎖定理想的「目標對象」與「賣點」。此外，只要願意學習，誰都能學會本書介紹的「調查技巧」。

◈ 找出目的，就能立刻學會「調查技巧」

我在大學畢業後便進入廣告公司「電通」服務，也被派到行銷部門擔任策略規劃師。我在電通耗費大量時間學到的是正統的「市場研究」。說白話一點就是創造暢銷商品的「調查技巧」。

雖然我是這本書的作者，但在我還是菜鳥的時候也不懂什麼叫做「調查」。我這個文組畢業的學生，連 Excel 都沒用過，每天都被大量的資訊給淹沒，完全不知道該從哪裡開始調查，常常花了時間與金錢也什麼都找不到。

掌握資訊的出處，一邊設定正確的目的，一邊選擇適當的調查方式。我花了至少 5 年才學會這種一氣呵成的調查技巧。為什麼會花這麼久的時間呢？答案是：要調查的東西多如繁星。

如此說來，沒有多年的經驗就無法學會調查嗎？當然不是。若問該怎麼做才好，答案就是先將目標的範圍縮小成「賣出商品」，再針對「目標對象」與「賣點」進行調查就好。

我在電通幫忙客戶行銷商品的時候，常用的「調查技巧」其實就是那幾種，遠比想像來得少。這意味著，若能先找出常用而且很重要的「調查技巧」，每個人都能有效率地完成調查才對。

當我發現這件事情之後，便根據 10 年以上策略規劃師的經驗，試著將打造暢銷商品的調查技巧與步驟簡化為白紙黑字的流程，**也為了更有效率地完成調查而開發了原創的工具與模型。**※

這些工具與模型如今已是電通行銷部門每年新進員工訓練課程的一部分，我也將這些內容全部寫進本書之中。

本書是為了下列讀者所寫。

✓ 想賣出商品，但不知道該從哪裡開始的人
✓ 沒什麼行銷經驗的人
✓ 很少有機會實際進行市調的人
✓ 想經營副業，賣出自己設計的商品的人
✓ 覺得自己不擅長調查的人
✓ 面對非常激烈的社會潮流變化不知該如何適應的人

※本書作者提供的原創工具（可於P.510下載））皆為日文版本

◎ 閱讀本書的優點

當我將市場調查的相關技巧教給電通的新人或客戶，請他們實際應用之後，得到了下列的回饋。

「以為賣不動的商品起死回生。」

「知道過去的商品哪裡出了問題，改善之後銷售量就增加了。」

「知道顧客不買商品的徵結點出在意想不到的地方，突破瓶頸之後，商品就變得好賣了。」

「在原設定的目標之外找到藍海市場，商品也越賣越好。」
只需將創造暢銷商品的「調查技巧」融入你的例行公事，就能感受到轉變，也就更有機會抵達「暢銷」這個目標。

本書可提供的價值共有下列5種。

① 學會創造暢銷商品的「調查技巧」，早日找到適當的「目標對象」與「賣點」。如此一來，**就能避免浪費金錢、時間、精力這些成本，還能讓生意成功。**

② 透過案例進一步瞭解打造暢銷商品所需的「調查技巧」。**除了可以學習理論，還能學到讓事業的成功轉換成一套體系的實用知識。**

③ 除了加深理解之外，**本書提供了40種原創的範本以及5種計算工具，供大家隨時取用（P.510）**※。

④ 可透過「本書編排方式」提及的各章主旨、第9章「調查受挫的原因與對策」，以及本書最後的索引，**瞭解自己的問題或課題，再根據目的確認現在該做的事情。**

⑤ 可與團隊成員共享與應用本書的內容，**創造團隊的共通語言，提升決策的品質與速度。**

◈ 本書編排方式

以下說明本書的架構。

第1章透過案例說明為什麼打造暢銷商品需要「調查技巧」，並說明學會市場調查之後能得到哪些好處。

第2章介紹「打造暢銷商品所需的調查方式3個步驟」，並說明STEP1「建立假設的方法」，以及將在STEP2中使用的基礎調查技巧。**請讀者們將本書後文出現的「調查」全部視為打造暢銷商品所需的「調查技巧」。**

第3至第8章是STEP2的調查技巧實踐篇。主要依照不同目的，將找出理想「目標對象」與「賣點」的調查技巧分成3大類。

◉打造暢銷商品的調查技巧 3 步驟，以及適用於 3 種目的的調查方式

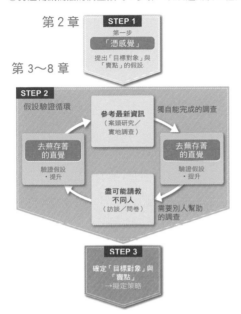

　　進入STEP2之後，要一邊思考你手上的業務需要什麼，一邊依照這個需求選出3種調查技巧，再試著從需要的技巧開始使用。

　　第3章的內容是目的A：轉換成銷售創意的形式與「開發暢銷商品的調查」。這是讓創意具體成形，檢驗創意的可行性，以及找出具體策略的調查技巧，也是在本書中希望大家多多使用的調查技巧。

　　接著是目的B：擬定銷售策略的「策略調查」。在這裡，我們會透過3C分析的框架來收集資訊與擬定策略。第4、5章是「打造暢銷商品的市場與顧客分析」，第6章是「打造暢銷商品的競合分析」，第7章是「打造暢銷商品的自家公司分析」，這些內容會以

4章篇幅逐步解說。

第8章的內容是目的C：讓進入市場的商品一直暢銷的「長銷調查」。這是讓商品持續熱賣，不斷依照時代與市場的變化微調「賣點」與「目標對象」，同時驗證效果的調查技巧。

在STEP2確定「目標對象」與「賣點」之後，就可以進入STEP3的「擬定策略」。本書的主題是擬定策略之前的「調查」，所以在進入STEP3之前，本書會先解說在STEP1與2應該進行的「調查」。

第9章總結了12種「調查時容易犯下的錯誤」，以及這些錯誤的原因與解決方法。如果有遇到任何困難，請務必參考本章的內容。

✛ 本書的閱讀方式

本書充滿了各種打造暢銷商品所需的調查技巧（最近也有利用大數據進行分析的例子，但這種方式需要安裝軟體以及建立系統能夠運作的環境，並需要專業的分析技巧、大量的成本與時間，所以請恕本書割愛），因此，**讀者們請相信只要手上有這本書，就能解決問題。**

這也是為什麼**全書總共高達9章、超過500頁**的原因。不過，請大家放心，**不需要從第一頁開始讀。**

本書目的是「**實際應用**」，最理想的情況是在執行業務時使用書中介紹的技巧。不論初學者或行銷專家，都能立刻使用本書介紹的技巧。

你可以先翻翻目錄與索引，從想瞭解或有興趣的部分開始閱讀。請從能夠解決當下問題、達成目標的部分開始閱讀，而且要**將重點放在實際應用這個部分，以便一步步瞭解本書的內容**。

「我想打造這個世界需要的暢銷商品」
「希望鍾愛的自家公司產品能賣遍全世界」

不管是誰，工作的時候都是秉持著上述信念。

此外，如果是曾經讓商品大賣的人，應該會希望「維持該商品的銷路」才對。

如果曾體驗過「完成調查後，就能找到賣出商品的策略」，那麼一定會由衷愛上打造熱門商品的「調查技巧」。

但願有更多人能夠透過本書介紹的技巧，體驗打造暢銷商品的喜悅。

第 1 章

Chapter++1

賣不好的商品都是沒找到正確的「目標對象」與「賣點」

第2章

Chapter + + 2

篩選 「目標對象」 與 「賣點」 的 3 個步驟

第 3 章

Chapter ⁺⁺3

【調查實踐篇 ①】
讓創意具體成形，　檢驗可行性的調查方式

第 **4** 章

【調查實踐篇 ②】
打造暢銷商品的 「市場分析」

第 **5** 章

【調查實踐篇 ③】
打造暢銷商品的 「顧客分析」

第 6 章

Chapter + + 6

【調查實踐篇 ④】
打造暢銷商品的 「競爭者分析」

第 7 章

Chapter++7

【調查實踐篇⑤】
打造暢銷商品的「自家公司分析」

第**8**章

【調查實踐篇 ⑥】 長銷調查

第**9**章

調查受挫再讀的章節

第 **1** 章

賣不好的商品都是沒找到
正確的「目標對象」與「賣點」

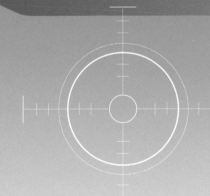

◈ 該怎麼做,才能打造暢銷商品?

「如今已進入東西賣不出去的時代。」

這句話已經流傳多久了呢?

當消費者接觸到的資訊增加,可選擇的商品與服務也越來越多元。花大錢買廣告就可以讓消費者購買相同商品的時代早已經落幕。

但是,即便是東西很難賣出去的時代,每天都會出現暢銷的商品。

「到底該怎麼做才能打造暢銷商品?」其實答案很簡單,就是**找到正確的「目標對象」與「賣點」**而已,不過大部分的人或許會覺得這不是廢話嗎?

所謂**「目標對象」就是購買商品與服務的顧客**,而「賣點」則有不同的定義,**本書定義的「賣點」是消費者會在對商品產生哪些認知之後,決定購買商品的關鍵。**簡單來說,就是能**刺激消**

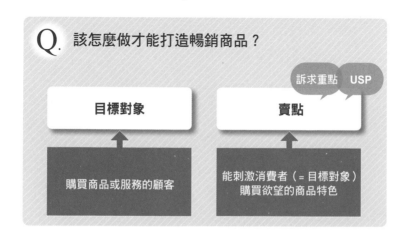

費者（=目標對象）購買欲望的商品特色。請大家將此想像成廣告從業人員口中的「訴求重點」，或是行銷人員常說的「USP（Unique Selling Proposition）」。

　　即使是同一件商品，只要能正確設定「目標對象」與「賣點」，銷路向上翻升好幾倍也不足為奇。

　　接著為大家介紹一個案例。

◈ 只調整「目標對象」與「賣點」就讓商品大賣的WORKMAN

　　專門生產工作服的「WORKMAN」在保留「工作服」這項商品的前提下，將「目標對象」與「賣點」往「戶外服飾」的方向調整而大獲成功。

◉ WORKMAN 的門市

▲圖片來源：株式會社 WORKMAN 提供

　　2018年，「WORKMAN」決定將客群從購買工作服的工匠師傅擴大至一般客人。那麼該對一般客人打出哪些「賣點」，才能讓商品熱賣呢？「WORKMAN」先以昂貴、便宜這兩個價格軸，以及機能性這個軸，將一般客人的服飾市場分成4個象限（參考下頁圖）。如此分類之後，便發現兼顧「平價」與「高機能性」的

象限是沒有競爭品牌，未經開發的處女地。

　　長期以來，「WORKMAN」很擅長製作耐穿、防水、防潑的工作服，所以將這類「高度機能性」的特徵設定為「賣點」，就能與UNIQLO這類流行的大眾服飾做出市場區隔，而且進一步將工作服最具優勢的「便宜」設定為「賣點」之後，也就不需要與體育用品製造商、戶外服飾製造商競爭。從這個特徵出發，後續則是擬定銷售策略。

◉WORKMAN 專務董事土屋哲雄製作的「4,000 億日圓的空白市場」

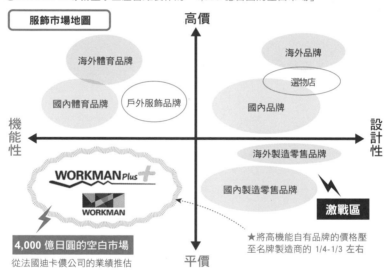

▲圖表來源：WORKMAN 株式會社提供

⌖ WORKMAN 找到的未開發市場

　　一開始，「WORKMAN」公司曾想過一般客人會覺得「WORKMAN」這個名字太過老氣而難以接受，所以想將商品名稱改成「WM Plus」，也把「勞務」、「工作」這類關鍵字從網站拿掉。

　　但後來才發現，「WORKMAN」具有「專家愛用的職人品質」這個品牌形象，而這個形象在一般顧客心中正是一大「賣點」，所以才刻意冠上「WORKMAN」這個名稱，選擇「營造形象落差」的策略。※

◉土屋替 WORKMAN 分析的未開發市場

目標對象	✔將客群從了為工作購買工作服的工匠師傅，擴大至一般客人
賣點	✔WORKMAN 長年累積的工作服製作技術以及工作服的機能性 　→與 UNIQLO 這類大眾品牌做出市場區隔 ✔工作服具有壓倒性的價格優勢 　→避免與體育用品製造商、戶外服飾製造商 ✔「專家愛用的職人品質」的品牌形象 　→一般客人買單的「賣點」

　　結果，新業態「WORKMAN Plus」在服飾業普遍不景氣的情況下，讓業績成長至既有店面的平均兩倍，如今也成長至足以威脅UNIQLO的品牌，成功吸引眾人的目光。

◀向來讓大眾覺得是勞務男子品牌的WORKMAN 以新業態「WORKMAN Plus」贏得年輕女性的青睞。

▲圖片來源：WORKMAN 株式會社提供

※作者根據《為什麼WORKMAN 能在不換商品只換銷售方式，就賣出兩倍以上的商品？》（酒井大輔著．日經BP）撰寫

◈ 懂得調查就懂得做生意

「WORKMAN」在找到正確的「目標對象」與「賣點」之後，就打造成暢銷商品。

暢銷商品都正確地設定了「目標對象」與「賣點」，滯銷的商品不是缺少其中一個，就是兩個都設定錯誤。也就是說，如果想要增加商品的銷路，首先得先找到正確的「目標對象」與「賣點」。

暢銷商品就像是中樂透一樣，所以要想中獎，就要先調查哪裡比較容易中獎。

話說回來，找到正確的「目標對象」與「賣點」不是件容易的事。如果隨便就能找到，就不會有人那麼辛苦了，所以才需要先掌握「調查」的祕訣。

因此本書才將**「調查」納入銷售商品的流程，介紹早一步找出理想的「目標對象」與「賣點」的技術。**

本書所說的「調查」或「市場研究」，就是打造暢銷商品的「調查方式」，換言之，**是讓生意成功的調查技術。**

◈ 容我重申一次，為什麼調查這麼重要？

我大學畢業便進入廣告公司「電通」，在行銷部門擔任策略規劃師，才有機會學習正統的「調查方法」。

「行銷」是讓目標對象覺得自家商品更有價值的活動。若問廣告公司的行銷部門都在做什麼，其實就是「擬定行銷策略，賣出客戶的商品」，也就是根據這項策略擬定打動人心的傳播或是廣告活動。

　　一如行銷部門常被誤認為「負責調查的部門」，更證明行銷少不了調查這個步驟，因為沒有先調查，就無法擬定確實可行的策略。

　　許多人以為生意跟調查沒什麼關係，但其實成功的調查意味著生意的成功。

　　被譽為「廣告教父」以及傳說文案寫手的大衛・奧格威其實曾在調查研究所擔任副所長，**是道道地地的「調查員」**，卻很少人知道這件事。

　　一如奧格威曾說**「不關心調查的廣告人，就像是無視敵方暗號的將軍一樣危險」**（節錄自《奧格威談廣告（簡中版）》（機械工業出版社）。可見要打造賣出商品的「廣告」，調查有多麼重要，也足以證明奧格威是多麼重視調查的人。

　　在直覺敏銳、充滿感性的創意人員的世界裡，「調查」被如此重視或許會讓人覺得意外，就連奧格威也曾指出，許多創意部門的人「對調查這件事很感冒」，也曾說**「連偉大的威廉・伯恩巴克，也與其他眾多廣告人一樣，覺得調查會妨礙創意發展」**。

　　「但就**我的經驗而言，事實恰恰相反**」，奧格威曾說。

　　此外，還留下以下這段話。其實電通的客戶也都會徹底進行調查，找到正確的「目標對象」與「賣點」。

「多虧了調查，才想到美好的創意。
（中略）多虧了調查，我才能避開可怕
的錯誤。」
（節錄自《奧格威談廣告（簡中版）》（機械工業出
版社）

「沒有調查資料，我將無計可施」（節錄
自《廣告巨人奧格威語錄》（海與月社），The
Unpublished David Ogilvy）

David Mackenzie Ogilvy

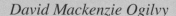

◈ 為什麼不能只憑「第六感」或「直覺」？

每次提到這點，總會有人跟我這麼說：「就算不特別調查，
靠直覺也沒什麼問題啊，而且透過經驗磨練的直覺通常很準，這
麼做的效率也比較好對吧？」

「調查是很老套的方法吧？明明現在做生意都講究設計或藝
術這類右腦的直覺或思考模式，現在還在強調調查，豈不是走回
頭路嗎？」

「每次都調查的話，不會跟不上變化嗎？現在是依賴直覺速
戰速決的時代，沒有時間慢吞吞地擬定策略吧？」

透過經驗琢磨的第六感或直覺的確如上述所說的那麼重要，
但就我在第一線的經驗來看，只靠「第六感」或「直覺」不一定
能找得到正確的「目標對象」與「賣點」。

更危險的是，老手若沒發現「目標對象」與「賣點」會隨著
時代改變這件事，就有可能鑄下大錯。

　　若是跳過「調查」這個步驟，只憑「第六感或直覺」貿然前進，就像是在漆黑的大海划船般危險，明明不知道該往哪裡航行，卻只是低著頭，有勇無謀地向前划行。白費力氣、繞遠路、走錯路，都會害那些本該可以暢銷的東西賣不出去。

　　除了活用「第六感與直覺」之外，若能透過調查找到可靠的判斷標準，決策的準確度就會提升。
　　其實讓商品的賣家（=廣告公司的客戶）重新認識自己，提出正確的判斷標準，也是廣告公司行銷人員的重要工作之一。
　　比方說，賣家有時「會想針對這種目標對象銷售」，或是覺得「這商品就是如此使用」，但廣告公司的行銷人員有可能會覺得「我設定的目標對象比較正確」、「我設定的賣點比較有機會讓商品暢銷」。
　　由此可知，行銷人員找到的「目標對象」或是「賣點」，常常與賣家不同。若問為什麼行銷人員能知道哪邊的觀點才是正確的，那當然是因為行銷人員懂得透過調查找答案。

◎ 調查會妨礙創意發展嗎？

　　話說回來，我也很常聽到下列這類意見。
　　「不是很多人說，再怎麼調查也無法生出『想要智慧型手機』這種需求不是嗎？」
　　「再怎麼調查也無法催生出創新不是嗎？」

美國的汽車公司創辦人亨利‧福特留下了：「如果你問顧客要什麼，他們應該會回答『想要一匹跑更快的馬』吧？」

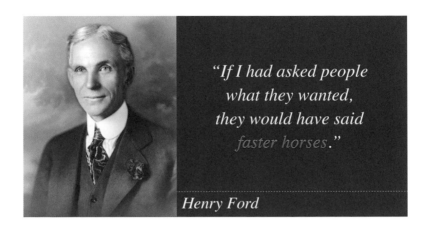

"If I had asked people what they wanted, they would have said *faster horses*."

Henry Ford

美國蘋果公司創辦人史蒂夫‧賈伯斯曾說：「**大多數的人在看到具體的成品之前，都不知道自己想要的是什麼**」。

不過，就這樣斷言「調查無用」也太過武斷了，因為我們該從上面這兩句名言學到的是「問題只出在漫無目的地問顧客『你想要什麼？』」

哈佛商學院教授克萊頓‧克里斯坦森也提出**「創新之所以失敗，通常在於問錯問題，而不是答錯答案」**。※

創新有創新所需的調查。

這部分會在第3章進一步說明，但一開始應以「要解決誰的煩惱？」「要滿足誰的哪些需求」為出發點，提出「這麼做就會大賣」的創意做為假設，接著根據這個假設做出初步的樣品，再讓不同的人試用與提出意見，然後根據這些人的反應找出「目標對象」與「賣點」，而這也是調查方式的一種。

※Clayton Magleby Christensen, Steve Kaufmann, Willy C. Shih(2008.9)。財務指標錯殺創新。Diamond哈佛商業評論，第33卷第9期，頁14-25。

在分析這些反應時，可試著「將注意力放在喜好分明的創意，而不是所有人都覺得還可以的創意，這樣才更容易創新」。

引爆世界級創新的企業也重視調查

越是常創新的企業，越理所當然地大量調查。

例如 YouTube 一開始只是個透過影片的交友配對網站，預設每個人會上傳自己的個人影片，服務內容大致是「使用者選擇自己的性別以及『理想的』性別與年齡之後，YouTube 就會幫使用者隨機選擇影片」的形式，使用者無法自行選擇要瀏覽的影片。在那時候，YouTube 的使用者人數一直難以成長。

於是，YouTube 開始調查使用者的使用習慣，根據手上的資料開始研究。結果發現，使用者會在這個網站分享朋友、寵物、塗鴉、網路流行事物以及各式各樣的影片。

YouTube 便根據該調查結果將「賣點」設定為「影音分享網站」，而不是「配對網站」。於是 YouTube 拿掉有關戀愛配對的所有元素，也為了提升點閱數而追加了「相關影片」功能，同時改善了分享功能，更新增了讓使用者將 YouTube 影片播放器嵌入自家網站的功能。想必大家都知道，YouTube 最終成為世界級的服務了。[※]

其實照片分享應用程式「Instagram」一開始也只是定位在資訊型的社群網路服務。經過調查之後，Instagram 發現大部分的使用者只使用照片的功能，所以便將「賣點」重新設定為「照片分享應用程式」。

※作者參考《YouTube 的時代　影片如何改變世界》（書名暫譯，凱文艾樂卡著、NTT出版）撰寫

此外，「Pinterest」一開始也只是一個名為「Tote」的網路商店App，但銷售一直不如預期，所以當 Pinterest 調查使用者的使用習慣之後，發現「欲望清單」比想像中來得更多使用者使用，所以便將「賣點」改成「快速分享使用者嚴選精品的網站」，而且這個賣點也沿用至今時今日。※

由此可知，在將未經琢磨，從 0 到 1 的創意，培養成 1 到 100 的無敵創意之際，「調查」絕對能派上用場。正確來說，**忽略調查就無法適當地修正路線、也無法創新**的例子相當常見。

YouTube 這類數位服務的確比較容易透過資料分析使用者的動向，但**不管是在類比的世界，亦或在數位的世界，都必須徹底調查現狀，才能找出正確的「目標對象」與「賣點」**，也只有具備思考下一步該怎麼走的能力，才能打造暢銷商品。

※作者參考《Hacking Growth 成長駭客完全讀本》（書名暫譯，Sean Ellis, Morgan Brown 著。日經BP）

◯ 為什麼調查這麼困難？

「我知道調查有一定的效果，但調查很難……」

「能接觸到的資訊太多，不知道該從哪裡開始調查，而且每次調查都不順利……」

或許有不少人都有這類煩惱。

「我知道因數、數據這些東西，但不是專家或是理工科畢業的人，就很難收集與分析資料……」

「拖到不能再拖之後，只好回到憑直覺做事的模式……」

這些都是我從客戶聽到的意見。

在我還是菜鳥的時候，我也不知道該如何從海量的資訊中挑出「讓商品大賣的重要資訊」。當我拿著沒有消化過的原始資料去找前輩時，常常被前輩念「So What？（所以咧？）」也常常犯了「花錢做調查，卻什麼都沒得到……」，一次又一次地失敗。

為什麼調查這麼棘手？那是因為調查的「用途」與「方法」實在太過多元，可調查的對象也有無限多種。如果真要鉅細遺靡地整理成一套體系，肯定沒兩下就整理出一本有如字典般厚重的書籍。「貪多嚼不爛」就是這個道理。

當然，不是每次都要使用所有的調查技巧，但要憑感覺判斷「這個工作需要這種調查技巧，不需要那種調查技巧」，可能需要長年的經驗。

所以說，得長年累積經驗才有辦法使用調查技巧囉？其實不然。一如「前言」所述，在電通服務的我用來打造暢銷商品的調查技巧也只有幾種而已。**只要根據打造暢銷商品的「調查方法」縮減目的的範圍，誰都能立刻學會調查方法。**

◯ 使用調查技巧的4個優點

大衛・奧格威在其著作《奧格威談廣告（簡中版）》（機械工業出版社）的「調查創造的18種奇蹟」，列出了使用調查技巧的好處。經過整理之後，**可將使用調查技巧的優點濃縮成下列4種。**

● 使用調查技巧的 4 個優點

★ 不用將一切押在直覺上，策略的準確率得以提升。

★ 如果能找到優質資料就能立刻找到銷售方式，不需要浪費多餘成本。

★ 開會時，能夠根據各種要素與不同的角度找出最佳解方，提升產值並節省時間。

★ 能快速發現妨礙適應新時代與創新的盲點，提出走在時代尖端的方案。

　　學會優質的調查技巧，找到優質的要素，就能早一步找到理想的「目標對象」與「賣點」。如果能做到這點，就不會浪費時間煩惱「該怎麼做才能賣得好」，也能將所有的資源放入具有建設性的下一個策略。

　　「要賣出商品到底需要什麼？該做什麼？不該做什麼？」調查可帶著我們找到「下一個策略」。

　　能夠靈活運用調查技巧之後，就能節省金錢、時間與勞力，也能成功賣出商品。

　　只要在日常業務中應用調查技巧，就可以讓生意產生大幅變化、更上一層樓，打造「暢銷商品」的機率也會大幅改善。**正是在山窮水盡時，才更需要應用調查技巧。**

◇ 學會調查技巧就能與競爭者拉開差距

　　話說回來，用過調查技巧的人只有35.6%而已。若將題目改成「平常就會使用調查技巧的人」，這個數字就更低了，僅有區區7.6%。[1]

　　這實在是件非常可惜的事，但反過來說，**只要學會調查技巧，就能在打造暢銷商品這件事取得極大的優勢。**

　　大衛・奧格威曾直言：「在調查省錢，就會做出亂七八糟、毫無根據的廣告，無法做出創造利潤的廣告，最終這個責任將落在你的身上」。[2]

※1來源：電通Original調查的資料（2021.6.26-7.3／方法：網路調查／全國20-59歲男女在職者250名）
※2《一個廣告人的自白（簡中版）》（大衛・奧格威著，中信出版社）

我的經驗也告訴我，這個道理不僅可在「廣告」套用，也可以在打造商品或服務，或是銷售與所有的行銷活動套用。

透過調查篩選出「目標對象」與「賣點」，就能盡可能地避免浪費金錢、時間與勞力，避免你的投資化為泡影。這也是早在50 年以前就已眾所周知的本質。

在距離奧格威的時代超過50 年的現在，調查技巧已有長足的進化，也成為唾手可及的技巧。不過請大家放心，本書會讓每個人輕鬆學會調查技巧，而且不需要浪費一分一秒與任何一毛錢。

一如「前言」所述，本書是一本透過案例帶領大家學習調查技巧的書。就讓我們早日學會打造暢銷商品的調查技巧吧！

▶▶專欄 ①

透過調查技巧提升「直覺的準確度」

★藏在直覺背後的機制

在哈佛商業評論的決策論文集《Decision Making》（Diamond社）之中，有一節「累積經驗，學會辨識模式的技巧」。※

這一節提到了以下內容。

「幾十年來，能夠保存研究人類決策過程的結果與資訊，以及能立刻取用這些內容的是經驗。

以下棋為例，下棋高手能從近似天文數字的排列之中，辨識與回想約5萬種主要的棋局（每次移動棋子算是1種）。（中略）下棋高手透過觀察棋局，能從記憶之中提取出與眼前情況相關的已知資訊。

（中略）能判斷罪犯是否再犯的保釋官、能診斷患者病情的醫師，能找出優秀學生的入學面試官，從各式各樣的專家研究便可得知，專家的判斷具有一定的模式與規則。」

讓我們根據這篇論文思考人類的「直覺」。

每個人都能從經驗中汲取資訊，再於腦中整理這些資訊，還能瞬間取出必要的資訊，將這些資訊組成「模式」，而這種「模

※節錄自哈佛商業評論「決策模型」（Alden M Hayashi著）、（「Decision Making」（Diamond社）第6章）

式」就稱為「直覺」。換言之，**「直覺」是由經驗累積而來，收**
集越多的「經驗資料」，就越能憑「直覺」做出更正確的決策。

經驗資料
↓
直覺
↓
決策

★ 無法透過「經驗」得到的資料就以調查補足

在日常生活中，我們能透過「經驗」得到的資料非常有限。

「經驗」往往是「過去」的事情。如果發生大規模的天災、
傳染病、金融危機，或是其他超乎想像的大事件，有時會顛覆過
去的常識。在這種時候思考下一步，恐怕會覺得「過去的經驗與
直覺派不上用場」對吧？此外，世界潮流的變化速度極快，所以
有可能一眨眼就被時代淘汰。

如果一切只憑直覺，一旦失去可靠的來源，就只剩下「似是
而非的感覺」，所以這時候才要利用調查補足**「經驗資料」**。像

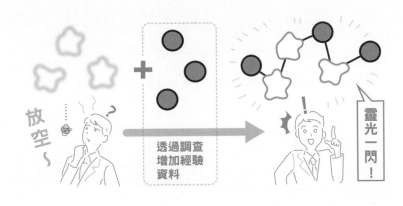

這樣透過調查增加「經驗資料」不斷地提升「直覺」的準確度，是打造暢銷商品的不二法門。

「似是而非的感覺」可透過調查所得的資訊與經驗，轉換成高準確度、歷經「百般琢磨的直覺」。

透過將「調查」納入計畫，每個人都可以不斷培養找到正確的「目標對象」與「賣點」的「直覺」。

在行銷的世界裡，沒有百分之百正確的創意，通常只能先讓商品進入市場，才會知道商品到底會不會熱賣。聽到這裡，或許有些人會覺得「那豈不是白忙一場，還賠了夫人又折兵呢？」但也正是因為這樣，**所以才要透過打造暢銷商品的調查培養「實用」的直覺，找到高準確度的「最佳解答」，以及找到提高暢銷可能性的「下一步」。**

▶▶ 專欄②

如何透過「直覺」追尋引領時代潮流的女性

★ GIRL'S GOOD LAB 耗費 11 年的女性研究

電通女性行銷專業團隊「GIRL'S GOOD LAB」（舊稱：電通辣妹實驗室）是於 2010 年 3 月，辣妹風潮全盛時期組成。

●GIRL'S GOOD LAB 研究：「引領時代的女性」的變遷

2000 年間	2009 年～ 2011 年間	2012 年～ 2015 年間
流行教主辣妹時代	**半調子辣妹時代**	**全方位**
裝扮的走向是「花枝招展」		**「展現如天生素顏**

2000 年間

時尚＝生活型態與突顯個性
外觀與性格一致。
完整模仿音樂、裝容、時尚、生活態度最重要

模仿安室奈美惠、濱崎步現象、山姥（山中妖怪）般的髮色與黑色肌膚、泡泡襪、短裙小辣妹

2009 年～ 2011 年間

半調子辣妹＝不想全身打扮成辣妹的模樣，但部分裝扮採用辣妹的元素。重點在於這些元素必須符合流行與華麗。當時也很流行自然森林女孩風，紅字／藍字※涇渭分明。

益若翼爆紅、讀者模特兒風潮、AGEPOYO（女高中生用來形容心情高昂的流行語）、智慧型手機普及時期、mixi、Twitter、快時尚、AKB、御宅族興起、森林系女孩

2012 年～ 2015 年間

引領潮流的人重回正統慣在社群媒體上傳自己老幼都覺得「按讚」很尚已不再涇渭分明，不要。

秘密行銷問題浮上檯妝　容、Facebook 熱潮

※紅字系、藍字系：當時知名女性雜誌的標題顏色，代表女性時尚派別的字眼。紅字系源自《CanCam》、《JJ》、《VIVI》、《Ray》的標題都是紅色或粉紅色，屬於主流系時尚；不過藍字系不是標題是藍色的雜誌，只是用來與紅字系區分而已，主要代表的雜誌包

　　這個團隊的目標在於透過女性的消費力活化經濟，因此不斷地進行研究以及提出企畫，並在2021年成軍11年。

　　下圖是GIRL'S GOOD LAB耗費11年研究的「引領時代的女性」的變遷。每個時代都有自己的「主流女子」，消費模式也會因此改變。從下面的例子也可以發現，**時代潮流與消費動向的確是瞬息萬變。**

按讚時代	2016 年~ 2019 年間 特色意識時代	2020 年～現在 做自己的時代
般的可愛」		表現真實的自我
派明星。社會大眾已習的生活型態，不分男女重要。紅字／藍字的時盛裝打扮，做自己最重	引領潮流的個性鮮明的人。Instagram 蔚為流行，建立個人風格十分重要。透過社群網站營造符合個人特質的世界觀，讓許多人按讚。「好可愛，沒有半點虛假」是關鍵字。	了解自己的個性，努力做適合自己的事情，發展自己的興趣與專長，不過度要求自己，正面看待最真實的自己。憧憬內外都找到「最舒服的自己」的人，也對這樣的人有共鳴。

面、兼具時尚與性感的「按讚」、病態妝	Instagram 風潮興起，將照片上傳至IG、影片熱潮、YouTuber、SNOW、手工製作	以 IG 限時動態或直播這類能完整呈現自我的社群網站服務為主流。TikTok、D2C、Instagram Stories、K-POP、直播、韓國時尚、裝可愛

含《Zipper》、《CUTiE》，一般認為，都是個性鮮明的時尚（即使現在已休刊的雜誌也以當時的情況刊載）。

★ 依照時代潮流微調商品時「窒礙難行」的原因

承上所述，在設計商品、擬定商品行銷策略，建立與顧客之間的溝通管道時，應該會常常煩惱「到底該怎麼做才能抓住時代的潮流？」「到底該怎麼做，才能將自家公司的商品推到鎂光燈之下，受到眾人注目呢？」這類問題對吧？

公司內部的規劃師也常有上述煩惱，進而墜入「只憑感覺判斷」的困境。比方說，很常看到「因為是女性取向的商品，所以找女性負責就對了」、「因為目標對象是媽媽，所以找身為媽媽的員工進入團隊就對了」這種「找一個與目標對象屬性相近的員工進入團隊再說」的情況。

這種「感覺」根本毫無根據，規劃師本人的感覺太過「曖昧」，所以商品的規劃才會如此「窒礙難行」。

★ 每個人都能透過調查培養敏銳的「直覺與素養」

在此想告訴大家的是，只要在規劃商品的時候加入「調查」這個步驟，就能讓規劃師「似是而非的感覺」變成「敏銳的直覺」。當「似是而非的感覺」變得清晰，這份感覺就是所謂「直覺」，也是所謂的「素養」。

在規劃商品的流程加入「調查」這個步驟，每個人都能不再依賴與目標對象屬性相近的規劃師的「感覺」，也能培養專屬行銷的「直覺」。對於女性負責人或是身為媽媽的員工而言，學習「調查技巧」也能更相信自己的判斷，進一步提升「直覺」的準確度。

▶▶ 專欄 ③

「調查技巧」真的實用嗎？

在此回到常見的4個疑問！

到目前為止，已經說明了調查技巧有多麼實用，但可能還是有些讀者不相信調查技巧真的能派上用場。所以在此回答與調查技巧有關的「4個常見問題」。

■ 問題①「我一直都有做調查，但沒得到什麼嶄新的結果」

「沒得到嶄新的結果」是在調查過程中相當常見的失敗。這個問題其來有自，主要是「未釐清該調查的內容」以及「未正確使用問卷、訪談這類調查方法」。

令人意外的是，許多人明知有些事情不需要調查，卻還是調查。比方說，在開發新的化妝水產品時，臨時起意進行「先問問消費者平常都用哪些肌膚保養品」這類調查就會失敗。

調查之後，只會得到「在塗了化妝水與精華液之後，再抹乳液」這種早就知道的回答，但這些都是獲取後無法應用的資料。

為了避免這類失敗，應該「選用適當的調查方法」，釐清該做的事情以及該掌握的事情。本書將在第2章告訴大家該怎麼做，才不會在調查時製造一堆沒用的資料（P.62~）。

■ 問題② 「我們公司沒辦法使用大數據或是 AI 分析」

利用大數據找到靈感而創造「暢銷商品」的成功範例確實存在，但利用大數據分析就像是「大海撈針」，「就算是專家，也不見得能在收集大量的資料之後，找到『有用的靈感』」。

「暗數據」（Dark Data）這個字眼的意思是，在企業累積的大數據之中，沒能有效利用、無法估算價值的資料。據說這類資料的比重高達70%，甚至超過90%以上。

《個人資訊系統》（暫譯，東洋經濟新報社）的作者暨戴爾公司執行董事清水博曾說：**「保存資料與保存有價值的資料是兩碼子事」**。※

根據清水先生團隊所做的「DX動向調查（2019年實施）」，「想活用暗數據，但公司內部沒有保存有價值的數據，必須重新收集」的企業約有34.4%。

★ 該做的是依照目的取得與分析數據

電通第二綜合解決方案局的數據科學家田中悠祐指出：「許多人都覺得數據可根據切割的方式決定應用的方法，所以可利用不同的切割方式達成目的。尤其當收集到海量的數據時，更會期待利用這些數據達成某些目的。但是，若不根據目的調整數據，基本上，數據是沒有任何意義可言的」。

※ITmedia Enterprise「未能活用的公司內部資料為48%，處理這些資料是推動DX的第一步」2020.3.24「清水博，戴爾公司」https://www.itmedia.co.jp/enterprise/articles/2003/24/news015.html

　　根據數據科學家田中的說法,現代收集資料的方式與下列三角形相當。也就是說,屬於「購買」這種行銷最終階段的資料通常非常多,越接近最終階段,收集到的資料越多,但越接近「為什麼消費者會如此消費」的上游部分,收集到的資料就越少。

　　所以規劃師常常遇到「早就知道會分析出這個結果」的情況。明明規劃師想知道的是「為什麼最後會變成這樣」,但偏偏這個部分的資料非常少,所以再怎麼分析也沒辦法得到答案。

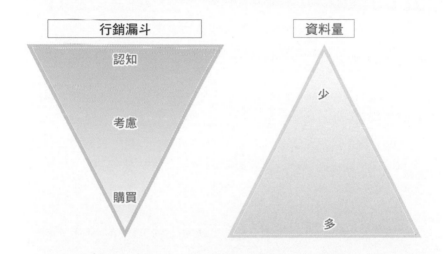

　　「屬於購買這個行銷最終階段的資料或是後續的相關資料」當然也有各種用途,比方說,要透過廣告讓消費者「考慮」購買,再透過自動發送的電子廣告讓消費者進入「購買」階段時,屬於最終階段的資料就能派上用場。

　　在此想告訴大家的是:**「大數據並非萬能」**。其實有不少規劃師也指出無法根據「過去」累積的大數據預測顧客「未來」的動向。

　　無法比照中國以單一介面收集資料的日本，往往只能收集到大而不當的數據，這類資料很難應用。再者，收集到的數據往往來自「搜尋平台」、「點數卡」、「電商網站」的二手資料或是自然產生資料，而這些數據都還沒為了某些實證目的去除偏差值，所以要想實際使用或分析，得經過一連串繁瑣的步驟。

　　田中曾提出**「能根據目的收集與分析數據才重要」**、「在過去，所有焦點都放在分析數據的能力，但**真正重要的是收集數據的能力**。只要能在收集數據的環節用心，就能透過簡單的數據彙整步驟，擬定客觀的決策」這類主張。

　　換言之，要想回答「到底是為什麼剖析數據」這個問題，就必須先釐清數據分析的目的，如果能根據目的設計收集數據的方法，就能打造誰都能快速分析的大數據資料庫。要想釐清數據分析的目的，就不能迴避「在打造暢銷商品之際，遇到了哪些商業上的問題或課題」。

　　本書雖然不會介紹使用大數據的方法，但仍會介紹使用大數據所需的思考邏輯，傳授大家「要打造暢銷商品，該根據什麼目的進行調查的思考術」。

■問題③「在這價值觀凌亂的時代裡，再怎麼調查也只會得到五花八門的答案吧？」※

正因為是價值觀凌亂的時代，調查技巧才能發揮作用。

自從1950年代之後，先進國家紛紛進入「大量消費社會」，所以「設計容易賣出去的商品」的邏輯於焉成形。消費者都依照特定的人口統計資料（性別、年齡、居住地區、收入、職業、家庭成員這類人口統計學的屬性資料）分成不同的族群，再針對這些族群的共同性快速銷售商品，而這就是傳統的大眾行銷。

大眾行銷只顧多數，犧牲少數的行銷策略，會出現忽略消費者的多元性與差異性的弊病。

而如今已是重視「多元性（diversity）」的時代。在網路與社群媒體發展成熟之後，個性鮮明的商品與服務越來越多，消費者也越來越不需要屈就於商品，傳統的行銷手法也遇到了瓶頸。

另一方面，One to One的數位行銷無法解決所有的問題，因為過度重視能為自家公司帶來利潤的顧客，就有可能會忽略目標對象之外的潛在顧客。

※根據於Forbes JAPAN 2019年2月號刊載的「不妥協各種個性的『花式布丁（pudding a la mode）法則』」重新編輯而成的問題。

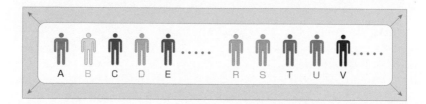

現在，行銷活動講究不斷地進化。

★ 符合未來的行銷手法

我們真正需要的是「包容性行銷」（Inclusive Marketing），也就是積極地視多元性為價值，重新設計各種企業活動，建構持續成長的模型。電通多元性實驗室（電通 Diversity Lab）提倡「包容性行銷」這個新的行銷概念。

> 包容性（Inclusive）：有「容納所有」、「包括」的意思，或許最近也有人看到「包容性設計」、「包容性教育」、「包容性行銷」這類字眼。所謂的「包容性○○」就是在開發這類「過程」納入來自各界的人，並且透過所有人都覺得有價值、有小眾又容易接受的設計，打造能順應多元化時代的商品或服務。

這種包容性行銷其實只是**在開發商品或服務的過程中，接納各種人的意見**而已。正因為每個人不知道自己的需求，所以才需要進行調查。

★「個別應對思考」的極限

或許有些人會覺得「若要滿足每個人的需求，就做不了生意」，但之所以會出現這類誤會，我認為問題出在「無障礙」這類設計模型常見的「個別應對思考」。

「個別應對思考」的行銷方式通常會有將焦點放在身心障礙者、年長者這類弱勢族群共通之處的問題。比方說，為了瞭解輪椅族的需求而調查 100 位輪椅族之後，往往會只聚焦在「長年坐著輪椅」這個共通之處，如此一來就會開發出「輪椅族也能使用的商品」，也就是為了少數族群的小眾市場而開發的特殊商品。這些商品往往無法量產，價格非常昂貴，品項也相當稀少，除了很難找到購買管道，也很難開發，會遇到許多窒礙難行的問題。

此外，對於這些小眾消費族群來說，這種特殊產品很詭異、很老氣，用起來又丟臉，很多都成為不得已才使用的產品。

「最低限度可供使用」的「個別應對思考」只滿足了該消費族群「CAN（可以使用）」的需求，卻沒有滿足「WANT（想使用）」的需求，產品只停留在不需滿足這兩種需求的水準。

另一方面，所有企業活動的最上位概念就是增加利益，越能增加利益，對社會的影響力越大，企業就更具存在意義。「個別應對思考」的行銷方式無法有效率地最大化利益，大眾行銷手法也遇到瓶頸。

★ 創造各種人都覺得有價值的商品

要解決上述瓶頸只有一個方法，那就是**透過包容性行銷打造可量產、不以特定屬性的人為消費族群，所有人都會想使用而且充滿創意的商品與服務。**

以紐約的餐廳為例，如果無法提供素食，通常無法接到團體客的預約。現代的餐廳若只懂得提升餐點的品質，是無法抓住客人的心的，現在需要的是不分國籍、年齡、性別、宗教，各種客人都能度過美好時光的場所。

★ 提升娛樂品質的Ontenna

Ontenna是一種像髮夾一樣的裝置，只要裝在頭髮上面，就能透過震動與光效讓使用者得知聲音特徵的新裝置。

如果採用的是「個別應對思考」，有可能會透過字幕這類補充資訊的手法，解決聽障者遇到的不便。但這項新裝置卻另闢蹊徑，除瞭解決聽障者的不便，還將聲音與音樂轉換成「震動與光效」，升華成每個人都能共享的娛樂。

生理障礙會造成五感上的差異，語言的不同也會造成隔閡，所以要讓這些人共享娛樂是一件非常困難的事，而該怎麼做才能打造讓所有人共享的產品，則是接下來要處理的課題。

▲「Ontenna」是一種類似髮夾的
新裝置，只要裝在頭髮上，就能
透過震動與光效享受聲音。

★ 不用手就能穿脫的運動鞋「Nike GO FlyEase」

Nike推出了不用手就能穿的「Nike GO FlyEase」，這也是首創的「Hands Free」的運動鞋。

這是一雙沒有鞋帶的運動鞋，只要將腳放進向外往彎曲的運動鞋，讓腳踝穿進去，運動鞋就會自動固定在腳上。脫鞋的時候，只需要利用一隻腳往另一隻腳的腳踝踩即可。

其實Nike很久以前就為了肢障的運動選手推出可單手穿脫的運動鞋系列，但在許多人使用以及不斷地改良之後，才開發出這種每個人都可以使用的產品。

這種產品可在雙手拿滿東西，時間快來不及的時候使用，對孕婦來說也很方便，不用雙手穿脫同時也能避免細菌感染。

「因為日本文化有許多需要穿脫鞋子的場合，這項產品的靈感應運而生」的故事也很有趣。

真正重要的是，**對各式各樣的人而言，就算是小眾也非半調子，而是能夠感受到價值又容易接受，能順應多元化時代的商品或服務。**

▲不用雙手就能穿脫的「Nike GO FlyEase」

掃碼可見穿鞋的影片▶

https://www.nike.com/jp/
flyease/go-flyease

★ 重視各種價值觀的意義

在此介紹具有多元性的商品最終能抓住大眾的心、創造暢銷的案例。另一方面，也有針對小眾市場開發商品，再透過社群媒體銷售，於小部分目標對象之間爆紅的例子。

現在熱賣的商品不是「符合多元需求的產品」就是「雖然小眾，但少部分目標對象覺得富有魅力或價值的產品」。

要打造暢銷商品，就得透過調查掌握各種價值觀。能幫助我們瞭解各種價值觀的調查方法將會在第5章的「打造暢銷商品所需的顧客分析」解說（P.232~）。

■問題④「在變化如此快的世界裡，調查技巧還適用嗎？」

我敢說，**正因為世界的變化如此快速，調查技巧才顯得更加重要。**

每當發生金融危機或傳染病大流行等歷史性大事件，這個世界都會瞬間變貌，許多企業都在煩惱「接下來該怎麼做才能打造暢銷的商品或服務」，或是「該怎麼做才能讓好不容易開發的商品賣出去」這類問題，所以有不少企業也來到電通，諮詢「接下來該怎麼做才能賣出商品」。

在這個世界不斷變化的過程中，有些「消費」誕生，也有些「消費」消失。到底什麼消費會在消費者的生活紮根，哪些消費又是一時性的需求，甚至哪些消費會是消失的需求呢？**早一步找**

到這類「新的價值觀」，早一步投資是非常重要的，此時不可或缺的正是幫助我們擺脫過去窠臼的調查技巧。

綜觀過去的歷史，讓價值觀大幅改變的大事件可說是屢見不鮮，今後也很有可能會發生類似的大事件。

正因為如此，學習調查技巧能幫助我們「在任何時候」打造暢銷商品，才顯得意義非凡。

第2章

篩選「目標對象」與「賣點」的 3 個步驟

◈ 容易出師不利的調查模式

「總之先調查再說吧！」

開會的時候，很常聽到這類對白。

調查能幫助我們找到之前視而不見的新觀點，也能幫助我們找到決策所需的資訊，所以我們總是會抱著「只要開始調查，應該就能找到新資訊」、「應該能找到一些新觀點或創意」這類期待，有時候也會覺得「沒先透過調查收集必要的資訊，連站上起跑線都沒機會」，因而感到焦躁不安。

不過，以「總之先調查再說」為前提的調查，失敗的機率往往特別高。

為大家舉例說明。

假設你在某間化妝品製造商服務，負責的是「眼線筆」這項主力商品。「眼線筆」是眼部化妝品的一種，主要是利用筆或毛刷沿著眉毛根部畫出細長的「眼線」，讓雙眼變得更明媚動人。

由你負責的「眼線筆」在這幾年的銷路越來越差，經營高層也為此苦惱。

某天上司把你叫到面前，要求你「能不能想個方法進行品牌重塑※，讓我們公司滯銷的眼線筆再度暢銷呢？」。

假設這時候你告訴自己「總之先調查眼線筆再說吧！」草率地展開行動，會得到什麼結果呢？讓我們先思考這個問題吧。

※品牌重塑(rebranding)：字首的 re 有「再次」之意，branding 則有品牌塑造的意思，因此 rebranding 有品牌重塑、品牌重塑的意思。

上司

能不能想個方法
進行品牌重塑※，
讓我們公司滯銷的眼線筆
再度暢銷呢？

總之先調查
眼線筆再說吧！

你

眼前的問題

眼線筆賣得不好，
所以想要進行品牌重塑

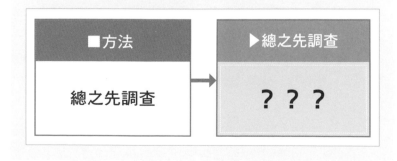

■方法	▶總之先調查
總之先調查	？？？

◎ 「總之先調查再說」會發生什麼事？

你以「總之先問問女性使用眼線筆的不便吧」為前提展開調查後，結果得到「容易暈開、很難畫得好、會掉妝」這些誰都知道的「缺點」，完全不知道「這些資訊該怎麼使用」，好不容易收集到的資料也無用武之地。

接著你又想到「總之，先調查各年齡層的客人在買眼線筆的時候，都重視哪些部分」，也展開了調查。

結果得到最重視的是「價格便不便宜」。消費者當然喜歡便宜的商品，所以也不知道這項資料該怎麼使用，而且也不知道這些針對10-79歲「各年齡層」調查的資料該怎麼使用。話說回來，真有必要耗時耗財去收集各年齡層的資料嗎？

接著你為了瞭解重新塑造眼線筆品牌的方法，而進行「總之先問問長期使用眼線筆的女性想要哪種眼線筆」的問卷調查，但還是找不到什麼別具新意的資料。常言道「汲汲營營於生活之人，無法成為創意人員」，就是這個道理。

後來你想到「要不要乾脆換掉廣告的代言人？」因此你又抱著「總之，先問問年輕女性憧憬的女藝人是誰」展開調查，結果所有人都回答廣瀨鈴。由於廣瀨鈴已經擔任其他公司化妝品品牌的代言人，所以也不知道該怎麼活用這個結果。

眼前的問題

眼線筆賣得不好，所以想要進行品牌重塑

■方法：總之先調查

「女性使用眼線筆的煩惱？」

▶得到什麼結果？

容易暈開、很難畫得好、會掉妝

（到底得到什麼結果，這些結果又該怎麼使用？）

■方法：總之先調查

「各年齡層購買眼線筆的時候，重視哪些部分？」

▶得到什麼結果？

最重視「價格夠便宜」

（用膝蓋想也是這個結果）
（各年齡層的資料到底能用在哪裡？）

■方法：總之先調查

「想要什麼樣的眼線筆？」

▶得到什麼結果？

得到什麼結果？
得不到別具新意的結果

■方法：總之先調查

「年輕女性憧憬的女藝人是？」

▶得到什麼結果？

得到什麼結果？
幾乎所有人都回答廣瀨鈴……

大家覺得如何？是不是覺得完全找不到可用的資料，或是覺得分析資料很耗時耗力又浪費錢。大家應該已經可以想像「調查總是徒勞無功」是怎麼一回事了吧？

不讓調查徒勞無功的重要心態

那麼到底該怎麼做才好？

不讓調查徒勞無功的重要心態共有下列兩種。

> ### 「不讓調查徒勞無功的重要心態」
>
> ✔ 徹底戒掉「總之先調查再說」的心態。
>
> ✔ 一開始「憑感覺」也沒關係，
>   先根據直覺或可能與本質有關的問題建立「假設」。

假設就是根據現階段手上的資料暫時導出的答案。這個假設或多或少與過去的切身經驗有關，但**絕不是亂槍打鳥，而是「現階段最有可能的結論」**。

「不進行調查，而是先得出任何想得到的結論」，如果前提是不進行調查，想必大家都能做到這點才對。有趣的是，一旦決定「要進行調查」，**反而會莫名地「想收集資料再開始思考」，所以請大家培養「先從現有的資訊找答案，先試著提出結論」的習慣**，不要一開始就進行調查。

懂得這兩種不讓調查徒勞無功的心態之後，再利用調查技巧找出「目標對象」與「賣點」。

◈ 找出「目標對象」與「賣點」的3個步驟

到底該怎麼做，才能一步步找到理想的「目標對象」與「賣點」呢？具體來說，可整理出下列3個步驟。

◉打造暢銷商品的調查 3 步驟

STEP 1
第一步
「憑感覺」
提出「目標對象」與「賣點」的假設

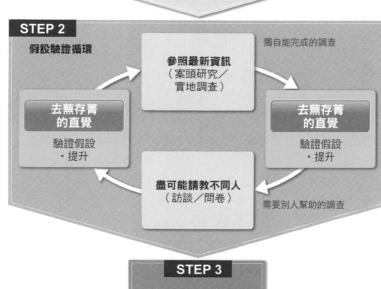

STEP 2
假設驗證循環

參照最新資訊
（案頭研究／實地調查）　獨自能完成的調查

去蕪存菁的直覺
驗證假設・提升

去蕪存菁的直覺
驗證假設・提升

盡可能請教不同人
（訪談／問卷）　需要別人幫助的調查

STEP 3
確定「目標對象」與「賣點」
→擬定策略！

■找到「目標對象」與「賣點」的3個步驟

STEP1　先「憑感覺」建立**「目標對象」**與**「賣點」**的假設。

STEP2　**不斷進行「假設驗證循環」**

雖然從「參照最新資訊（案頭研究／實地調查）」或是「盡可能請教不同人（訪談／問卷）」的步驟開始都可以，但比較建議從1個人就能進行的案頭研究／實地調查開始。

透過「去蕪存菁的直覺」，不斷地驗證假設與提升假設。**不斷地重覆這個循環，直到釐清「目標對象」與「賣點」為止。**

STEP3　確定**「目標對象」**與**「賣點」**之後，就擬定策略。

其實那些成果不佳的計畫往往都只憑直覺或感覺，從STEP1突然跳到STEP3。

STEP3是「擬定策略」，而**本書主要在一步步具體解說實際擬定策略之前STEP1與STEP2的調查技巧。**

◇STEP1「憑感覺」建立「目標對象」與「賣點」的假設

接下來要仔細解說 STEP1 的部分。誠如前面所述，**「未先建立假設就收集資訊，往往會使調查徒勞無功」**，所以 STEP1 才如此重要。

我會把那些「看似曖昧」的內容整理成範本，然後隨時根據範本裡的內容進行規劃。

●STEP1 假設範本

> 如果您是負責規劃客戶商品的人，可在「工作概要」欄位與「企業察覺的問題」欄位填寫客戶的資訊。如果您是規劃自家公司商品的人，則可填寫自家公司的資訊。

工作概要
（包含企業名稱、商品名稱）

檢查表
・目標對象／目的／目標值
・（KPI、KGI）
・制約條件
・現狀的目標
・現狀的賣點
・預算
・想使用的媒體、策略
・時程表

> 記下目前已知的限制

負責這項商品時遇到的問題與煩惱

整個團隊或企業察覺的問題

> 與團隊或客戶閒聊時，有可能會發現打造暢銷商品的線索！

直覺感受到的問題或是與本質有關的問題

【目標對象】目標對象是誰？目標對象的價值觀與行動？目標對象的洞察是？（有哪些煩惱／有哪些需求）

> 不管現在想到的是什麼，都盡可能先列出來

【賣點】該如何推動目標對象的洞察（有什麼價值／方法）

10 分鐘快速填寫完畢！

▲ 讀者限定福利　「STEP1 假設範本」可參考 P.510 的方法下載！

　　「憑感覺」不是一件壞事，我也常常是「憑感覺」開始規劃，但要「憑感覺」，至少得完成上述假設範本的內容，才能在進入STEP2之後找出「目標對象」與「賣點」，以及知道下一步該怎麼做。

假設可以很多個

　　假設可以不只1個，有很多個也沒關係。就算第1個假設與第2個假設彼此相關或毫無關聯都沒關係。其實在沒有接收任何資訊，沒有任何偏見與謬誤的「直覺」或「假設」，往往能夠直擊問題的核心，而且還能沿用到後續的步驟，所以建議一開始盡可能多建立一些假設。

　　無論如何，請先試著填滿範本之中的每個欄位。

> 偏見：偏見、先入為主的英文是bias，指的是在規劃商品之際，因為過多的資訊導致思考或判斷偏頗的情況。

假設的案例

　　讓我們回到剛剛的「眼線筆」案例，第一步要先填寫工作概要的欄位。

●工作概要（包含企業名稱、商品名稱）
・XX公司　眼線筆

　　可以如上只寫企業名稱或商品名稱，也可以根據下列的檢查表（與P.69範本左上方灰字部分相同）寫下目前已知的限制（條件、前提）。如果寫到沒地方寫，請寫在另一張A4紙上。

【檢查表】

　　✔ 目標對象／目的／目標值（KPI、KGI）[※]

　　✔ 限制條件

　　✔ 當前的目標

　　✔ 當前的賣點

　　✔ 預算

　　✔ 想使用的媒體、策略

　　✔ 時程表

　　接著是填寫團隊或自己想到的假設，例如有可能是下列這類「假設」。

●整個團隊或企業察覺的問題
・眼線筆賣得不好，所以想要進行品牌重塑。

●直覺感受到的問題或是與本質有關的問題
・在改變眼線筆的廣告或包裝這類表面的部分之前，消費者是不是早就對商品有所不滿了？
・明明是優質商品，但商品廣告就是打不中市場占有率較大的20-39歲女性？

　　第 1 個與第 2 個假設可以如上述的例子毫無關聯。這個階段就是盡可能根據手上的資料建立所有可行的假設，但絕對不能像是無頭蒼蠅，胡亂建立假設。

※KPI：關鍵績效指標。
　KGI：關鍵目標指標。詳情請參考 P.458

●【目標】目標對象是誰？目標對象的價值觀與行動？

目標對象的洞察是？（有哪些煩惱／有哪些需求）

・主要目標對象是引領潮流的20-39歲女性嗎？

・是不是有許多女性覺得眼線筆的種類很多，但每個看起來都差不多，所以很難選擇？

> 洞察（insight）：直擊顧客本身難以言語形容的領域（潛意識），從中找出「本質」，以及無法以文字形容、藏在潛意識之中的「真正的煩惱與需求」。詳情請參考第三章 P.134-135 與第五章 P.328-342。

●【賣點】該如何推動目標對象的洞察（有什麼價值／方法）

・目標對象決定購買眼線筆的關鍵在於能化出清新脫俗感[1]的時尚妝容，以及一整天都不脫妝的優點嗎？

・在「快乾」、「眼線筆兩頭都可以使用」、「△△」、「…」這類商品創意原型[2]之中，最受好評的是哪一個？

・比起之前的A藝人，B藝人似乎更符合自家商品的形象？

◈ 建立假設後，「想知道的事、想釐清的事」具體可見

　　透過上述流程得出暫時性的結論之後，「想知道的事情與想釐清的事情」就會變得具體可見。比方說，會開始思考「我是這麼想，但事實真是如此嗎？」「實際上，到底哪邊比較多？」這些問題。

※1：清新脫俗感：這是時尚或美妝使用的字眼，指的是給人輕鬆、輕盈的形象或是放鬆的感覺，卻有很成熟、優質且自然的時尚感。
※2：原型：試作品的意思。

走到這一步才會知道「該針對誰調查」、「該為了什麼調查」與「應該提出什麼問題」這些部分，也才能根據這些部分選擇適合的調查方法。

●STEP1 假設範本

工作概要 （包含企業名稱、商品名稱） X 公司 眼線筆	負責這項商品時遇到的問題與煩惱
	整個團隊或企業察覺的問題 ・眼線筆賣得不好，所以想要進行品牌重塑。
	直覺感受到的問題或是與本質有關的問題 ・在變更眼線筆的廣告或包裝這類表面的部分之前，消費者是不是早就對商品有所不滿了？ ・明明是優質商品，但商品廣告就是打不中市場占有率較大的 20-39 歲女性？

【目標】目標對象是誰？目標對象的價值觀與行動？
目標對象的洞察是？（有哪些煩惱／有哪些需求）

・主要目標對象是引領潮流的 20-39 幾歲女性嗎？

・是不是有很多女性覺得眼線筆的種類很多，但每個看起來差不多 所以很難選擇？

【賣點】該如何推動目標對象的洞察（有什麼價值／方法）

・目標對象決定購買眼線筆的關鍵在於能化出清新脫俗感的時尚妝容，以及一整天都不脫妝的優點嗎？

・在「快乾」、「眼線筆兩頭都可以使用」、「△△」、「……」這類商品創意原型之中，最受好評的是哪一個？

・比起之前的 A 藝人，B 藝人似乎更符合自家商品的形象？

依照「假設→想釐清的部分→方法」順序思考

接著讓我們以「眼線筆的品牌重塑」為例，繼續深入探討。

❶舉例「在變更眼線筆的廣告或包裝這類表面的部分之前，消費者是不是早就對商品有所不滿了？」這個假設成立。

此時想釐清的部分是「消費者對現行的商品有哪些不滿」，接下來的「調查方法」則可能是社群媒體分析、口碑調查或是現行商品評估調查。

❷假設「明明是優質商品，但商品廣告就是打不中市場占有率較大的20-39歲女性」假設成立。

◉STEP1 假設範本

工作概要 （包含企業名稱、商品名稱） X 公司 眼線筆	負責這項商品時遇到的問題與煩惱
	整個團隊或企業察覺的問題 ・眼線筆賣得不好，所以想要進行品牌重塑。
	直覺感受到的問題或是與本質有關的問題

假設❶ ・在變更眼線筆的廣告或包裝這類表面的部分之前，消費者是不是早就對商品有所不滿了？

假設❷ ・明明是優質商品，但商品廣告就是打不中市場占有率較大的 20-39 歲女性？

【目標】目標對象是誰？目標對象的價值觀與行動？
　　　　目標對象的洞察是？（有哪些煩惱／有哪些需求）
　　・主要目標是引領潮流的 20-39 幾歲女性嗎？

假設❸ ・是不是有很多女性覺得眼線筆的種類很多，但每個看起來差不多，所以很難選擇？

【賣點】該如何推動目標對象的洞察（有什麼價值／方法）

假設❹ ・目標對象決定購買眼線筆的關鍵在於能化出清新脫俗感的時尚妝容，以及一整天都不脫妝的優點？

假設❺ ・在「快乾」、「眼線筆兩頭都可以使用」、「△△」、「……」這類商品創意原型之中，最受好評的是哪一個？

假設❻ ・比起之前的 A 藝人，B 藝人似乎更符合自家商品的形象？

▲ 讀者限定福利 「STEP1 假設範本」可參考 P.510 的方法下載

此時想釐清的部分是「20-39歲女性對於現行廣告或商品的反應如何？」接下來的調查方法則是針對20-39歲女性進行廣告效果調查，也可以為了掌握20-39歲女性的價值觀、想法、行為模式，知道這個年齡層的女性容易接受哪些事物而進行「趨勢調查」。

如果以正確的步驟思考前述4個失敗的例子，會得到什麼結果呢？

❸比方說，「總之先問問女性使用眼線筆的不便，結果得到誰都知道的缺點」這種失敗例子。

「是不是有很多女性覺得眼線筆的種類很多，但每個看起來差不多，所以很難選擇？」的假設（假設❸）成立。

接下來要釐清的就是「到底有多少人有這種感覺」，之後再使用「詢問女性使用眼線筆的煩惱」這種方法調查，或許就能得到有用的資料。

❹調查之後，得到所有年齡層決定是否購買的首要關鍵在於「價格」這種理所當然的結果，導致調查結果不知該如何使用的失敗例子。

首先建立「主要目標對象為20-39歲女性」這個假設，再思考「目標對象決定購買眼線筆的關鍵在於能化出清新脫俗感的時尚妝容，以及一整天都不脫妝的優點嗎？」這個假設❹。

想釐清的部分→方法

- 找出對現行商品的不滿
  →社群媒體分析、口碑分析、現行商品評估

- 找出對現行商品的不滿
  20-39歲的女性對於現行的廣告或商品的反應如何？
  →針對20-39歲女性進行廣告效果調查
  →針對20-39歲女性的想法、行為模式進行「趨勢調查」

- 到底有多少人有這種感覺
  →詢問女性使用眼線筆的煩惱

- 在這兩個假設之中，目標對象較重視哪一個？
  →詢問購買關鍵

- 在這些方案中，哪個方案最受好評？（理由？）
  →該如何評估創意，詢問消費者想要哪種眼線筆

- 之前的A藝人與準備起用的B藝人，哪位比較能吸引目標對象？
  →透過調查評估藝人

接著釐清「在這兩個假設中，目標對象較重視哪一個？」，再選擇「詢問購買關鍵」的調查方法，應該能取得有用的資料。

❺詢問「想要哪種眼線筆」，卻問不出什麼劃時代創意的失敗例子該如何處理？

首先建立「快乾」、「眼線筆兩頭都能使用」、「△△」、「……」這類商品創意原型（試作品）的假設**❺**。

接著釐清「在這些方案之中，哪個方案最受好評？」，然後選擇「該如何評估創意，詢問消費者想要哪種眼線筆」的方法，或許就能取得有用的資料。

❻「詢問年輕女性憧憬的女藝人是誰，結果所有人都回答廣瀨鈴的資料不知該怎麼使用」的失敗案例該怎麼處理？

一開始可先建立「比起之前的A藝人，B藝人似乎更符合自家商品的形象？」的假設**❻**，接著再釐清「之前的A藝人與準備起用的B藝人，哪位比較能吸引目標對象？」，然後選擇「透過調查評估藝人」的方法，或許就能取得有用的資料。

⊕ 遵守「假設→想釐清的部分→方法」順序的意義

想必大家已經瞭解，**按部就班地思考可釐清調查的重點，找到「真正想知道的事情」**。知道這點之後，就能抱著「好期待會得到什麼結果」的心情進行調查。

跳過假設直接開始調查，只能收集到看似廣泛，卻又缺乏深度的資料。如此一來，只能得到再尋常不過的結果，也很可能忽略該進一步探討的重要資訊。反過來說，**若先建立假設，再進行調查，就能以更有效率的方式得到更實用的調查結果**。

⊕ 避免在調查過程陷入迷惘的方法

先找出「現階段最有可能的結論」，知道自己「想知道的是這個」之後，再開始思考「有什麼方法可以知道答案呢？」藉此找出適當的調查方式。雖然分析工具與調查方法的種類多得令人眼花繚亂，但只遵守這個思考順序，就能避免自己在過程之中陷入迷惘。

只要先確定「該調查的事」或是「想調查的事」，就能自行選擇調查方式，還能一邊詢問身邊的人「我想調查這個，有什麼比較理想的方法嗎？」一邊進行調查。其實電通的規劃師也很常像這樣集思廣益，完成規劃的工作。

「調查方法」的種類多如繁星，也時常有新的調查工具或技巧誕生，所以不需要逼自己成為調查方法的活字典，因為死背各種調查方法是無謂的舉動，也沒有規劃師能記住所有調查方法。

在第1章的專欄（P.50）曾提到「想使用大數據分析」的例子，這個例子也一樣能套用上述順序。假設你曾經因為「總之先

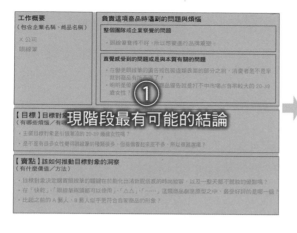

分析如此龐雜的資料再說！」的想法而失敗（當然有時候還是需要全面收集資料），想要更有效率地分析資料，就請先找出**「現階段最有可能的結論」**，接著思考**「想知道的部分」與「想釐清的部分」**，後續再設計具體的分析手段（將大數據分割成方便分析的資料區塊，再決定分析的技巧與方法），應該就能更有效率地分析資料。

◎「STEP1假設範本」的思考順序

要從「問題、煩惱」、「目標對象」還是「賣點」開始思考都可以，因為先從「問題、煩惱」思考也能找到「目標」與「賣點」，而且也能從「目標對象」與「賣點」逆推真正的「問題與煩惱」。

在 STEP3 的「擬定策略」之前，最該先確定的是「目標對象」與「賣點」，但有時可從「問題與煩惱」找到「目標對象與賣點」。有時候深入探討「問題與煩惱」，還能幫助我們進一步縮小「目標對象」的範圍，找到更為精準的「賣點」，也就能以綜覽全局的視野進行調查。

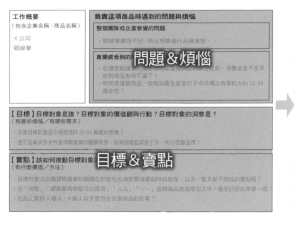

工作概要 （包含企業名稱、商品名稱） X公司 眼線筆	負責這項商品時遇到的問題與煩惱 整個團隊或企業察覺的問題 ・眼線筆賣得不好，所以想要進行品牌重塑。 真覺感受到的 問題＆煩惱 ・在要更眼線筆的時候或是真正購買之前，消費者是不是早就對商品有所不滿了？ ・明明是優質商品，但商品廣告就是打不中市場占有率較大的20-39歲女性？	想釐清的部分 →方法 ・找出對現行商品的不滿 　→社群網路分析、口碑分析、現行商品評估 ・20-39歲的女性對於現行的廣告或商品的反應如何？ 　→針對20-39歲女性進行廣告效果調查 　→針對20-39歲女性的想法、行為模式進行「趨勢調查」 ・到底有多少人有這種感覺 　→詢問女性使用眼線筆的煩惱 ・在這兩個假設之中，目標對象較重視哪一個？ 　→詢問購買關鍵
【目標】目標對象是誰？目標對象的價值觀與行動？目標對象的洞察是？ （有哪些煩惱／有哪些需求） ・主要目標對象是引領風潮的20-39歲女性嗎？ ・甚不忌憚很多女性覺得眼線筆的種類很多，但每個看起來差不多，所以很難選擇？		・在這些方案中，哪個方案最受好評？（理由？） 　→」該如何評估創意，詢問消費者想要哪種眼線筆 ・之前的A藝人與準備起用的B藝人，哪位比較能吸引目標對象？ 　→透過調查評估藝人
【賣點】該如何推動目標對象 目標＆賣點 （有什麼價值／方法） ・目標對象決定購買眼線筆的關鍵在於能沾化出清新脫俗感的妝容，以及一整天都不脫妝的優點嗎？ ・在「彩妝」、「眼線筆兩頭都可以使用」、「△△△」……這類商品創意原型之中，最受好評的是哪一個？ ・比起之前的A藝人，B藝人似乎更符合自家商品的形象？	

瞭解「問題」與「課題」的差異，再視情況使用

在此想介紹的是，範本之中的「問題」該怎麼填寫，以及容易與問題混為一談的「課題」該怎麼填寫。

不知道大家是否能明確地說明「問題」與「課題」的差異？

「問題」與「課題」是很常被混為一談的兩個關鍵字，但對專業的行銷人員或策略規劃師來說，卻是在不同情況使用的兩個詞彙。

問 題	課 題

電通的策略規劃師都會被灌輸「擬定策略者必須嚴謹地認知詞彙的意義」這個概念，一開始一定會學到「問題」與「課題」兩個詞彙的使用時機。如果在發言的時候提出「課題是在20多歲的男性族群知名度不足」，一定會被大罵「這怎麼會是課題，是問題才對！」

如果不知道這個發言哪裡有問題，請繼續讀下去。如果平常就知道該在什麼情況使用「問題」或「課題」的人可跳過這一節，直接從 P.82 開始閱讀。

接著讓我們一起瞭解「問題」與「課題」的差異。

「問題」是現況與目標或是未來「理想狀態」之間的落差，所以「問題」只會在現況之中存在。是會造成負面影響而該解決的事項。

課題則是要弭平上述落差，讓現狀接近「理想狀態」所該做的事情。請大家把課題解釋成「What to do」。

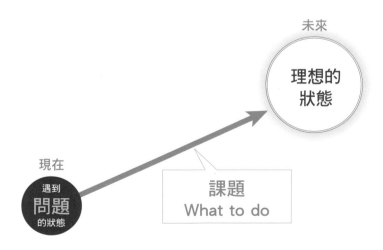

⊕ 別把「問題」與「課題」混為一談

假設某間企業透過腦力激盪會議（以不批評他人的意見為前提，讓所有人自由提出創意的方法）討論「要將員工餐廳改建成每個人都方便使用的格局時，會遇到什麼課題」這個議題。從團隊徵求的意見如下。

◉要將員工餐廳改建成每個人都方便使用的格局時，會遇到什麼課題？

> A. 目前沒有什麼特殊的措施，所以能使用的人很有限
>
> B. 希望改善餐廳的動線
>
> C. 與其他企業比較之下，本公司的應對很慢
>
> D. 針對在員工餐廳服務的員工，提升他們對多元性的了解

大家是否發現，A至D摻雜了「問題」與「課題」呢？B與D的確是「課題」，但A與C卻是「問題」。為了將A與C轉換成「課題」，可試著改寫成「What to do」的內容。

◉要將員工餐廳改建成每個人都方便使用的格局時，會遇到什麼課題？

> A. 重新設計，讓每個人都能使用
>
> B. 希望改善餐廳的動線
>
> C. 取得最新資訊，借鑑其他公司的例子
>
> D. 針對在員工餐廳服務的員工，提升他們對多元性的了解

由此可知，「**問題**」**是邁向理想狀態的障礙，而這個障礙是從現況「挖掘」所得的結果，「課題」則是「設定」要解決這個問題所該做的事情。**

　　如果分不清楚問題與課題，就無法擬定正確的策略。

　　在語言學之中，有一種「沙皮爾－沃爾夫假說」（語言相對論）。這個假說主張我們的思考是由我們使用的語言所形塑的，反過來說，我們的思考被使用的語言所侷限，意思就是，**並不是先有思考才有語言，而是語言限制了人們的思考或價值觀**，所以不斷地反思「平常的用字遣詞是否正確無誤？」這個問題是件非常重要的事。

　　我的用意不在於指出用字遣詞的錯誤，而是想要告訴大家，釐清「問題」與「課題」的差異是最重要的事情。如果**懂得分辨這兩個詞彙，發現問題的能力與設定課題的技巧自然而然會提升**，這也是我在電通學到的知識。在設定「課題」時，請大家務必問問自己，這個課題該不會只是「問題」而已吧？

◎ 在 10 分鐘內「憑感覺」提出假設

　　接著想請大家練習一下。

　　請想想看該怎麼讓負責的商品或服務賣得更好，並將結果填入 STEP1假設範本（可於P.510下載）　　【時間限制：10分鐘】

　　某天突然接到「這本書由你負責促銷」、「這個攬客活動交給你負責了」這類工作，算是職場常有的事情對吧？

　　委託人（公司上司或是客戶）給的行銷方針簡報（委託內容的總結）不一定具備所有需要的資訊，而且有時候沒辦法請委託人補充更多資訊，「委託人自己也沒有資訊」、「沒有人擁有足夠的資訊，也沒有人能夠分析資訊」的情況所在多見。此時要想打造暢銷商品，就得自己收集資訊或資料。

　　在進行此練習時，請先試著思考切身的事物，例如感興趣的商品或是服務，也可以從「如果真有機會負責想負責或是有興趣的東西，你會怎麼做？」「該怎麼做，才能改善手上商品、服務的銷路？」的角度思考。請在10分鐘之內填寫STEP1的假設範本完畢。

　　練習的感想如何呢？

　　一開始可能沒辦法寫得很順利，但多寫幾次就會熟悉流程，也能在短短10分鐘內填滿這張範本。

　　請試著依照剛剛的練習，在10分鐘內憑感覺提出STEP1的假設。之所以**要求「在10分鐘之內提出假設」，是為了讓大家習慣這個流程**，幫助大家持續使用這個方法。一開始先試著填寫範本，熟悉這個思考流程，之後就不需要這個範本，或是能以自己的筆記實踐這個方法。

　　該怎麼做才能讓STEP1這個「憑感覺提出的假設」=「臨時的答案」，不再只是一時之間的假設，而是「精準的答案」呢？其實很簡單，只是先利用這個範本在STEP1提出假設之後，再不斷地執行STEP2的「假設驗證循環」而已。

STEP2 不斷執行「假設驗證循環」

　　一如前述,假設只是根據現階段掌握的資訊導出的「臨時答案」,但既然是現階段最可能的假設,那麼就透過調查技巧驗證。如果能透過這個調查結果讓原本曖昧不明的直覺變得清晰,就能進行「以去蕪存菁的直覺」驗證假設的步驟,得到新的「臨時答案」。之後可繼續驗證這個新的臨時答案,以及不斷地執行「假設驗證循環」,不斷地修正假設,讓假設一步步成為「精準的答案」。

　　那麼假設該修正到什麼地步,才算是「非常精準的答案」,才能停止執行假設驗證循環呢?

◉打造暢銷商品的 3 個調查步驟

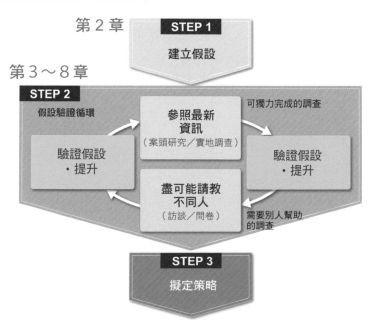

　　停止執行假設驗證循環，進入STEP3「擬定策略」的最佳時間點在於確定「目標對象」與「賣點」的時候。

　　執行STEP2「假設驗證循環」的具體方法會於第3至第8章按部就班解說。

⊕ 調查方式的種類

　　接下來要為大家介紹在執行假設驗證循環之際使用的「調查基本知識」。在進入第3章STEP2的說明之前，希望大家先瞭解這些基礎。

　　一開始先從「調查方式有哪幾種」開始介紹，在此提出以下問題。

> ### Q. 在下列各種調查方式之中，何者是於 STEP2 使用的調查方式？
>
> 1. 請教身邊的同事
> 2. 使用網路訪談系統
> 3. 向內行人請教
> 4. 走訪門市，或是試著使用商品
> 5. 利用流行時尚雜誌了解社會潮流
> 6. 與調查公司一起進行質化與量化的調查
> 7. 使用各種分析工具收集資料
> 8. 寄信給朋友或同事，聽聽他們的意見
> 9. 透過網路檢索
> 10. 透過問卷調查
> 11. 以上皆非

答案是1-10都是會在STEP2使用的調查方式。大致上，調查方式可分成下列4種。

◉調查可由下列 4 種手法搭配進行

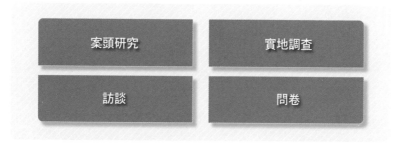

規劃方案時**通常會搭配「案頭研究」、「實地調查」、「訪談」、「問卷」這4種方法進行調查**，讓我們試著以這4種方法分類剛剛的10個選項。。

訪談　問卷
　　1.請教身邊的同事
　　2.使用網路訪談系統
　　3.向內行人請教
　　6.與調查公司一起進行質化與量化的調查
　　8.寄信給朋友或同時，聽聽他們的意見
　　10.透過問卷調查

實地調查
　　4.走訪門市，或是試著使用商品

案頭研究
　　5.利用流行時尚雜誌瞭解社會潮流
　　7.使用各種分析工具收集資料（流量分析→Google Analytics、

搜尋趨勢→Google Trend、網站流量分析→Similar Web）

9.透過網路檢索

　　或許會有人覺得「連這也算是調查？」但只要明白這點，或許就能體會「調查」其實沒有那麼遙不可及。

◉ 可獨力完成的調查與需要別人幫忙的調查

　　「參照最新資訊（案頭研究／實地調查）」與「盡可能請教不同的人（訪談／問卷）」的不同之處在於，**前者是可獨力完成的調查，後者是需要別人幫忙的調查**。

　　雖然要從哪個部分開始執行假設驗證循環都可以，但從一個人就能進行的調查開始，也就是從「案頭研究／實地調查」的調查方式著手，應該會比較容易才對。

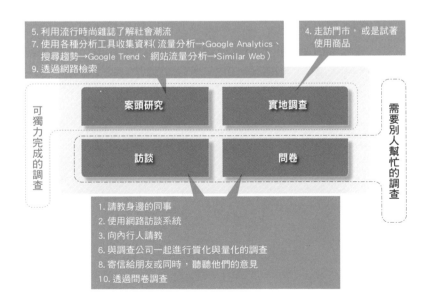

5.利用流行時尚雜誌了解社會潮流
7.使用各種分析工具收集資料(流量分析→Google Analytics、
　搜尋趨勢→Google Trend、網站流量分析→Similar Web）
9.透過網路檢索

4.走訪門市，或是試著
　使用商品

可獨力完成的調查

案頭研究　　　　實地調查

訪談　　　　問卷

需要別人幫忙的調查

1.請教身邊的同事
2.使用網路訪談系統
3.向內行人請教
6.與調查公司一起進行質化與量化的調查
8.寄信給朋友或同事，聽聽他們的意見
10.透過問卷調查

⊕ 決定「向誰請教」

執行「盡可能請教不同的人（訪談／問卷）」這個步驟時，需要先決定「要向誰請教」這個問題。

在思考「要向誰請教」這個問題時，可行的對象有3種。
①會購買商品或服務的目標對象（顧客）
②與商品或服務有關的利害關係人（負責銷售的業者、批發商）
③與商品或服務有關的專家

以優先順序來說，最重要的是①，接著是②與③。①顧客是最重要的。

被譽為「近代行銷之父」或是「行銷之神」的美國經營學者菲利浦・科特勒（Philip Kotler）教授，也曾點出**與①顧客直接對話的重要性**。

「培養每天至少與一位顧客對話，觀察對方的行動是非常重要的。為了徹底瞭解對方選擇你的企業或商品的理由，直接與對方對話非常重要。」[1]

協助企業開發新事業的AlphaDrive公司麻生要一曾指出，傾聽顧客的意見超過300次，並在過程中不斷地修正事業方向，該事業的成功機率的確比較高（這裡說的300次是指同時對多位顧客舉辦公聽會的次數，不是問300人，也不是對1個人問300次）。[2]

---

[1] PRESIDENT Online（2015年4月6日）。Philip Kotler、叱責Sony！。https://president.jp/articles/-/14909

　　這就是為什麼①如此重要。選擇①「會購買商品或服務的目標對象（顧客）」的時候，必須思考今後有可能會購買商品的人，以及現在不會購買，但以後會購買的人是誰。

　　找出目標對象的方法會於第5章（P.232~）說明，但在觀察目標對象時，不能只是「20幾歲女性」這種模糊的輪廓，而是得將**每位顧客都當成有名有姓的「n=1」，進一步瞭解這些顧客**。

　　選擇②「與商品或服務有關的利害關係人（負責銷售的業者、批發商）」的時候，可從銷售商品的業務或物流業者、門市店員之中，找出知道「哪些商品比較好賣」、「哪種促銷方案比較有用」的人。

　　每天都在第一線奮鬥的他們通常握有許多切中核心的實用資訊。如果不是物流或門市想要銷售的商品，商品就很難打開銷路，所以沒有什麼方法比傾聽這些人的意見更容易收集資訊。

　　選擇最後的③「與商品或服務有關的專家」時，必須找到瞭解業界趨勢或商機的人。可以準備謝禮，直接與對方取得聯絡，或是透過「VISASQ」、「MIMIR」這類付費配對服務列出對業界有相當認識的專業人士。

　　能向以上3種對象請教當然是再好不過，但是在時間、金錢這類資源有限的時候，只向①**「會購買商品或服務的目標對象（顧客）」**請教就夠了，所以務必先請教顧客，瞭解他們的想法。

※2　作者根據《新事業的實踐論》（麻生要一著、NewsPicks Publishing）歸納的意見。

◈ 訪談與問卷 —— 視情況使用「質化調查」與「量化調查」

本節介紹進行「訪談調查」與「問卷調查」的注意事項。

每次訪談1人或是小團體3-10人的調查稱為**「質化調查」**。

1名主持人（moderator）對多位來賓進行訪談的模式稱為**焦點團體訪談**（FGI＝Focus Group Interview）。在來賓受到彼此的意見影響之後，會產生所謂的「團體動力」（Group Dynamics，亦稱為「群體動力」），也會因此誘發更活潑、更多元的意見。

另一方面，主持人與來賓進行一對一訪談的模式稱為**深度訪談**（DI＝Depth Interview）。「Depth」的意思是「深度」，這種訪談方式可一步步深入探討來賓的心理。

在過去，質化調查都以在訪談室與來賓進行面對面的訪談為主，但這種在密閉空間與許多人對話的模式，很容易發生「人群密集」、「密切接觸」「空氣不流通」這類問題，在傳染病大流行的情況下，這種訪談模式可能有更多需要考慮的事，而且成本也會大增，所以這時候通常會使用Zoom這類工具進行網路訪談。

另一種的問卷調查則是每個顧客區隔（segment）至少請30個人回答問卷的調查方法，這種收集量化統計資料的調查方式又稱為**「量化調查」**。

顧客區隔（segment）：以某種基準分類群體之意。建立區隔與「區隔化」或是英文的「segmentation」的意思相當。

　　進行量化調查時，人數可以是 30 人、幾萬人或幾百萬人，而且以網路問卷系統代替紙本問卷的方式也漸漸成為主流。

　　質化調查與量化調查都有優缺點，所以若只使用其中一種，不懂得視情況選用適當的調查方法，最終一定會走到死胡同。

　　比方說，明明進行了質化的訪談調查，卻得到「這只是少數人的意見，沒辦法就此做出決定」的結果時，代表缺少了「量化調查」的結果。

　　反之，進行了量化的問卷調查，卻得到「為什麼只有 40 幾歲的需求這麼低」這種讓人覺得「為什麼會出現這種數字，真是莫名其妙」的資料時，代表需要另外進行「質化調查」。

　　儘管如此，但只使用質化或量化調查的情況遠比想像來得多，尤其越不熟悉調查流程的人，越容易選擇自己熟悉的方法進行調查。

質化調查與量化調查的優缺點

　　該如何在適當的時間點使用這兩種調查手法呢？下一頁為大家整理了量化調查與質化調查的優缺點。

　　質化調查是能從表情、小動作這類非語言訊息得到資訊的調查方法，所以相對容易得到「意料之外的發現」。由於質化調查可讓訪談者一邊觀察對方，一邊挖掘那些難以量化的「情緒」或「心理狀況」，**所以更容易瞭解藏在事實背後的「理由」**，「看似簡單的一句話」有時能帶領我們找到重大的發現。

　　另一方面，**質化調查有「未經數據分析的結果不具客觀性」這類缺點**，比方說訪談人數不足，結果就可能「缺乏代表性」。缺乏客觀性的話，分析者在解釋結果時，可能會因為技巧不足而產生誤差。

　　此外，訪談調查需要一定的技巧，否則就不會太順利，比方說，「需要懂得安排問題的順序，一步步追問的技巧，才能問出

受訪者的情緒或心理狀態」，抑或需要「能排除偏見的提問技巧」。

　　第3章的最後（P.173~）會介紹擔任訪談者所需的訪談技巧，不過預算許可的話，建議請專業的主持人進行訪談（不斷模仿專業主持人的訪談，能幫助我們掌握適合自己的訪談技巧）。

●了解質化、量化調查的優缺點，視情況使用適當的方法

	質化調查	量化調查
優點	✔ 能得到表情、小動作這類非語言訊息的資訊 ✔ 容易得到預料之外的發現 ✔ 能了解無法量化的「情緒」與「心理」，所以連藏在事實背後的理由都能了解 ✔ 能從一句簡單的話發現更多資訊	✔ 能以明確的數據、數量、比例了解事實而得到具體的證據，能掌握整體的輪廓與預測未來的走勢 ✔ 以數值進行解釋，可得到客觀的結果 ✔ 容易理解，誤差較少 ✔ 可排除少數意見，所以比較有效率
缺點	✔ 缺乏代表性 ✔ 對於結果的解釋缺乏客觀性 ✔ 分析者的技巧會影響解釋的精確度 ✔ 訪談者的技巧有可能影響訪談的結果（一定要選擇值得信賴的訪談者） ✔ 雖然能深入探討具體的意見，但有可能只是狹隘的回答	✔ 只能得到一問一答的答案，或是只能得到能寫成白字黑紙的資料 ✔ 很難得到「弦外之音」的資料 ✔ 無法了解更核心的理由，也只能得到表面的資訊或解釋 ✔ 偏重多數意見，忽略少數

此外，質化調查雖然能問出具體的意見，但這個意見也很有可能只是狹隘的見解，而這也是質化調查的弱點。

量化調查能根據明確的數據、數量、比例掌握事實，是能得到具體證據的調查方式。由於可以掌握整體的傾向，所以比較能預測未來的走勢。並且因為是以數據進行解釋，較容易保持客觀、易理解，誤差也比較少，而且還**能排除少數的意見，是個非常有效率的調查方式。**

另一方面，**量化調查有「只能得到一問一答的答案」、「只能得到能寫成白字黑紙的資料」這種缺點**，所以很難得到「弦外之音」的資料。比方說，假設選項不夠完整就無法瞭解該部分的內容。由於無法進一步瞭解數字以外的資訊，所以無法瞭解更核心的理由，也只能得到表面的資訊或解釋。偏重多數意見、忽略少數，也是量化調查的缺點之一。

◇ 質化調查與量化調查的使用時機

「為什麼會買這項商品？」「你覺得這項商品的哪一點重要？」想一邊觀察目標對象，一邊知道這些問題背後的理由或想法時，可使用質化調查。

「各種族群的人數有多少？」「這項商品有多少人聽過？」想知道這類問題的答案，透過客觀的數字、比例以及相關資料掌握整體的趨勢時，可使用量化調查。

即使題目相同，不同的調查方式會得到截然不同的資料。

◉即使題目相同，不同調查方式會得到截然不同的資料

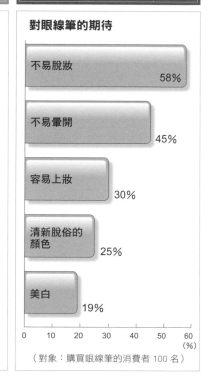

質化調查	量化調查
對眼線筆的期待	**對眼線筆的期待**
● 眼線筆的重點在於不暈開、不脫妝，但一直用黑色的眼線筆，會想要改用褐色這類較清新脫俗的顏色（20幾歲，女性，行政職）	不易脫妝　58%
● 從以前到現在都很重視不脫妝，以及方便畫線的問題。最近很流行彩色眼線筆，我也因為看起來很時尚而購買，但後來發現彩色眼線筆很難用，所以就乾脆不用。如果能有清新脫俗的顏色就好了（30幾歲，女性，門市店員）	不易暈開　45%　容易上妝　30%　清新脫俗的顏色　25%　美白　19%
從上述的說明可以知道，大部分的目標對象都想要「清新脫俗」的顏色。	
（對象：購買眼線筆的消費者3名）	（對象：購買眼線筆的消費者100名）

由於質化與量化的調查各有優缺點，所以**在適當的時候選擇適當的調查方法非常重要**。

質化調查網路訪談的優缺點

剛剛提到，越來越多質化調查透過網路進行，所以在此將這種逐漸普及的「網路訪談」的優點與缺點整理成下圖。

◉網路訪談的質化調查－**優點**

- ✔ 不用出差就能訪談全國民眾。
- ✔ 可以看到受訪者的房間，所以除了完成訪談，還能間接得到許多受訪者的想法與價值觀。
- ✔ 由於是特寫鏡頭，所以能一邊觀察受訪者的表情有哪些變化，一邊完成訪談。
- ✔ 由於受訪者是在家裡接受訪談，心情比較能放鬆與自然。
- ✔ 因為是遠端訪談，所以訪談者較能配合受訪者。例如將訪談的開始時間或結束時間訂在早上或晚上也沒問題，還能配合訪談端的見習生（旁聽訪談的人）進行訪談。訪談的聲音很清楚，也能分享錄好的訪談。
- ✔ 不需要花錢租場地與列印資料，能有效降低成本（能以較低的成本對每個人進行深度訪談）。

◉網路訪談的質化調查－**缺點**

- ✔ 有時**網路、器材、系統會出問題**（需要製作標準流程的手冊並演練）。
- ✔ 需要花時間製作讓受訪者看的**資料或商品樣本**（有些文件會基於機密管理原則而無法郵寄，所以只能以投影片代替。此時必須製作成以智慧型手機接受訪談的受訪者也能看清楚的大小）。
- ✔ 比起面對面，**較難與訪談端的訪問者交換意見**（必須決定誰負責整理追加的問題，或是建立另外的溝通管道）。
- ✔ **由於網路團體訪談一次通常以 3 人為限**，有時反而因此導致成本增加（面對面的團體訪談通常以 6 人為限）。

◎ 決定調查的人數：瞭解「母體」與「樣本」的關係

　　到底該怎麼決定「目標對象」，也就是「調查對象」的範圍呢？這部分會在第5章的「顧客分析」章節（P.232~）說明。

　　接下來會先說明「該怎麼決定調查對象的人數」、「該請教多少人才理想（該如何決定人數）」的方法。

　　首先要請大家先瞭解下列4個基本的統計學用語，才能知道該如何決定調查對象的多寡。

◉必須先瞭解的 4 個統計用語

母體（N）	整個調查對象
母體大小	在母體中的資料數（若是一般的問卷，稱為「人數」）通常會寫成「N=數字」，或是稱「母體數」
樣本（n）	從母體抽樣的樣本
樣本大小	在樣本中的資料數（若是一般的問卷，稱為「人數」）通常會寫成「n=數字」，或是稱「樣本大小」

　　以「住在東京都內20幾歲女性」為調查對象的情況為例，此時所有住在東京都內的20幾歲女性都是**調查對象。調查對象的整體就是所謂的「母體」，在這個母體之中的「資料量」則稱為母體數**（母體的大小），假設對這個母體進行問卷調查，母體數就稱是「人數」。以這個例子來看，母體數約為89萬9,000人（N＝89萬9,000）（來源：日本總務省統計局人口推估2019年10月1日確定值）。

　　雖然能對這89萬9,000人進行問卷調查是最理想的調查方法，但這種方式太不實際。

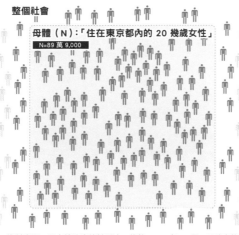

資料來源：日本總務省統計局人口推估 2019 年 10 月 1 日確定值

　　因此，要從「住在東京都內的20幾歲女性」的89萬9,000人的「母體」之中，隨機篩出一些人（例如200人），這些人就是所謂的「樣本」，之後再進行調查，以及透過調查結果預測整個母體的情況。

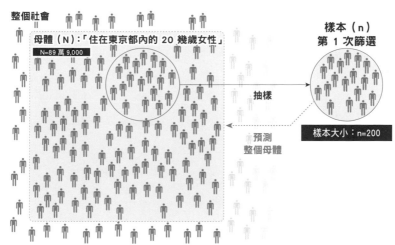

資料來源：日本總務省統計局人口推估 2019 年 10 月 1 日確定值

在剛剛提到的統計用語之中，第4個是**「樣本大小」，也就是從母體抽樣的樣本量**。假設進行的是一般問卷，此時樣本大小與「母體大小」一樣，都是所謂的「人數」，以這個例子而言，樣本大小=200人（n=200）。

在統計學之中，必須先仿照上述的流程釐清「母體」與「樣本」。

此外，統計學會無一例外地**以大寫英文字母的「N」代表母體的大小，以小寫英文字母的「n」代表樣本大小**。

對母體進行抽樣再展開調查稱為**「抽樣調查」**，而對整個母體進行調查稱為**「普查」**。

最具代表性的普查就是以所有住在日本的人為對象的「人口普查」（Census），或是以日本境內所有事業單位、企業為單位的「經濟普查」。

要請大家記住的是，我們**民營企業不太可能進行耗時、耗力、斥資甚鉅的普查，所以只會採用「抽樣調查」**。

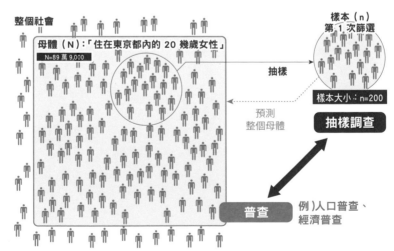

資料來源：日本總務省統計局人口推估　2019 年 10 月 1 日確定值

◈ 瞭解「樣本大小」與「樣本數」的差異

「樣本數」常與「樣本大小」混為一談，但請大家務必記住，這兩個詞的意思不太一樣。

· 「樣本數」＝每次抽樣的數量，是樣本的數量。比方說，剛剛只抽樣1次的情況的樣本數=1，而下圖抽樣3次的樣本數則為3。

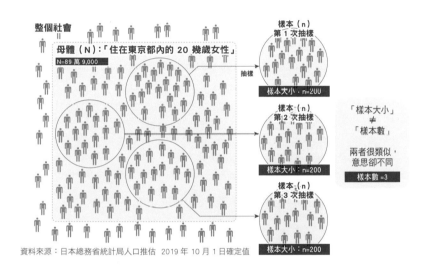

資料來源：日本總務省統計局人口推估 2019年10月1日確定值

不過，我常看到很多公司將「樣本大小」與「樣本數」混為一談，很常看到將200人的樣本調查說成「樣本數為200人」的例子（正確的說法是「樣本大小為200人」）。

「樣本大小（調查了多少人）」很常在打造暢銷商品的調查使用，但是「樣本數（調查了幾次）」卻很少使用，所以不小心誤用也不太會對調查過程造成影響，大家只需要記得「樣本數」與「樣本大小」在統計學的世界是不同的意思，視情況解讀就可以了。

⊕ 決定量化調查人數：「敘述統計‧交叉分析」與「構面」

瞭解「母體」與「樣本」的差異後，接著要決定「樣本大小」，也就是決定「要調查多少人」。接下來**先學習如何設定量化調查的樣本大小，之後再學習質化調查的樣本大小如何設定。**

樣本大小可根據「需要何種構面」逆推。所謂的「構面」就是在統整調查數據的統計表之中，位於表側的「性別」、「年齡層」、「地區」各個背景變項。

有時「構面」也稱為「向度」或 Breakdown。

Q. 你會想使用具有下列哪些效果或功能的口紅？
「在咖啡廳喝飲料，仍可保有光澤不掉妝」
SA

		n	想使用	有點想使用	不太想使用	不想使用	TOP2	BOTTOM2
整體	構面	400	30.7	41.5	13.5	14.3	72.2	27.8
年齡層①	20 幾歲女性	200	30.5	39.9	14.5	15.1	70.4	29.6
	30 幾歲女性							
年齡層②	20-24 歲女性	100	29.6	44.6	13.4	12.4	74.2	25.8
	25-29 歲女性	100	31.4	35.2	15.6	17.8	66.6	33.4
	30-34 歲女性	100	23.1	51.1	10.2	15.6	74.2	25.8
	35-39 歲女性	100	33.4	40.5	13.3	12.8	73.9	26.1
使用情況	口紅使用者	40	30.9	49.8	10.3	9.0	80.7	19.3
	非口紅使用者	360	30.3	23.7	20.3	25.7	54.0	46.0

構面 = 向度、Breakdown（BD）

標準誤(絕對值)為	+10 分以上	-5 分以上
	+5 分以上	-10 分以上

100

「統計」就是統整數據資料的過程，調查的統計方法可分成「敘述統計」與「交叉分析」兩種。

「敘述統計」與「交叉分析」的意義分別如下。

Q. 你會想使用具有下列哪些效果或功能的口紅？
「在咖啡廳喝飲料，仍可保有光澤不掉妝」

SA

		n	想使用	有點想	不太想	不想使用	TOP	BOT
這部分是敘述統計								
整體		400						
年齡層①	20 幾歲女性	200	30.5	39.9	14.5	15.1	70.4	29.6
這部分是構面		200	30.9	43.1	12.5	13.5	74.0	26.0
年齡層②	20-24 歲女性	100	29.6	44.6	13.4	12.4	74.2	25.8
	25-29 歲女性	100	31.4	35.2	15.6	17.8	66.6	33.4
	30-34 歲女性	100	23.1	51.1	10.2	15.6	74.2	25.8
	35-39 歲女性	100	33.4	40.5	13.3	12.8	73.9	26.1
使用情況	口紅使用者	40						
	非口紅使用者	360						
這部分是交叉分析								
標準誤 絕對值 /標								

「敘述統計」
最基本的統計，又被稱為累計
（Ground Total, GT），指問卷整體結果的加總

「交叉分析」
這是將調查對象以「性別」、「年齡」、「商品使用狀況」分割與比較的方式。此時表側項目（變項）就是「構面／向度／ BD」。

◇ 決定量化調查人數：決定構面的方法

「構面」可透過下列兩個步驟決定。

①以「屬性」、「與商品的相關性」這兩個觀點分類目標對象。
②決定「變項」。

首先是步驟①，也就是以「屬性」、「與商品的相關性」這兩個觀點以及下列分屬這兩個觀點的元素，將目標對象分割成不同的市場區隔※（詳情會在 P.238 說明，但區隔的重點在於不要訂立太繁瑣的條件，以免將目標對象分割成太小的區塊）。

①以「屬性」、「與商品的相關性」兩個觀點分類目標對象

■屬性	■與商品的相關性
通常以下列 3 種屬性決定。 （也常只使用這 3 種屬性） ・居住地區(全日本或一都三縣或首都圈或特定的縣) ・性別（男、女、其他） ・年齡 也可以根據想調查的內容進行下列分類。 ・**業總、職種**（一般員工或管理職？兼差或全職？主婦或學生？特定業總的從業人員？可在進行這類分析的時候如此分類） ・**已婚未婚、有無小孩、么子年齡**（只以未婚女性為目標對象、只以么子還沒上小學的家庭為目標對象時，可如此分類） ・**同住家人**（以未與祖父母同住的人為目標對象、以單身生活的人為目標對象的時候，可如此分類） ・**年收入**（以高年收族群為目標，以年收〇〇萬元的家庭為目標時，可如此分類） ・**興趣、生活型態、價值觀**（以具有特定興趣的人為目標對象時，可如此分類）	・對商品、服務的認知、興趣、購買、回購 ・對自家公司商品與競爭者的商品的使用情況（正在使用／不再使用／不曾使用） ・對於廣告這類宣傳策略的認知與接觸頻率

其次的步驟②決定「變項」，可思考能以何種變項進行「比較」。「變項」可透過「類似」的觀點從①的目標區隔之中發掘。如果以「類似」的觀點也找不到可比較的變項，或是找不到足夠的變項進行比較，就以「相反」的觀點尋找變項。

✔ 類似：主要目標對象與次要目標對象、自家商品的使用者與競爭商品的使用者、屬性或與商品的相關性近似的目標對象。

✔ 相反：廣告接觸者與非接觸者，使用者與非使用者、品牌認知者與非認知者。

※市場區隔曾在 P.90 說明，就是根據某種基準分類的族群。建立市場區隔也可說成「建立區隔」或「區隔化」。

在此以銷售護手霜的某家製造商為例。這家製造商在 1 年前推出了護手霜 A 這項商品，剛推出的商品一直以來都是以「全國 40-59 歲男女」為目標對象，不過後來這家製造商懷疑「該不會全國 20-39 歲男女才是有潛力的族群吧？」之後也試著調整目標對象範圍。

這家製造商想調查的內容是「到底是 X 因素還是 Y 因素比較喜歡自家護手霜 A 的賣點呢？」也想驗證「這個評估結果會因為性別而出現差異嗎？」此外，根據與商品的相關性這點，將那些「不買自家商品與其他護手霜品牌的人排除在目標對象之外」。

①透過「屬性」及「與商品的相關性」這兩個觀點分類目標對象

・屬性：新目標對象的全國 20-39 歲男女
・與商品的相關性：以 1 年購買 1 次護手霜的人為對象（不管購買的是哪家品牌，都算是調查對象。完全不買的人則不算是目標對象）

②決定「變項」

・與全國 40-59 歲的男女進行比較（類似：原始目標對象）
・以性別進行比較（類似：目標對象之中的屬性差異）

★想調查的內容：商品 A 的 X 因素與 Y 因素，哪個比較有吸引力？
此時的共通條件為「1 年購買 1 次護手霜的人」，其中的性別與各年齡的人數都平均分配。

> 分配：依照市場區分設定回答問卷的人數。

如此一來，就能瞭解 20-39 歲男女目標對象的資料，也能與 40-59 歲的族群進行不同年齡層的比較，以及針對 20-39 歲的目標對象進行不同性別的比較（參考下頁圖示）。

這種所有的變項都設定相同人數的分配方式，稱為「**平均分配**」。此外，分配的每格格目稱為「**變項**」，變項的總和就是樣本大小的總和。

◉平均分配

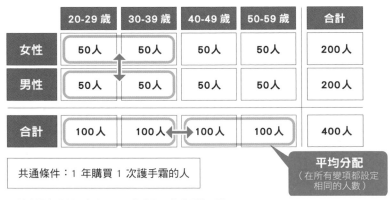

	20-29 歲	30-39 歲	40-49 歲	50-59 歲	合計
女性	50人	50人	50人	50人	200人
男性	50人	50人	50人	50人	200人
合計	100人	100人	100人	100人	400人

共通條件：1 年購買 1 次護手霜的人

平均分配
（在所有變項都設定相同的人數）

▲ 讀者限定福利：參考 P.510 的步驟下載「平均分配」

◈ 決定量化調查人數：設定抽樣分配的兩種方法

設定每個變項收集多少人的資料（樣本大小），稱為「**抽樣分配**」。

除了上述的「平均分配」之外，「抽樣分配」最常使用的方法還有「**母體分配**」的方法。

✔如果想比較每一變項並分析每個變項的差異，可使用上述提到的「平均分配」。
✔想瞭解整體的趨勢或實際狀況時，可使用「根據母體樣本的組成比例分配」這種方法。

接著介紹「母體分配」這種方法的範例。比方說，「想瞭解公民的意識與行為的變化」時，可根據全國人口結構分配性別與各年齡層的人數。

母體分配
（例：按人口結構分配）

例：想了解公民的意識與行為的變化時，根據全國人口結構分配性別與各年齡層的人數。

	20-29 歲	30-39 歲	40-49 歲	50-59 歲	60-69 歲	70-79 歲	合計
女性	134 人	168 人	197 人	164 人	188 人	136 人	987 人
男性	130 人	164 人	194 人	165 人	198 人	162 人	1,013 人
合計	264 人	332 人	391 人	329 人	386 人	298 人	2,000 人

在熟悉調查技巧之前，建議先採用「平均分配」的方法。

決定量化調查人數：各變項的人數

接著要介紹在量化調查中，決定「各變項人數」的標準。

嚴格來說，有些時候會有「誤差」，但只要符合下頁圖就沒有問題。

要請大家特別記住的是，統計時，**小於30人的人數**無法當成量化資料使用。

「為什麼是小於30人呢？」要解釋這點會牽扯到複雜的統計學，所以請恕筆者割愛，總之要**進行量化分析，資料就必須大於等於30人**。雖然也可以統計（計算）小於等於29人以下的資料，但分析結果的可信度不高，只能當成「參考值」使用。此外，只有30人的資料也只是剛好滿足分析所需，**所以盡可能讓每個變項的人數大於等於50人**。

◉量化調查：決定各變項人數的指南

- 29 人以下不符合統計所需的數量（至少要大於等於 30 人）。
- 就算是預算有限的情況，每個變項的樣本最好大於等於 50。尤其是特別應該分析的項目，樣本最好不要低於 50。
- 可以的話，每個變項的樣本最好大於等於 100。
- 為了方便受訪者作答，題目總共最好低於 20 題，最多不要超過 60 題。

	20-29 歲	30-39 歲	40-49 歲	50-59 歲	合計
女性	50人	50人	50人	50人	200人
男性	50人	50人	50人	50人	200人
合計	100人	100人	100人	100人	400人

共通條件：1 年購買 1 次護手霜的人

◈ 決定量化調查人數：該增加樣本大小或是追加 Boost Sample ？

雖然樣本大小可透過「需要哪些變項」的方式逆推，但「數量可能最少的變項」是決定樣本大小的重要因素。

比方說，前述的護手霜製造商想將「已購買自家護手霜商品A的20-39歲的消費者」當成「變項」使用時，就是其中一例。由於這款護手霜商品A才開始銷售1年，知名度還不夠，所以就算是1年購買1次護手霜的人，也很少人買過這款護手霜商品A。

在剛剛以年齡層平均分配人數的設計之中，20-39歲的人數總共200人，假設在這200人之中「買過護手霜商品A」的有15%，也就是有30個人曾經購買，其餘170個人不曾購買，此時就勉強可以進行分析，因為要進行統計至少要具備30人的資料。

此時的「15%」稱為**「發生率」**。

　　所謂「發生率」是指符合分配條件的人的出現機率。這是在分配人數時，需要知道的數字，所以若是委由調查公司進行調查，這是可以請對方進行免費「發生率調查」的數字（關於「調查公司」將會在P.110-111詳述）。

	20 幾歲	30 幾歲	40 幾歲	50 幾歲	合計
女性	50人	50人	50人	50人	200人
男性	50人	50人	50人	50人	200人
合計	100人	100人	100人	100人	400人

共通條件：1年購買1次護手霜的人

在這 200 人之中，曾購買護手霜商品 A 的（發生率為 15%）應為 30 人
※發生率可請調查公司進行免費的「發生率調查」

　　假設正在使用這款護手霜商品A的人只有10%「發生率」，那麼該怎麼辦呢？假設是200人的10%，那就是只有20人，不符合30人這個條件，所以無法當做可分析的變項使用。

　　此時的因應之道有兩種。

1・根據數量可能最少的變項放大樣本大小

2・只有數量可能最少的變項設定Boost Sample（特殊樣本）。

　　第一種方法只是單純地將整體的數量增加而已。

　　簡單來說，要在發生率為10%的條件下，收集到30位「曾購買護手霜商品A的人」的資料，就必須先收集到300位以上20-

● 在樣本數最少的變項可能收集不到足夠資料時的因應方式

1 **根據數量可能最少的變項增加樣本大小**

	20-29 歲	30-39 歲	40-49 歲	50-59 歲	合計
女性	125人	125人	125人	125人	500人
男性	125人	125人	125人	125人	500人
合計	250人	250人	250人	250人	1,000人

共通條件：1 年購買 1 次護手霜的人

在這 500 人之中，
曾購買護手霜商品 A 的人應有 50 人
（發生率為 10％）

39歲的人的資料。由於30個人的資料是分析所需的最低條件，因此，要收集到50個人的資料，就必須先收集500位20-39歲的人的資料。

第二種方法提到的**「Boost」是在「初期設計的樣本中追加特殊樣本」的意思**，有些調查公司會將這個「Boost」稱為「特殊分配」或稱「追加樣本」。

比方說，在剛剛平均分配的400人之中，加入50位符合「曾購買護手霜商品A的人」，就屬於追加特殊樣本的方法。

在「發生率」只有10％的情況下，在20-39歲的200 位男女之中，只有20位是「曾經購買護手霜商品A」的人，而在追加50位特殊樣本後，總計有70個人（曾購買護手霜商品A 的20人與追加

② 僅以數量可能最少的變項設定 Boost Sample（特殊樣本）

叙述統計只以
400 人進行分析

	20-29 歲	30-39 歲	40-49 歲	50-59 歲	小計	合計
女性	50人	50人	50人	50人	200人	400人
男性	50人	50人	50人	50人	200人	
特殊樣本　曾購買商品的人		50人			50人	50人

共通條件：1 年購買　次護手霜的人　　　　　　　　　　　　450人

在想進一步分析的項目追加樣本（50人）。與原本自然產生的 20 人（在
發生率為 10% 的條件以及樣本為 200 人的條件之下，曾購買護手霜
商品 A 者應為 20 人）加總之後，可組成 70 人的變項

※Boost = 在「初期設計的樣本之中，追加特殊樣本」的意思，有些調查公司會將「Boost」
稱為「特殊分配」或稱「追加樣本」。

的50人），就能將70個人成為單一變項加以分析。

　　要注意的是，敘述統計的「整體」不是平均分配的400人與特
殊樣本的50加總的450人，而是不包含特殊樣本的400人，而包含
特殊樣本的450人則是多餘的構面，因為當「曾經購買護手霜商
品A的人」的比例莫名增加之後，分析結果就會失準。

　　只有在想比較 20-39 歲之中，曾經購買護手霜商品A的人以及
未曾購買的人時，也就是：

· 「曾經購買護手霜商品A=70位（原本的20位 + 特殊樣本的50
　位）」

· 「不曾購買護手霜商品A的人 =180位（從200位曾經購買護手
　霜的人減掉20位的樣本）」

以上方式進行交叉分析時，才有機會使用包含特殊樣本的450人的資料（50位特殊樣本的資料只能如此使用。容我重申一次，不能將特殊樣本加到敘述統計之中）。

就算採用第一種增加樣本大小，樣本大小不會過度擴張，或是增加樣本有利於收集其他變項的樣本（或是預算比較寬裕）的情況，就可以選擇第一種方法。

就我個人而言，比較推薦第二種只追加最低限度的特殊樣本，較符合預算的方法。

以上就是有關「量化調查」的人數該如何設定的說明。

使用調查公司的服務

在進入「決定質化調查人數」這部分之前，要先為大家補充說明在P.107提到的「調查公司」。

所謂的「調查公司」是能依照行銷目的，透過網路進行量化、質化調查，以及提供相關服務的公司。應該有不少人都看過「幫忙填寫問卷，就能得到點數，賺點零用錢」這類網路問卷吧？負責對調查對象（受訪者）進行問卷調查的就是調查公司。有些調查公司甚至會在收集到問卷結果之後，幫忙統計與分析。

此外，有些調查公司手上有數十萬至數千萬名調查對象（受訪者），所以能迅速而正確地完成相關調查。

不將案子包給調查公司，自行利用Google表單這類免費服務收集問卷結果也是可行之道，而且也能針對在自家公司服務註冊的客戶進行問卷調查，或是募集團體訪談的受訪者。

不過，自行徵求的受訪者樣本通常會有偏差的問題。舉例來說，若是對自家公司的會員進行問卷調查，就無法訪談還沒成為

會員的人。在網站或是社群網站貼出問卷調查的網址，徵求受訪者的方法，也很難沒有半點偏頗地找到真正想訪談的「目標對象」，這類資料也很難說是符合統計原則的資料。再者，免費的服務也沒有進行複雜的統計或分析的功能。

　　因此，許多企業都會委由調查公司進行調查。由於費用從數十萬日圓到數百萬日圓不等（在台灣則數萬到數十萬元台幣），所以不妨先向幾間調查公司詢價，再考慮委由哪間調查公司進行調查。「MACROMILL」、「INTAGE」、「Video　Research」、「Cross Marketing」都是日本非常知名的調查公司。順帶一提，我最常合作的調查公司是下列兩間。

・電通　MACROMILL INSIGHT：電通的調查機構。這是電通與網路調查日本市場市占率龍頭※的 MACROMILL 合辦的公司，擅長針對行銷策略、溝通策略的調查案件提供專業知識與方案。

・樂天 INSIGHT：擁有以使用樂天集團各項商品或服務的消費者組成的樣本，此樣本也是整個業界最大規模的樣本，提供服務非常多元，價格也相對合理。

　　上述調查公司都擁有許多優秀的調查員，在還不熟悉調查流程時，不妨借助調查員的力量從中學習調查技巧。

※網路行銷調查市占率＝MACROMILL（非合併）、電通 MACROMILL INSIGHT、H.M.行銷調查株式會社等，與網路行銷調查相關的業績（2020 年 6 月）÷社團法人日本行銷研究協會（JMRA）所推估的日本 MR 行業市場規模現況調查（2019 年）

　來源：社團法人日本行銷研究協會（JMRA）2020 年 9 月 16 版第 45 次經營業務實態調查

決定質化調查人數：如何決定分析對象與設定人數

接下來要介紹，在質化調查中如何決定各項目人數的標準。

●質化調查：決定各變項人數的標準

- 每一變項最低限度的人數如下（若是團體訪談，每次徵求的受訪者人數必須相同）。
  - ✔若是面對面的團體訪談，每次徵求的人數應該以每團 6 人（同時徵求與進行訪談，120 分鐘）為基準。
  - ✔如果是透過網路進行的遠端訪談，每次徵求的人數應該以每團3人（同時徵求與進行訪談， 60-120分鐘）為基準。
  - ✔如果是一對一的深度訪談，則不管是面對面還是透過網路，每變項至少 3 人(1 次 1 人，每次 30-60 分鐘)。
- 即使預算有限，每一變項的受訪者至少 3 人。
- 雖然調查的內容不盡相同，但總受訪者人數至少該介於 12-18 名之間，才能得到理想的分析結果。
- 由於質化調查與量化調查的目的不同，所以每一構面的人數低於 30 人也無所謂。
- 假設每一構面的人數超過 30 人，也可以進行量化調查，不過人數這麼多的情況下，成本通常會墊高，所以質化調查很少會讓每一構面的人數超過 30 人。

　　訪談這類質化調查可參考上頁表格進行。假設質化調查的每一構面都要徵求到30位以上的受訪者（量化分析所需的人數），成本恐怕會高得嚇人，所以通常不會募集量化分析那麼多的人數。不過，使用 Sprint（將在 P.172 介紹）這類網路訪談系統進行質化調查的話，也能快速收集大量的訪談結果。

　　假設是受訪者人數較少的質化調查，可利用 P.101 提到的方法，也就是「①以『屬性』、『與商品的相關性』這兩個觀點分類目標對象」以及「②決定『變項』」，**精準地縮小調查範圍**。在此為大家介紹網路訪談的人數分配範例。

●網路訪談的人數分配範例

	購買自家公司護手霜商品Ａ的消費者	購買競爭者護手霜商品Ｂ的消費者	競爭者與自家公司產品各買一半的消費者	合計
	20-39 歲	20-39 歲	40-59 歲	合計
女性	3 人	3 人	6 人	12 人
男性	3 人	3 人	6 人	12 人

共通條件：1 年購買 1 次護手霜的人	24 人

▲ 讀者限定福利 「網路訪談的人數分配範例」可參考 P.510 的方法下載

　　假設想將「購買競爭者護手霜商品Ｂ的消費者」的「20-39歲男女」視為最優先的主要目標對象，有時會讓這一變項的人數增加2-3倍。假設想從「購買自家公司護手霜商品Ａ的消費者」找出刺激該族群購買欲望的線索，也有可能會增加此變項的人數。

　　要知道該以哪一變項為優先，又該增加哪一變項的人數，必須先知道要驗證的結果以及目標對象，這部分請參考第3章之後的內容。

⟐ 決定質化調查的單次訪談人數／時間

在前一頁的例子中，每一變項人數都有3-6名。若是使用遠端會議系統進行團體訪談，單次訪談的人數最好不超過3位，以免受訪者無法專心受訪，所以人數為6人的變項就該分成兩次進行訪談。即便是一對一深度訪談，每變項人數（在相同的條件下募集的訪談者）也盡可能多於3名。

如果訪談內容較深入，份量也比較多，團體訪談的時間可為120分鐘，深度談訪的時間可為60分鐘。

比起從網路找到的受訪者人數（訪談謝禮），要求受訪者接受完整訪談的時間更容易讓質化調查的成本增加（記錄者、主持人、負責維持訪談流程的人事費、會場使用時間）。

為了節省成本，有時會減少訪談內容，縮短受訪時間，增加受訪者人數。比方說，將單次遠端團體訪談時間從3人／120分鐘降至60分鐘，或是每一變項談兩次，針對6位受訪者進行訪談。

不過，**要挖掘受訪者本身也難以言喻的內容，往往得耗費不少時間**，這部分也會在第3章（P.173~）說明。**因時間限制只問到表面的回答」是常見的失敗**，所以除了想問的問題經過一輪精簡之外，不太建議縮短訪談時間。

◎ 讓調查不再受挫的唯一祕訣

接下來要傳授一個讓調查不再失敗的祕訣。

那就是**「分類保存那些不知道有什麼用途的資訊，千萬別讓這些資訊全混在一起」**。

在此透過「X 公司的眼線筆賣得不好，想要重塑品牌」的例子，介紹如何分類資訊的方法。

由於眼線筆的市場正如火如荼地發展，眼線筆的種類也越來越多，有鑑於此，我建立了「現行的眼線筆會讓消費者不知從何選起，以及被埋沒在眾多商品之中，其中一定有問題」的假設。

此時想釐清的是「消費者不知從何選起」以及「競爭公司是否花了一些心思，讓自家商品在門市更容易被挑中」這兩點。為了知道這兩點，打算前往門市實地調查、進行分析競爭者動向的案頭研究與分析自家公司的產品。

接著，要將收集到的資訊分類成「有用的資訊」與「不知用途為何的資訊」（參考下頁圖）。

| 工作概要
（包含企業名稱、
商品名稱）

X 公司
眼線筆 | 負責這項商品時遇到的問題與煩惱 | 想釐清的事情→方法 |

負責這項商品時遇到的問題與煩惱

整個團隊或企業察覺的問題

・眼線筆賣得不好，所以想要進行品牌重塑

直覺感受到的問題或是與本質有關的問題

・現行的眼線筆會讓消費者不知從何選起，
　以及被埋沒在眾多商品之中，其中一定有問題

想釐清的事情→方法

・消費者不知從何選起
・競爭公司是否花了一些
　心思，讓自家商品在門
　市更容易被挑中
　→於門市進行實地調查
　→競爭者的案頭研究
　→自家產品的分析

【目標】目標對象是誰？目標對象的價值觀與行動？
　　　　目標對象的洞察是？（有哪些煩惱／有哪些需求）

【賣點】該如何推動目標對象的洞察
　　　　（有什麼價值／方法）

有用的資訊 or **不知用途為何的資訊**

有用的資訊

「有用的資訊」包含下列資料。

為了瞭解競爭者的動向，分析對方的廣告、促銷商品這類宣傳內容。結果發現，競爭者利用多位藝人，並且根據這些藝人的

◉有用的資訊

分析競爭者的宣傳策略之後，發現競爭品牌 A 利用多位藝人的形象設計商品的定位，讓顧客依照
藝人的形象挑選商品。
各藝人的系列商品都只有 3 種，方便顧客挑選商品。

←**競爭品牌 A**

X 公司的產品

⇒**在門市的確發生了「消費者不知
從何選起」的問題，該問題必須解決**

形象設定商品的定位，讓消費者更容易在門市選到需要的商品。每位藝人的系列商品都只有3種，所以消費者不會在選擇商品的時候陷入迷惘。

在門市進行實地調查之後發現，競爭者未讓所有商品上架，只上架了藝人系列的商品，每項商品的數量也不多，方便消費者選擇需要的商品。反觀X公司把所有商品放在一起，讓商品的整體印象變得非常雜亂，消費者也就不知該從何選起。看來門市的確發生了「消費者不知從何選起」的問題，必須利用藝人設計產品的定位，或是利用其他方法解決這個問題。

◇ 不知用途為何的資訊

不知用途為何的資訊則是「競爭商品的消費者側寫」。在分析競爭者的動向之際，建立「在眼線筆的種類不斷增加時，搶走競爭者的顧客業績就會上升」的假設。

此時若能瞭解購買競爭商品的消費者，就能將這類消費者設定為「目標對象」，也比較容易擬定抓住這些消費者的策略。不過，競爭者與X公司的消費者大同小異，未從消費者側寫這類資料找出可行的策略，所以只能先儲存這類資料，留待日後備用。

其次，若能瞭解X公司的消費者對於X公司的眼線筆有哪些想法，或許就能替X公司的

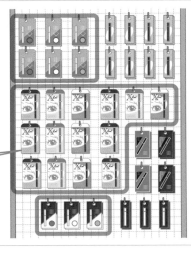

實際走訪門市後，**發現競爭商品A未**讓所有種類的商品上架，只留下少數藝人系列商品，所以消費者比較容易挑到理想的商品。X公司的商品則是全混在一起，所以消費者不知該從何選起。

商品做出市場區隔，找到更吸引人的「賣點」，而在進行調查之後，得到「既有顧客對於 X 公司的商品有何意見的訪談資料」，不過這份訪談資料只說明了顧客對於「品質和完妝的印象」，無法從中找到與競爭者做出差異的因素，所以僅先儲存起來，留待日後備用。

調查既有顧客，結果沒找到任何實質資訊的情況幾乎不會發生，所以這算是未能徹底調查既有顧客的失敗範例。不過仍請大家先記得，**「不知用途為何的資訊」也得先進行分類與保存。**

◯ 無法從收集的資訊找到「下一步」，等於沒調查過

儘管已經收集到一些資訊，卻沒辦法從中擷取有實際幫助的發現（findings），那麼這些不知用途為何的資訊大可棄之不理。不過，讓這些資訊與有用的資訊分開儲存，留待日後使用，也是非常重要的步驟。

養成將「有用的資訊」與「不知用途為何的資訊」分開保存的習慣，可避免自己漫無目的地收集資料，也能幫助自己養成徹底剖析資料，從中發現「下一步」的習慣。

透過調查收集的資訊不能只是淪為「收集因素」（factor）。請大家務必記住，**如果沒辦法收集有意義的資訊，以及從中找到下一步的策略，那麼等於沒調查過**。也請大家務必養成自行分析或解釋資料，以及從中找出下一步的習慣。

◈ 調查可改變團隊的決策模式，案例：機能性飲料Ａ

本章的最後要介紹「調查」能夠改變團隊決策模式這件事。在此要以虛構的案例說明「找到下一步」到底是什麼意思。雖然是虛構的案例，但這個案例其實是從多個實際發生過的案例加工而成。

這是製造「機能性飲料Ａ」的Ｙ公司的案例。「機能性飲料Ａ」的負責人絕望地認為自己「已無計可施」，「機能性飲料Ａ」曾是所謂的長銷商品，但在經過20年之後，慢慢地被時代淘汰，年輕人也不再愛喝，於是業績便陷入低迷。

因此，Ｙ公司打算為這項商品重塑形象，比方說，為了宣傳這項商品，找來廣受年輕族群歡迎的偶像團體代言，也砸大錢買電視廣告。這支電視廣告因為該偶像說了句「好可愛！」而成為話題，也在社群網站引起不少討論。

可是最終結果揭曉之後，才發現業績紋風不動，沒有半點成長。「看來已經不會有年輕人或是其他的新顧客買這項商品。若只靠老顧客，這項商品恐怕得停產停售。可是我真的很不甘心這項商品就此停售」。這位心有不甘的商品負人決心透過調查，試著重新發掘「目標對象」與「賣點」。

⬡ 機能性飲料 A 負責人建立的假設與找到的調查方式

　　這位負責人最先想到的假設是「就飲料這項商品的特性來看，一旦放棄年輕族群，這個品牌恐怕就沒有未來可言，所以還是得以年輕族群為目標」。接著他又想到「放棄年輕族群還言之過早，會願意買這項商品的潛在顧客應該是非年輕族群才對」。

　　如此一來，他想釐清的是「年輕族群的購買潛力」以及「為什麼找來當紅的偶像拍廣告，銷路還是不見起色」，接著他又根據這兩點找到「派樣活動之後的購買數據分析」與「電視廣告效果驗證調查」這兩項調查手段。

工作概要 （包含企業名稱、商品名稱） Y 公司 長銷品牌 機能性飲料 A	負責這項商品時遇到的問題與煩惱	想釐清的事情→方法
	整個團隊或企業察覺的問題 ・這項商品在 20 年後被時代淘汰 ・年輕族群不願購買，業績陷入低迷 ・為了替商品重塑形象，找來當紅藝人拍電視廣告，的確引起話題但銷路仍不見起色 **直覺感受到的問題或是與本質有關的問題**	

【目標】目標對象是誰？目標對象的價值觀與行動？
目標對象的洞察是？（有哪些煩惱／哪些需求）

・就飲料這項商品的特性來看，一旦放棄年輕族群，這個品牌恐怕沒有未來可言，所以還是得以年輕族群為目標對象
・放棄年輕族群還言之過早，會願意買這項商品的潛在顧客應該非年輕族群莫屬

・年輕族群的購買潛力
→派樣活動之後的購買數據分析
・為什麼找來當紅的藝人拍廣告，銷路還是不見起色
→電視廣告效果驗證調查

【賣點】該如何推動目標對象的洞察（有什麼價值／方法）

◯ 從調查結果找到下一步

完成調查之後，得到「派樣活動之後發現，10-29歲的年輕族群比30歲以上的既有顧客更願意重複購買」的結果，也得到「電視廣告雖然為商品塑造了良好的形象，卻未能讓消費者知道商品的魅力，可見廣告內容有問題」的結果。

這位負責人也從這兩種結果得到「應該繼續以10-29歲的年輕族群為目標對象」的結論，以及「電視廣告應該重新拍攝，讓消費者瞭解商品的魅力」這件下一步該做的事情。

工作概要 （包含企業名稱、商品名稱） Y公司 長銷品牌 機能性飲料A	負責這項商品時遇到的問題與煩惱
	整個團隊或企業察覺的問題 ・這項商品在20年後被時代淘汰 ・年輕族群不願購買，業績陷入低迷 ・為了替商品重塑形象，找來當紅藝人拍電視廣告，的確引起話題但銷路仍不見起色
	直覺感受到的問題或是與本質有關的問題

想釐清的事情→手段

【目標】目標對象是誰？目標對象的價值觀與行動？
　　　　目標對象的洞察是？（有哪些煩惱／有哪些需求）

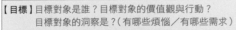
・應該繼續以10-29歲的年輕族群為目標對象

【賣點】該如何推動目標對象的洞察（有什麼價值／方法）

・電視廣告應該重新拍攝，讓消費者了解商品的魅力

⊕ 重覆「假設→調查→擬定策略」循環

接著這位商品負責人開始思考「新的電視廣告要強調什麼賣點，顧客才願意購買商品」。

「機能性飲料A」具有「乍看之下是休閒飲品，但其實是富含維生素C的健康飲品」這項特質。

「姑且不論早就瞭解『機能性飲料A』的30歲以上的顧客，目標對象的年輕人一定不知道機能性飲料A有維生素C這件事，只是當成休閒飲品喝。所以若能讓他們知道有維生素C的成分，應該會更願意購買才對」。

工作概要 （包含企業名稱、商品名稱） Y 公司 長銷品牌 機能性飲料 A	負責這項商品時遇到的問題與煩惱	想釐清的事情→方法
	整個團隊或企業察覺的問題 ・這項商品在 20 年後被時代淘汰 ・年輕族群不願購買，業績陷入低迷 ・為了替商品重塑形象，找來當紅藝人拍電視廣告，的確引起話題但銷路仍不見起色 直覺感受到的問題或是與本質有關的問題	

【目標】目標對象是誰？目標對象的價值觀與行動？
目標對象的洞察是？(有哪些煩惱／有哪些需求)

・應該繼續以 10-29 歲的年輕族群為目標對象

・驗證以富含維生素C這項機能為賣點，讓年輕族群都知道這件事，年輕族群是否更願意購買這個假設
→計算會因為富含維生素C而願意購買的目標對象有多少
→評估能宣傳富含維生素C這點的文案

【賣點】該如何推動目標對象的洞察（有什麼價值／方法）

・電視廣告應該重新拍攝，讓消費者了解商品的魅力

・若能讓年輕族群知道機能性飲料 A 乍看之下是休閒飲品，但其實是富含維生素 C 的健康飲品這點，就能改變只是「休閒飲品」的形象

建立這項假設的商品負責人想釐清的是「以富含維生素 C 這項機能為賣點，讓年輕族群都知道這件事，年輕族群是否就更願意購買」這件事，也以「計算會因為富含維生素 C 而願意購買的目標對象有多少」以及「評估能宣傳富含維生素 C 這點的文案」為調查方法。

⊕ 經過多次調查找到真正的目標對象

調查結果如下。

機能性飲料 A 的目標對象規模

【整體】2,379 萬 9,000 人（100%）
※來源：總務省統計局人口推估
2019 年 10 月確定值
全國 10-29 歲男女

【知道機能性飲料 A 的消費者】
2,141 萬 9,100 人（90.0%）

【知道富含維生素 C 的消費者】
1,906 萬 2,999 人（89.0%）

知道富含維生素 C 卻沒喝過的人
1,620 萬 3,549 人（85.0%）

【機能性飲料 A 的消費者】
285 萬 9,449 人（15.0%）

【機能性飲料 A 的重度使用者】
95 萬 3,149 人（5.0%）

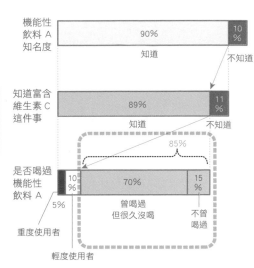

全國 10-29 歲　男女 n=1,000

| 機能性飲料 A 知名度 | 90% 知道 | 10% 不知道 |

| 知道富含維生素 C 這件事 | 89% 知道 | 11% 不知道 |

85%

| 是否喝過機能性飲料 A | 10% | 70% 曾喝過但很久沒喝 | 15% 不曾喝過 |

5% 重度使用者
輕度使用者

調查目標對象的規模之後，發現有9成年輕人聽過「機能性飲料Ａ」，以及其中有89%知道「富含維生素Ｃ」這件事。

由此可知，「因為未以富含維生素Ｃ這件事為賣點，所以顧客不願購買」這項由商品負責人建立的假設是錯的。由於機能性飲料Ａ是長銷商品，所以年輕人早已知道這項商品富含維生素Ｃ的特色。

另一方面也發現，最大的目標對象不是「知道這項商品，但不知道富含維生素Ｃ的人」而是「知道這項商品，也知道富含維生素Ｃ，卻不曾購買的人」。

所以便從「知道這項商品，也知道富含維生素Ｃ，卻不曾購買」的結論找到「應該以那些未在日常生活考慮機能性飲料Ａ，品牌影響力較低的主力區間作為目標對象」的策略。

為什麼這些人不願意購買機能性飲料Ａ呢？到底該以什麼為賣點，才能夠吸引這群人呢？為了釐清這個問題，找了幾個屬於機能性飲料Ａ的賣點，也製作了宣傳機能性飲料Ａ賣點與魅力的文案原型，打算接下來驗證這些文案。

最終將文案原型當成假設並加以驗證

右頁表格是請受訪者以「想買／有點想買／無所謂／不太想買／不想買」的五點量表，針對每個文案分析從中感受到的「購買意願」，以及加總前兩名「想買／有點想買」的分數，再加以排行的結果。由於數字太多會不容易閱讀，所以另外製作了以排名為順序的表格（右表）。

● 購買意願程度排行表（分數）

| 購買意願 | 以五點量表回答與機能性飲料 A 有關的文案 TOP2 的加總分數 | | | | | | | | | | 圖例 …前 3 名 …前 6 名 | | | |

就算直接訴求機能性飲料 A 富含維生素 C，也不願意購買

文案	全體	年齡層（以 10 歲為組距）			年齡層（以 5 歲為組距）						機能性飲料 A 的飲用頻率			
		20～29歲	30～39歲	40～49歲	20～24歲	25～29歲	30～34歲	35～39歲	40～44歲	45～49歲	重度使用者	輕度使用者	曾經喝過但現在很少喝	沒喝過
	(400)	(134)	(133)	(133)	(71)	(63)	(69)	(64)	(40)	(93)	(41)	(98)	(158)	(103)
美味零負擔的維生素 C 飲料	56.7	57.5	58.4	57.4	63.0	50.2	57.7	58.1	54.7	60.8	78.8	78.9	55.1	43.2
美味的關鍵就在維生素 C	44.9	49.2	45.7	43.0	53.0	43.9	48.3	41.7	42.6	45.6	73.9	60.7	40.5	29.3
清新提神的關鍵在美味	42.4	45.5	43.6	41.3	51.5	37.5	40.3	46.2	48.7	41.2	74.9	60.7	32.8	25.5
美味卻毫無負擔的維生素 C 飲料	41.4	44.0	40.7	43.0	48.7	37.5	39.0	41.7	42.6	45.6	73.9	54.6	35.6	23.0
我的活力來源，美味的維生素 C	39.9	42.5	40.7	39.8	47.2	35.9	36.3	44.7	45.7	40.1	70.1	60.7	29.3	28.0
用維生素 C 讓自己變得更美麗	38.4	41.7	37.9	38.8	45.8	35.9	32.3	43.2	51.7	36.9	75.9	51.6	24.4	24.2
最能呵護我的就是維生素 C	35.2	36.4	36.5	35.8	34.4	37.5	32.3	40.2	42.6	35.8	66.1	48.6	27.9	19.2
利用維生素 C 度過健康的每一天	34.9	35.0	33.7	37.4	43.0	29.6	32.3	33.2	39.6	39.0	70.1	45.5	23.7	20.4
覺得煩燥就補充維生素 C	34.7	34.2	33.7	37.4	41.5	29.6	35.0	31.2	39.6	39.1	61.3	45.5	29.0	19.2
短短 20 秒補充需要的維生素 C	34.2	35.7	35.8	31.8	43.0	31.2	37.7	32.7	33.5	33.5	65.2	51.6	25.0	17.9
用機能性飲料 A 補充維生素 C	34.2	35.0	35.1	33.4	38.7	34.3	36.3	32.7	42.6	32.6	70.0	42.5	22.3	19.2
……	32.7	37.2	33.0	28.6	44.4	32.7	32.3	32.6	30.5	30.2	65.2	42.4	24.8	14.1

● 購買意願程度排行表（排名）

| 購買意願 | 以五點量表回答與機能性飲料 A 有關的文案 TOP2 的加總分數 | | | | | | | | | | 圖例 …前 3 名 …前 6 名 | | | |

文案	全體	年齡層（以 10 歲為組距）			年齡層（以 5 歲為組距）						機能性飲料 A 的飲用頻率			
		20～29歲	30～39歲	40～49歲	20～24歲	25～29歲	30～34歲	35～39歲	40～44歲	45～49歲	重度使用者	輕度使用者	曾經喝過但現在很少喝	沒喝過
	(400)	(134)	(133)	(133)	(71)	(63)	(69)	(64)	(40)	(93)	(41)	(98)	(158)	(103)
美味零負擔的維生素 C 飲料	1	1	1	1	1	1	1	1	1	1	1	1	1	1
美味的關鍵就在維生素 C	2	2	2	2	2	2	2	5	5	2	4	2	2	2
清新提神的關鍵在美味	3	3	3	4	3	3	3	2	3	4	3	2	4	4
美味卻毫無負擔的維生素 C 飲料	4	4	4	2	4	3	4	5	5	2	4	5	3	6
我的活力來源，美味的維生素 C	5	5	4	5	5	6	6	3	4	5	6	2	5	3
用維生素 C 讓自己變得更美麗	6	6	6	6	6	6	9	4	2	8	2	6	10	5
最能呵護我的就是維生素 C	7	8	7	9	12	3	9	7	5	9	9	8	7	8
利用維生素 C 度過健康的每一天	8	10	10	7	8	11	9	8	9	7	6	9	11	7
覺得煩燥就補充維生素 C	9	12	10	7	10	11	8	12	9	6	12	9	6	8
短短 20 秒補充需要的維生素 C	10	9	8	11	8	10	5	9	11	10	10	6	8	11
用機能性飲料 A 補充維生素 C	10	10	9	10	11	8	6	9	5	11	8	11	12	8
……	12	7	12	12	7	9	9	11	12	12	10	12	9	12

※ 為了將統計的資料轉換成排行榜，使用 Excel 的 RANK 函數

▲ 讀者限定福利 「購買意願程度排行表（分數）（順位）」可參考 P.510 的方法下載

商品負責人原以為將「維生素 C」當成賣點宣傳，顧客就願意買單，但從調查結果位於前幾名的文案來看，才知道就算直接以「維生素 C」為訴求，年輕人也不一定會願意購買。

從上述的調查結果也發現，比起透過廣告、店頭海報、商品包裝強調「富含維生素 C」這項附加優點，將「美味的休閒飲品」當成賣點強調，反而更能激發目標對象的購買欲望。

經過上述調查之後，這位商品負責人將「10-29 歲的年輕人」以及「知道這項商品，也知道富含維生素 C 這點，卻不考慮購買機能性飲料 A 的人」當成目標對象，進一步將「美味的休閒飲品」當成機能性飲料 A 的賣點，並且打算「重新拍攝電視廣告」，宣傳這項賣點。執行這項策略之後，成功地讓持續低迷 5 年的商品重新打開銷路。

【目標】目標對象是誰？目標對象的價值觀與行動？
　　　　目標對象的洞察是？(有哪些煩惱／有哪些需求)

・應該繼續以 10-29 歲的年輕族群為目標對象
・「應該以那些未在日常生活考慮機能性飲料 A，品牌影響力較低的主力族群」作為目標對象

【賣點】該如何推動目標對象的洞察(有什麼價值／方法)

・電視廣告應該重新拍攝，讓消費者了解商品的魅力
・將「美味的休閒飲品」當成機能性飲料 A 的賣點，並打算「重新拍攝電視廣告」宣傳這項賣點。「富含維生素 C」這點只需要在廣告、店頭海報、商品包裝當成附加優點強調即可。

找到正確的「目標對象」與「賣點」，商品就能暢銷。

具體的步驟將在第3章至第8章說明，而這次使用的「調查方法」共有下列4種。

· 鎖定目標對象的調查方法：第5章
· 驗證廣告效果的調查方法：第8章
· 試算目標對象規模的調查方法：第5章
· 評估文案原型的調查方法：第3章

◯ 優質的調查方法能找到下一步該怎麼做

雖然這個案例只是由幾個耳熟能詳的知名品牌案例加工而成的例子，但就算是顧客規模不大的小眾商品，或是無法在主流媒體打廣告的中小企業或新創企業的商品，也能透過這種找出「目標對象」與「賣點」的調查方法，成功打造暢銷商品。

由此可知，**調查方法能幫助公司找到真正的目標對象以及目標對象的規模，還能挖掘應該透過自家公司的行銷工具、廣告、促銷品強調的賣點，製作與測試後續策略所需的樣本，藉此一步步打造暢銷商品**。簡單來說，調查方法能以上述的方式使用。

重點在於謹守「**先建立假設，找出要釐清的事情，以及找出調查方法**」的流程，一步步進行調查。之後則是在**各個階段試想具體的策略，同時剖析收集到的資料**。

容我重申一次，「**一邊思考下一步，一邊收集資料**」的順序非常重要，絕對不要「先收集資料再開始思考」。

當統計表很難閱讀⋯

要將交叉統計表整理得更容易閱讀，可使用「Hatching」這種在分數高於（或低於）整體數字 5 分或 10 分的項目上色的手法。將案件外包給調查公司時，可以跟對方說「**請在±5pt／±10pt（正負 5 分／正負 10 分）的項目套用 Hatching**」。

Q. 你會想使用具有下列哪些效果或功能的口紅？
「在咖啡廳喝飲料，仍可保有光澤不掉妝」
SA

		n	想使用	有點想使用	不太想使用	不想使用	TOP 2	BOTTOM 2
整體		400	30.7	41.5	13.5	14.3	72.2	27.8
年齡層①	20-29 歲女性	200	30.5	39.9	14.5	15.1	70.4	29.6
	30-39 歲女性	200	30.9	43.1	12.5	13.5	74.0	26.0
年齡層②	20-24 歲女性	100	29.6	44.6	13.4	12.4	74.2	25.8
	25-29 歲女性	100	31.4	35.2	15.6	17.8	66.6	33.4
	30-34 歲女性	100	23.1	51.1	10.2	15.6	74.2	25.8
	35-39 歲女性	100	33.4	40.5	13.3	12.8	73.9	26.1
使用情況	口紅使用者	40	30.9	49.8	10.3	9.0	80.7	19.3
	非口紅使用者	360	30.3	23.7	20.3	25.7	54.0	46.0

標準誤（絕對值）為　　　　　+10 分以上　　　　-5 分以上
　　　　　　　　　　　　　　+5 分以上　　　　-10 分以上

第 **3** 章

【調查實踐篇①】

讓創意具體成形，
檢驗可行性的調查方式

⊕ 打造暢銷商品調查方法的3大使用時機

到底基於什麼目的要使用何種調查方法呢？

調查的目的是由當下你注意到什麼問題而決定。

找出「目標對象」與「賣點」的調查方法可依照不同目的分成下列3類。

⊕ 目的A：將創意轉換成暢銷形式的「開發暢銷商品調查」

首先要說明的是目的A「開發暢銷商品調查」。

如果你也有過「想了很多新商品的提案，但不知道生產哪一個才能賣得好」、「不確定構思的商品能不能賣得出去」、「不知道選擇哪個文案或宣傳內容才能賣得好」這類經驗，建議大家採用這個目的A的調查方法。

不管是多麼精彩的創意，一開始都是從不起眼的巧思或靈感開始。**要讓起初只是「靈感」的創意變得更具有說服力與銷量的形式，祕訣在於培養「將巧思與靈感轉換成具體創意」以及「透過調查驗證創意」的習慣。**

大衛‧奧格威曾留下類似「透過調查測試一切吧」的名言。

「針對消費者進行商品的預備測試，也進行廣告的預備測試，商品一定能在市場熱賣。（中略）測試保證的事情是否確實。測試媒體，測試廣告的標題、插圖與插畫，測試廣告的規模。測試頻率是否恰當。試著支出規模，測試電視廣告。絕對不要停止測試。」

（節錄自《奧格威談廣告（簡中版）》（機械工業出版社）

奧格威這段話也提到了播放廣告的頻率、媒體這類與「溝通方式」有關的領域。本書會使用能如此廣泛應用的調查方式，確實地找出讓商品得以熱賣的「目標對象」與「賣點」，也會將重點放在執行策略的方法。目的A的調查方式將於本章鉅細靡遺地說明。

目的B：擬定銷售策略的「策略調查」

接著說明目的B：「策略調查」。這個部分會為了擬定銷售策略而使用3C分析的框架。

有時候會遇到負責新商品這類沒有任何資訊可供參考的情況，這時候大部分的人應該都會覺得「先收集基本的資訊，找到縮減目標對象與賣點範圍的線索」才對。

這時候若只是有什麼資料就收集什麼資料，沒多久有用的資訊與沒有的資訊就會全部混在一起，或是漏掉應該收集的資訊，所以**建議大家使用省時省力，不會有任何疏漏的3C框架。**

建議大家先透過3C框架收集基本資訊，幫助自己縮減「目標對象」與「賣點」的範圍。

◉3C 分析框架

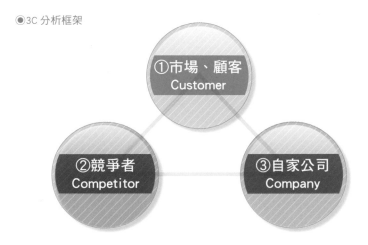

3C分析是1982年，時任麥肯錫經營諮詢師的大前研一所提倡的古典框架，這個框架後來也變得舉世聞名。主要是以**市場、顧客（Customer）、競爭者（Competitor）、自家公司（Cpmpany）這3個C為分析基點，藉此分析市場環境。**※

※《The Mind of the Strategist: The Art of Japanese Business》（大前研一著、1982年，McGraw-Hill,Inc.）

行銷框架的種類非常多，但如果要我提出一個能提升調查技巧的框架，我絕對會毫不猶豫地說是3C分析，因為這個框架的分析順序固定都是「**市場、顧客（Customer）→ 競爭者（Competitor）→ 自家公司（Company）**」，而且很簡單易懂，**誰都能立刻使用。**

本書將於第4、5章「打造暢銷商品的市場、顧客分析」、第6章「打造暢銷商品的競爭者分析」、第7章的「打造暢銷商品的自家公司分析」，連續4章說明這個框架。

目的C：讓進入市場的商品一直暢銷的「長銷調查」

最後為大家說明目的C：「長銷調查」。如果大家想讓「進入市場的商品一直暢銷」，可利用目的C的調查方法觀察商品的市場評價。要讓暢銷商品賣得更好，以及不被時代淘汰，**就必須不斷地配合時代與市場調整「目標對象」與「賣點」。**

此外，也必須一邊驗證執行方案是否有效，一邊思考下一步的策略。在社會氛圍與人們的注意力、興趣都快速變遷的現代，若不能提出領先時代兩步或三步的策略，商品一下子就會過時。第8章將解說具體的做法。

3種目的的調查方法，用於打造暢銷商品的調查方式 STEP2

若問「開發暢銷商品的調查」、「策略調查」、「長銷調查」3種目的各有不同的調查方法，屬於第2章打造暢銷商品的調查方法的哪個步驟，那就是STEP2。請大家在閱讀本書的時候，先記住STEP2會使用各種符合這3個目的調查方式。調查方法就是會在STEP2使用（下頁圖）。

●打造暢銷商品的調查方法的 3 個步驟，以及 3 種目的的調查方法

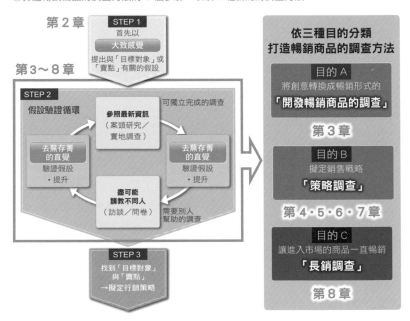

到底哪種調查方法可以回答你的問題呢？本書請大家依照自己的目的，從你需要的章節開始閱讀。

◇ 讓創意具體成形，再以調查方法驗證

第3章要說明的是目的A：將創意轉換成暢銷形式的「開發暢銷商品的調查」。這在本書中是最常使用的調查方法，也是最希望大家反覆操作的調查方法，因為除了簡單好用之外，此調查方法還能幫助我們快速找到具體的執行對策，而且也最有趣。

容我重申一次，**「開發暢銷商品的調查方法」**的重點在於養成**「讓創意具體成形」**的習慣，以及一定要透過**「調查方法驗證目標是否正確」**。

⊕ 讓創意具體成形的範例

其實不需要把「讓創意具體成形」這件事想得太困難，例如下列範例。

◉「讓創意具體成形」的範例

> ✔ 替準備銷售的新商品製作原型（試作品）（利用文字說明新商品，繪製插圖、製作實體模型）
>
> ✔ 替商品製作新的包裝設計（利用文字說明新商品，繪製插圖、製作實體模型）
>
> ✔ 替商品撰寫文案／宣傳文稿的範本
>
> ✔ 替商品撰寫促銷活動的企畫書（將企畫案或是條列式內容寫在一張 A4 紙上）
>
> ✔ 替商品撰寫新聞稿。

在你的工作中是不是很熟悉這類事情？這種將想到的靈感整理成紙本或數位檔案，讓創意具體成形的方法稱為**「紙本原型」**（Paper Prototyping）。

不管是商品、服務、文案還是範例文章，腦海裡的想法與實際做出來的東西，往往有相當程度的落差，所以**養成先動手「製作樣品」的習慣非常重要**，因為這麼做能夠幫助自己踏出第一步，而不會只是坐在原地空想。「原型」不一定要很精緻，稍微粗糙也沒有關係。

◈ 做出原型後，就容易找到消費者洞察

若問「為什麼讓創意具體成形，再加以驗證的調查方式這麼重要」，答案就是，這樣能快速找到目標對象的「洞察」。

一如每個人對於「行銷」或是「策略」的定義不同，「洞察」的定義也是因人而異，每個人都有不同的解釋。

洞察的英文是「insight」，意思是「看穿事物的本質」，但在行銷的世界裡通常有下列意義。

・打動人心的關鍵
・顧客自己也沒察覺的心聲或動機
・消費者難以言喻的心聲或動機
・未浮上檯面的需求、欲望
・一旦恍然大悟，就會很想買這項商品的潛在欲望
・讓顧客說出「好想要這個東西」的線索

「洞察」在本書的定義如下。

> 洞察就是
>
> ✔ 深究顧客本身難以言喻的領域（潛意識）才能看穿的「本質」
>
> ✔ 無法以言語形容的「深層煩惱或欲望」
>
> ↓
>
> 簡單來說，就是「最真實的煩惱與欲望」

　　請大家想像一下，就算是每次隨口問她「午餐要吃什麼？」總是回答「什麼都可以」的人，只要具體地問她「午餐要吃義大利麵還是燒肉？」就有可能讓對方回答「午餐吃燒肉有點罪惡，還是吃義大利麵吧」這種更加具體的答案。

　　所以在**開發新商品的時候，事先建立許多具體的假設（應該會是○○才對吧？）=「原型」，是勾勒出洞察（最真實的深層煩惱或欲望）的重要關鍵。**

　　只要能找到目標對象的洞察，就等於找到「賣點」。找到驅動目標對象的洞察的方法，就會知道足以作為賣點的價值是什麼，也就能找到傳遞這個價值的手段。

換言之，以具體的原型試探目標對象的喜好，就比較容易找到「賣點」，而且在找到的賣點都行不通的時候，也能早一步發現可能是目標對象設定錯誤。

讓創意具體成形並加以驗證，以及讓創意賣得出去的「開發暢銷商品調查方法」，也能以「在從零打造新商品時，以紙本原型測試初期假設」的方式使用，或者是用來「提升接近完成的試作品，讓這項商品在推出之前就接受檢驗，藉此更容易被市場接受」。

◎ 成功案例：DOLLY WINK（KOJI 本舖）

「讓創意具體成形」以及「透過調查驗證這個創意」到底該怎麼實踐呢？

在此為大家介紹一個在打造新商品的時候使用「開發暢銷商品調查方法」，成功催生暢銷商品的實際案例。

「KOJI 本舖」是一間位於淺草的老字號化妝品製造商，而我們電通行銷傳播集團曾經負責由這間「KOJI 本舖」製造的眼妝品牌「DOLLY WINK」的新商品開發。「DOLLY WINK」最早是從銷售「假睫毛」起步，現在的產品線則包含眼線筆、眼影、睫毛膏、眉筆以及各種眼妝產品。

DOLLY WINK 的品牌總監是一手掀起「辣妹文化（GAL）」、「讀者模特兒教主」熱潮的益若翼。DOLLY WINK 誕生的 2009年是日本辣妹市場帶動整個社會與經濟的時代。在「辣妹」成為社會現象的那個年代，DOLLY WINK 的業績可說是一枝獨秀，不僅是最流行、最可愛、最受歡迎的商品，還緊緊抓住了大眾的心，擁有難以忽視的存在感。

▲於2009年誕生的DOLLY WINK

　　但是，近年來辣妹風潮衰退，象徵辣妹妝的「假睫毛」市場規模也隨之大幅萎縮，只剩下全盛時期的3分之2（資料來源：富士經濟「美容家電、化妝雜貨市場趨勢資料2018（眼睫毛相關產品）」）。裸妝成為主流，種植假睫毛的普及也對假睫毛的市場造成威脅。

　　「假睫毛」就這樣被貼上「落伍」的標籤。當社會上的女性逐漸背棄假睫毛，時尚雜誌、美妝雜誌等媒體也慢慢地不再介紹有關假睫毛的內容，物流業者也拒絕配送假睫毛。無法配送到年輕女性最愛的連鎖美妝生活百貨店，對於必須時刻引領潮流的美妝產品來說，可說是致命的打擊。

　　競爭者也早早放棄假睫毛市場，陸陸續續從市場撤退。

2018年11月，KOJI本舖商品開發本部的谷本憲宣來電通諮詢時，認為「假睫毛」主力品牌 DOLLY WINK 的業績大幅下滑是一大問題。當時的業績已跌到全盛時期的50% 以下。

◉「假睫毛」這項商品在 2018 年面臨的情況

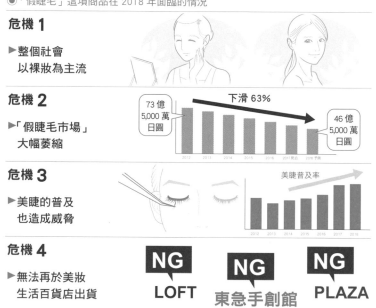

危機 1

▶整個社會
以裸妝為主流

危機 2

▶「假睫毛市場」
大幅萎縮

73 億 5,000 萬日圓　下滑 63%　46 億 5,000 萬日圓

危機 3

▶美睫的普及
也造成威脅

美睫普及率

危機 4

▶無法再於美妝
生活百貨店出貨

NG LOFT　NG 東急手創館　NG PLAZA

※資料來源： ·危機 2：富士經濟「美容家電、化妝百貨市場趨勢資料 2018（眼睫毛相關產品）」
　　　　　　·危機 3：HOT PEPPER Beauty Academy「美容 Census 2018 年上半季」

◎ **DOLLY WINK 專案團隊的挑戰：復活假睫毛市場**

不過，令我電通團隊為之驚豔的是KOJI本舖在製造假睫毛的技術與品質。KOJI本舖是日本第一家讓假睫毛商品化的公司，也擁有其他競爭者難以匹敵的品牌力。所以我們決定讓這些優勢最大化，賭上一切也要「再造假睫毛風潮」。

　　在與電通合作之前，KOJI 本舖當然不會放任市場衰退不管，他們曾試著讓商品跟上時代的腳步，也曾推出新商品。

　　不過我們找到的問題是，大部分的女性可能會覺得市場上的「假睫毛」與 10 年前辣妹風潮全盛時期的時候差不多，沒什麼明顯的進化，連商品包裝也與十年前差不多，所以對假睫毛沒什麼興趣。

　　除了「假睫毛」之外，最具代表性的眼妝還有「睫毛膏」以及「美睫」（這些化妝品的差異請參考下頁圖）。

　　「睫毛膏」與「假睫毛」是能自行使用的化妝品，而「美睫」則得另外去專業的美容沙龍。目標對象的現代女性既會接美睫，也會使用睫毛膏，所以我們知道，她們對於「睫毛部分的眼妝」的需求還是與過去相同。

　　她們之所以對假睫毛怯步，主要是因為「太過花俏，只有辣妹才會使用」的印象，以及 10 年前的假睫毛很難使用，戴上去會很不舒服的印象還根深蒂固地留在心裡，哪怕現在的假睫毛已經很方便使用，重量也變得很輕盈。

　　換句話說，時代已經徹底更迭，只是「更新」或「升級」已無法改變目標對象的印象。我們發現這項商品真正需要的是從根本改造的「新設計」，也決定重新設計商品的使用方法、價格、在店面的銷售方式，讓假睫毛的一切符合時代潮流，讓這項商品徹底改頭換面。

●眼睫毛的眼妝種類

美睫

> 裸妝所需的美睫與睫毛膏有相當高的需求

美睫必須在沙龍一根一根種。
每次的費用約 5,000 日圓至 1 萬日圓（相當於約 1150-2300 台幣），每 3 週需要補種 1 次。

睫毛膏

睫毛膏是以刷頭刷在睫毛上的化妝品。
可在藥妝店購得，1 枝大約 1,000 日圓至 2,000 日圓（相當於約 230-460 台幣）。1 枝可重覆使用幾個月。

假睫毛

> 對假睫毛浮誇花俏的強烈印象，導致銷售不佳

假睫毛是依附在彎曲線梗的人工睫毛，是黏貼在睫毛根部的化妝品。
可在藥妝店購得，一對約 100 日圓至 700 日圓（相當於約 23-160 台幣）。維護得宜的話，一對可使用數次至數十次。

製作數不清的原型

　　就算我們已經知道要製作全新的假睫毛，但是當我們詢問目標對象「想要哪種『全新的假睫毛』？」也找不到什麼別具新意的點子。

　　一如前述，此時需要的是準備「具體的問題」，重新創造前所未見的新產品。換言之，需要建立許多具體的假設（目標對象

需要的該不會是這個吧？）=「原型」。

因此，電通團隊製作了數不清的原型。以產品總監益若翼為首，KOJI本舖與電通的多位女性一起組成了DOLLY WINK專案團隊之後，每位成員都將自己當成目標對象的代言人，思考目標對象需要哪種產品。為了將假睫毛微調成現代女性喜歡的樣子，每個人都被要求以「去蕪存菁的直覺」提出假設，也製作了相關的原型。

透過幾次開會篩選原型之後，我們開始對這些原型進行調查。下方圖片是一部分實際製作的原型。我們**從嶄新的設計、概念、文案、命名、商品特性、價格以及各種商品元素尋找適當的**

●原型：商品包裝設計提案

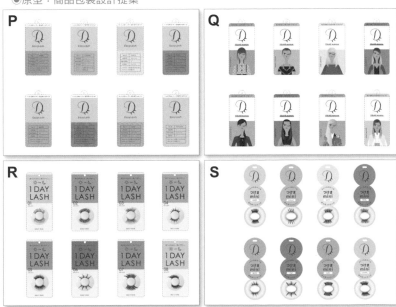

▲一部分實際製作的原型

原型。這個例子是從大量的「新商品包裝設計提案」找出最終的4個方案。

假設與驗證階段由各種成員提出意見

在此要先向大家提問。

Q.在新的假睫毛原型P至S（上一頁的商品包裝設計原型）之中，你會選擇哪個？只能選擇1個。

1.P案

2.Q案

3.R案

4.S案

5.以上皆非

DOLLY WINK 專案團隊覺得「不是P方案就是S方案！」。因為P方案是散發著可愛氣息的安全牌，S方案則是前所未見的嶄新設計。另一方面，Q方案的插圖散發著鮮明的個性，即使放在團隊之中，也是褒貶參半的方案。由於是好惡十分明顯的包裝設計，所以在團隊中算是優先順序較低的方案。

不過，經過調查之後發現，P方案雖然不錯，卻無法讓人留下深刻的印象，S方案則因為太過前衛而讓人無法接受。

Q方案雖一如預期，喜歡與討厭的人分成兩派，但從訪談資料發現，有很多受訪者非常喜歡這個方案。安全牌的P方案與好惡參半，而且有部分訪談者非常喜歡的Q案。正當我們團隊正在討論該採用哪個方案時，美術總監（設計師）一句「Q方案的設計比P方案強得多」，讓Q方案成為最終方案。讓平常不負責調查的美術總監參加調查，並在團隊討論的過程提出重要意見，其實是非常重要的一環。

　　調查其實不需要太過繁瑣。就算不是策略規劃師，**就算是不熟悉調查流程的成員，也能進行簡單易懂的調查，接著所有成員一起判讀與討論調查結果，思考下一步該做**。這就是讓「開發暢銷商品的調查」成功的祕訣。

　　就算是相同的調查結果，該從中篩出何種資訊，又該如何判讀調查結果，其實「正確答案」不只1個，**而是得從不同的角度提出意見，再導出「最佳解答」。**

　　總之，可以聽從直覺打造原型，但不能只是憑直覺判斷，這是打造暢暢銷商品非常重要的原則。

插圖：土谷尚武

▲完成的商品：DOLLY WINK「EASY LASH」10秒美睫※

※新・局部用假睫毛

⊕ 「#10秒美睫 ※」的爆紅

　　一般來說，若能在假睫毛市場賣出8萬組假睫毛，就算是暢銷商品，但是KOJI本舖於2019年11月新推出的「新·局部用假睫毛10秒美睫EASY LASH」卻創下開賣1個月就賣出30萬組（一般行情的3.75倍）的暢銷記錄。許多門市在開賣之後3天就傳出賣到斷貨的消息，也紛紛向原廠追加訂單，這項商品還被日本最大女性新聞網站「ModelPress」選為2020年潮流商品。這是睽違5年以來，假睫毛再次被當成潮流商品報導的新聞，更得到@cosme最佳化妝品大獎2020年上半季最佳化妝品首獎，並被選為　LOFT最佳化妝品2020年化妝獎。

　　該品牌的假睫毛業績也水漲船高，假睫毛也敗部復活，再次引領風潮。

⊕ 避免「生產沒人要的產品」應該注意的事項

　　接下來要介紹具體進行「開發暢銷商品調查」的步驟。主要的流程就是將創意做成具體的原型（試作品），再透過調查測試目標對象對試作品的反應，但在製作原型之前，還有一件需要特別注意的重點，那就是先釐清**「這商品是為暸解決誰的煩惱」**或是**「這商品是為了滿足誰的需求」**。

　　這是避免商品沒人要或是廣告沒打動任何人，一定要思考的事情。

> 「這商品是為暸解決誰的煩惱」
> 或是
> 「這商品是為了滿足誰的需求」。

※新·局部用假睫毛

　　《精實創業：用小實驗玩出大事業》（艾瑞克・萊斯著，日經BP社出版）一書提到：「**現在是人類想得到的產品，就一定能生產的時代**」，以及「**所以該反問的是『這項產品是否應該生產』**」。釐清「需要這商品的誰，或是這商品要賣給誰」這個問題再尋找創意，是非常重要的一環。

　　在思考原型的時候，不要以「我想製造這個」或「我想做這個」為起點，才能打造出暢銷商品。

在試作原型之前，一定要先思考下列 3 個問題。

✔ 這商品有誰想要，又能賣給誰？

✔ 這商品能解決誰的煩惱？

✔ 這商品能滿足誰的需求？

　　之後再根據這些問題的答案一步步找出「賣點」。

　　接著要思考的是，要宣傳這項商品的價值時會遇到什麼障礙，以及**從這項商品中找出需要從根本解決的問題**。

　　由於思考沒有固定的順序，所以要從範本（下一頁）的何處開始思考都可以，就算要同時思考，填寫每個部分也沒有關係。就實務而言，有時會先想到創意的原型，這時候可以後續再仔細思考「這商品有誰想要、能解決誰的煩惱」這類讓創意賣得出去的問題就好。接下來，讓我們**先找到「能解決誰的煩惱、滿足誰的需求」這個賣點，接著思考宣傳商品價值的創意，再開始製作原型**。

　　創意發想法與調查方法算是不同的領域，所以請恕本書予以割愛，但是請大家別像無頭蒼蠅般亂想一通，而是要更有策略地將創意製作成原型。

工作概要 （包含企業名稱、 商品名稱） KOJI 本舖 DOLLY WINK 假睫毛	負責這項商品時遇到的問題與煩惱
	整個團隊或企業察覺的問題 ・假睫毛被時代淘汰
	直覺感受到的問題或是與本質有關的問題 ・必須解決哪些問題

【目標】目標對象是誰？目標對象的價值觀與行動？
目標對象的洞察是？（有哪些煩惱／ 有哪些需求）
・這商品有誰想要，又能賣給誰？
・這商品能解決誰的煩惱？
・這商品能滿足誰的需求？

【賣點】該如何推動目標對象的洞察（有什麼價值／方法）

・賣點是什麼？

- - - - 先由上而下思考，再製作原型↓ - - - - -
・原型 A 案、B 案、C 案、D 案

縮減「這商品能解決誰的煩惱？」、「這商品能滿足誰的需求？」這類問題範圍的具體方法，將於第5章的顧客洞察分析章節（P.330~）說明。

在打造原型之前，該先建立的假設是什麼？

接著要根據KOJI本舖的案例在範本填寫假設的內容。該從根本解決的問題有可能是「假睫毛與10年前辣妹風潮全盛時期的時候差不多，沒什麼明顯的進化，以及負面的印象根深蒂固」。

「目標對象」是會接美睫，也會使用睫毛膏的女性，而這些女性對於「眼妝」的需要沒有任何改變，所以提出「商品若能解決A的煩惱，A應該會想買才對」或是「商品若能滿足B的需求，B應該會想買才對」的假設。

想釐清的部分 → 方法

・原型的哪個提案最被目標
　對象接受？
　→原型驗證調查

　　此外，也提出「許多人不知道假睫毛在這10年之間變得很好用，這應該可以當成賣點」與「日本首間製造假睫毛的企業所擁有的品質與技術或許能夠當成賣點」的假設。

　　思考到這一步之後，就能根據上述的假設製作原型（下頁圖）。

工作概要 （包含企業名稱、 商品名稱） KOJI 本舖 DOLLY WINK 假睫毛	負責這項商品時遇到的問題與煩惱
	整個團隊或企業察覺的問題 ・假睫毛被時代淘汰
	直覺感受到的問題或是與本質有關的問題 ・假睫毛與 10 年前辣妹風潮全盛時期的時候差不多，沒什麼明顯的進化。「太過花俏，只有辣妹才會使用」的印象，以及「10 年前的假睫毛很難使用，戴上去會很不舒服」的印象根深蒂固地留在心裡，即便現在的假睫毛已經很方便使用，重量也變得很輕盈。

【目標】目標對象是誰？目標對象的價值觀與行動？
目標對象的洞察是？（有哪些煩惱／有哪些需求）
・會接美睫也會使用睫毛膏的女性，對於「眼妝」的需要沒有任何改變，所以提出
「商品若能解決 A 的煩惱，A 應該會想買才對」或是「商品若能滿足 B 的需求，B
應該會想買才對」

【賣點】該如何推動目標對象的洞察（有什麼價值／方法）

・許多人不知道假睫毛在這 10 年間變得很好用，這應該可以當成賣點
・日本首間製造假睫毛的企業所擁有的品質與技術或許能夠當成賣點

先由上而下思考，再製作原型↓
・原型 A 案、B 案、C 案、D 案

在製作原型之前就該先建立的假設，有時光是在「憑感覺」進行的STEP1（P.69）就會找到，但有時候只在STEP1提出的假設還不夠，需要建立更多假設，並在經過驗證之後建立原型。這時候請先參考第4-8章（目的B、C）的內容。

◈ 利用調查驗證原型的步驟：準備階段

接下來要說明製作原型之後，透過調查方法驗證原型的具體步驟。

一開始要先進行訪談的前置作業。

```
┌─────────────────────────────┐
│ 想釐清的部分 → 方法          │
│                             │
│                             │
│                             │
│                             │
│                             │
│                             │
│                             │
│                             │
│                             │
│                             │
│  ┌ ─ ─ ─ ─ ─ ─ ─ ─ ─ ─ ┐   │
│  · 原型的哪個提案最被目標    │
│    對象接受？               │
│    →原型驗證調查            │
│  └ ─ ─ ─ ─ ─ ─ ─ ─ ─ ─ ┘   │
└─────────────────────────────┘
```

① 分解與整理原型

原型可分解成「設計／概念、命名、文案／商品特性／價格」這類細瑣的單位。

集眾多元素於一身，酷似完成版的原型可在訪談的尾聲，也就是進行總結的時候拿給受訪者看，瞭解受訪者對原型的想法，但**如果一開始就拿給受訪者看，受訪者有可能「反而看不出哪個部分是賣點」、「哪個部分不足以當賣點」**，這必須特別注意。

比方說，讓受訪者看設計方案與命名方案合而為一的原型，結果受訪者說「很喜歡這個方案」時，有可能受訪者覺得設計很棒，但覺得命名的方式很平庸。如果不將設計方案與命名方案分開來讓受訪者提供意見，受訪者恐怕也不知道該如何評論。如此一來，每位受訪者的評價基準可能都不同。所以為了避免這點，

盡可能將「完成的商品細分成方便評估的單位」，這也是讓調查得以成功的祕訣。我將這項作業稱為「商品的要素分解」。

●原型：商品概念、命名、文案

只要 3 秒超簡單！新・局部用假睫毛 ── 文案

Easy Lash ── 命名

概念 ──

跟以前的假睫毛完全不同，任誰都能 3 秒就戴好。有各式各樣的產品可供選擇之外，誰都能輕鬆使用的「新・局部用假睫毛」。

每天可替換！新・局部用假睫毛
假睫毛迷

Tsuke Mania

這是既時尚款式又多元的產品系列，每個人都能從中挑到適合自己的商品，而且與傳統假睫毛完全不同。除了眼尾專用、眼頭專用的假睫毛之外，還有各種長度與顏色的假睫毛可以選擇，消費者可像是每天換穿不同服飾般，依照當天的心情選擇適合的新・局部用假睫毛。

就像是戴首飾一樣！新・局部用假睫毛

EYE ACCENT

與傳統的假睫毛完全不同，這款新・局部用假睫毛可以像戴首飾一樣佩戴。
除了眼尾專用、眼頭專用的假睫毛之外，還有各種長度與顏色的假睫毛可以選擇，消費者可依照當天的心情與打扮佩戴，就像是一種全新的眼部飾品。

●原型：商品特性

簡單！不用膠水	最快！ 3 秒就能戴好的 假睫毛	輕輕一壓就黏緊	為一成不變的 妝容畫龍點睛
讓眼眸增添 設計感的假睫毛	全新創意的 眼部飾品	可依照心情隨時 替換的假睫毛	可稍微延長 接美睫的長度
比睫毛膏更簡單 與自然	巔覆人們對 假睫毛的認知		

※這是開發 DOLLY WINK「EASY LASH」新・局部用假睫毛「10 秒美睫」的原型。在設計商品之際，為了強調「3 秒」這個關鍵字的吸引力，讓秒數成為賣點，最終想出了「10 秒美睫」的方案。

商品的概念、命名、文案有時會如左圖一般難以分割。

> **概念**：讓貫穿整體的價值化為語言之後，成為主軸的思維或概念。最有名的例子是星巴克的「第三空間（Third Place）」、吉野家的「好吃、便宜、快速」，可根據概念統一商品與門市的設計。
>
> **命名**：替商品取一個與概念互相呼應的名字。
>
> **文案**：引人注目、宣傳商品的文字，利用搶眼的文字強調商品的概念。

　　呈現概念的方法沒有標準答案，所以概念不一定會像左側這個例子一樣，與命名、文案融為一體。如果覺得可以將概念、命名、文案拆開來，就請試著分解看看。如果是本書這種難以分割的例子，請在訪談的時候，注意訪談者的意見是針對整體的概念，還是命名方式，抑或是對文案有意見，觀察訪談者將重點放在哪個部分。

② 記下「想釐清的部分（想知道的事）」與「假設」

　　分解與整理原型之後，需要記下「想釐清的部分」與「假設」。那麼，前述 DOLLY WINK 的設計又該記下哪些部分呢？由於當時希望設計一個能在門市脫穎而出的包裝，所以「想釐清的部分」就是「哪一種設計能讓人留下深刻的第一印象」。「假設」的部分則是「P 方案或 S 方案似乎比較可行」、「Q 方案的喜好過於鮮明」這種形式。這部分能寫得多清楚，之後在進行調查時，就越容易找到篩選「目標對象」或「賣點」的線索。

◉「想釐清的部分」與「假設」的備註範例

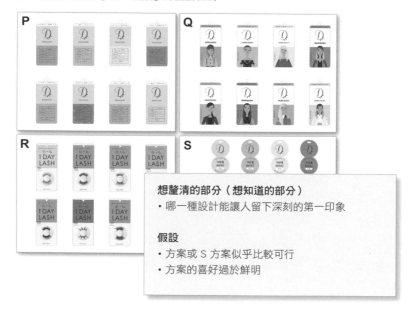

想釐清的部分（想知道的部分）
• 哪一種設計能讓人留下深刻的第一印象

假設
• 方案或 S 方案似乎比較可行
• 方案的喜好過於鮮明

◈ 利用調查驗證原型的步驟：訪談

前置作業完成後，總算要開始訪談。這次要進行的是團體訪談或深度訪談（P.90）這類的質化訪談。

① 請受訪者分別評估「設計／概念、命名、文案」的方案

這個步驟通常會使用以一張A4整理一個方案的紙本原型，但有時候會準備商品的實體模型。

如果讓受訪者一口氣評估這麼多方案，恐怕會讓受訪者不知所措，所以請先讓原型分解為各個要素，讓設計歸設計，命名歸命名，請受訪者分別評估不同的方案。

　　建議大家提出 3-4 種在切入點或是方向性不同的「設計／概念、命名、文案」，就算**提出再多方案或是太多過於相似的方案，只會讓受訪者覺得「難以評估」或是「難以評論」。**

　　所謂「切入點或方向性不同」，若以 P.150 的商品概念為例，大致是下列內容。

✔ 以簡單好用為訴求的 Easy Lash

✔ 以每天都能替換的時尚飾品為訴求的 Tsuke Mania

✔ 以賞心悅目的配飾為訴求的 EYE ACCENT

　　若以 P.143 的設計原型為例，可得到下列結果。

✔ P：以品牌色的粉紅色為基調，強調可愛感的設計

✔ Q：以獨特又令人印象深刻的插圖及多元的時尚感突顯的設計

✔ R：強調高階技術與熱中研究的印象，突顯研究中心氛圍的簡單設計

✔ S：以日拋隱形眼鏡的形狀，強調這是前所未有的假睫毛的新設計

1.首先讓受訪者看到所有方案（如果是設計，就拿出所有的
   設計案），在受訪者還沒有任何偏見的階段詢問他們的第
   一印象。

調查過程的「偏見」：因為提出的資訊有問題或是詢問方式不正確，導致答案有所偏
頗，得到錯誤資料的情況。

受訪者在看到商品的方案之後，應該對自行解釋商品或是發
表各種意見，此時可記錄這些意見。此外，**受訪者在看到這些方
案時，會產生一些情緒或是表情，請大家將重點放在這些無法以
筆墨形容的反應**。找出受訪者的心聲、洞察，以及發掘精簡賣點
的線索。

2.請受訪者從第一印象最好的方案開始，針對每個方案發表
   意見。這在調查的專業用語稱為「絕對評價」。
   Ⅰ：請受訪者以五點量尺的方式評估，並且詢問理由。
      「很想試用看看／有點想試用看看／都可以／不太想
      試用／完全不想試用」
   Ⅱ：詢問受訪者覺得是哪種商品，以及覺得這項商品的魅力
      是什麼，或是詢問覺得這個商品缺乏魅力的理由是什
      麼。
   Ⅲ：詢問受訪者想如何使用這項商品，並且詢問理由。

3.再次提出所有方案，然後請受訪者再次從中選出最好的方
   案，並且詢問選擇該方案的理由。這在研究領域稱為「相
   對評價」（compare）」（有些受訪者會選擇與1.相同的
   方案，有些受訪者會在經過2的絕對評價之後，選擇不同的
   方案）。

上述的步驟 1-3 不管是在面對面訪談或是網路訪談都可以使用，而且就算是同時訪談 3-6 人的「團體訪談」或是針對某個人的「深度訪談」，也都可以使用。

不過，若是「團體訪談」這種多人同時訪談的情況，最好在訪談者發言之前，請訪談者將意見寫在紙上，以免受訪者被其他受訪者影響。這種在訪談過程使用的意見表稱為**「填答紙」**（如下圖）。

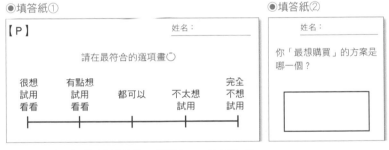

●填答紙①

【P】　　　　　　　　　　　　　　姓名：＿＿＿＿＿＿

請在最符合的選項畫○

很想　　有點想　　　　　　　　　　　　　完全
試用　　試用　　　都可以　　不太想　　不想
看看　　看看　　　　　　　　試用　　　試用

●填答紙②

姓名：＿＿＿＿＿＿

你「最想購買」的方案是哪一個？

▲ 讀者限定福利 「填答紙①②」可依照P.510的方法下載

問卷可以使用上圖這種範本，沒有這種範本，當然也可以請受訪者直接拿一張紙寫下來。總之就是**讓受訪者「將意見寫在紙上」，以免先被其他受訪者影響**。

順帶一提，有時候會在訪談開始之前，先透過簡單的問卷請受訪者回答自己的背景。比方說，會詢問受訪者的屬性、興趣、常使用的商品、平常閱讀的雜誌或瀏覽的社群媒體。這種問卷屬於**「事前問卷」**的一種，有別於剛剛提到的「填答紙」。

② 請受訪者評估「商品特性」的方案

商品的各項特性可在單張的 A4 紙整理成「條列式」的內容。「商品特性」的方案最好以 10-20 個特性為標準。

●原型：商品特性方案

> 1. 快速！不需要膠水
>
> 3. 最快速！3 秒貼好假睫毛
>
> 3. 一按就黏好
>
> 4. 為一成不同的妝容畫龍點睛
>
> 5. 為雙眸增色的假睫毛
>
> 6. 全新型態的眼部裝飾
>
> 7. 隨著心情換戴不同的假睫毛
>
> 8. 能讓接的美睫更漂亮
>
> 9. 比睫毛膏還簡單自然
>
> 10. 顛覆假睫毛的常識

1.讓受訪者瀏覽上圖這種「條列式」的內容，從中勾出 3 個能打動她們的方案。也可以在最重視的方案標註，以及詢問受訪者勾選的順序。

2.請受訪者發表勾選的方案以及詢問理由。
此外，還可以追加下列問題。
· 看到這些資訊之後，瞭解了什麼呢？又產生了哪些想像？
· 想到哪些使用場景呢？
· 覺得與之前的商品有哪些不同呢？

・妳會如何使用這個商品呢？

3.請受訪者勾選3-5個「多餘的特性」，並且詢問理由。

③ 最後請受訪者評估「價格」的方案

提示價格，詢問受訪者「在看過前面的設計、概念、商品特性這些方案之後，如果是這個價格，你會購買具有上述哪些條件的商品（選擇的方案）呢？」瞭解受訪者對價格的反應。

◉價格範例

1,000 元／ 1 個	1,800 元／ 2 個

口頭說明數字可能會產生誤解，所以建議大家將「1,000／1個」或「1,800元／2個」這類價格的方案分別印在A4紙上，或是直接以較粗的麥克筆寫在紙上，再拿著紙詢問受訪者。**如果不先讓受訪者瞭解商品的概念、設計與特性，受訪者很難評估價格，而且還很容易產生偏見**，所以價格一定要擺在最後詢問。

◇ 透過訪談進行「篩選與分析」

訪談時，務必留下訪談記錄。建議大家根據下一頁的檢查表製作訪談記錄，從中可以找到不少縮減「目標對象」與「賣點」的線索。

●訪談檢查表

> ✔ 這個發言是基於誰的立場與態度（例：「這是 A 這位非假睫毛使用者的發言」）
>
> ✔「想釐清的部分」得到什麼結果？
>
> ✔「假設」的驗證結果為何？
>
> ✔ 覺得有趣的事情或事實
>
> ✔ 覺得不可思議的事情
>
> ✔ 後續想繼續調查與確認的事情
>
> ✔ 令人印象深刻的發言
>
> ✔ 藏在發言之中的弦外之音（例：「雖然得到不錯的評價，但其實這位受訪者應該不會買」的例子）
>
> **↓根據下列資訊紀錄縮減「目標對象」與「賣點」的資訊**
>
> ✔「目標對象」為何？該重視的目標對象的洞察為何？（目標對象想解決的煩惱或想要滿足的欲望是？）
>
> ✔ 潛在的「賣點」為何？（價格？還是方法？）
>
> ✔ 該如何激發目標對象的洞察？

透過調查驗證原型的步驟：統計

　　訪談結束後，接下來是統計「哪個賣點最受好評」的步驟。

　　一般來說，要得到統計結果，樣本大小需要大於等於 30 人（n=30）（P.105）。大部分的質化調查都不會訪談超過30位受訪者，所以這類質化調查的結果頂多只能當成「參考值」，只憑統計的資料是無法縮減「賣點」範圍的。

不過，如果能參考前述的「訪談記錄」，再「參考」統計的資料縮減「賣點」範圍，應該就能有所發現，所以要統計資料。

① 統計訪談的五點量表結果，建立排行榜

要確認的資料是回答「很想試用看看」的人數以及回答「很想試用看看」與「有點想試用看看」的人數，這兩個人數分別是「TOP1」的分數與「TOP2」的分數。

●五點量表的排行榜

問題範例（每個人的回答）

Q. 請在看了商品的概念之後回答問題 你想嘗試的是下列哪個商品？

	很想試用看看	有點想試用看看	都可以	不太想試用	完全不想試用
	回答方向 →				
P方案	○	●	○	○	○
Q方案	●	○	○	○	○
R方案	○	○	○	○	●
S方案	○	○	○	●	○
T方案	○	○	●	○	○

表頭／表側

結果範例

排行榜的重點在這兩部分

	TOP1 很想試用看看	有點想試用看看	都可以	不太想試用	完全不想試用	TOP2（很想試用看看＋有點想試用看看）	BOTTOM2（完全不想試用＋不太想試用）
P方案	8.0%	42.0%	15.0%	5.0%	30.0%	50.0%	35.0%
Q方案	25.0%	13.0%	25.0%	25.0%	12.0%	38.0%	37.0%
R方案	9.0%	10.0%	1.0%	20.0%	60.0%	19.0%	80.0%
S方案	5.0%	5.0%	40.0%	10.0%	40.0%	10.0%	50.0%
T方案	20.0%	20.0%	20.0%	20.0%	20.0%	40.0%	40.0%

排行榜範例

TOP1

1・Q 方案	（25.0%）
2・T 方案	（20.0%）
3・R 方案	（9.0%）
4・P 方案	（8.0%）
5・S 方案	（5.0%）

TOP2

1・P 方案	（50.0%）
2・T 方案	（40.0%）
3・Q 方案	（38.0%）
4・R 方案	（19.0%）
5・S 方案	（10.0%）

　　從上述結果可以發現，在TOP2（很想試用看看＋有點想試用看看）的部分，P案雖然得到所有人的好評，但在TOP1（很想試用看看）的部分，許多人有感覺的是 Q 案。此外，Q 案雖然在TOP1 的部分備受好評，T案的分數也很高，有種難分軒輊的感覺，評價也分成兩派。

② 當評價分成兩派時，驗證各方案的優缺點再進行討論

　　當評價分成兩派時，必須具體點出各方案的正面意見與負面意見，再根據這些意見，一步步找出採用這些方案的優點與缺點。 如果兩個方案都有一些待解決的問題，也可以先寫下來。

　　將這些優缺點整理成表格之後，就可以當成團體挑選方案的參考資料使用。

　　到底選擇哪個方案最好？由於答案不一定只有一個，所以整個團隊可從不同角度進行討論，從中找出最適當的方案。

　　在這個專案之中，團隊的成員都認為應該先討論TOP1 的部分，而不是TOP2 的部分，因為TOP2 的意見很一致，P案得到大部分的人喜愛，TOP卻是Q案與T案好惡分明，自成一派的結果。接下來要將採用Q案與T案的優缺點整理成表格，以便知道該採用哪個方案。

◉優缺點分析範本

		團體訪談時的優缺點評價		優缺點的討論
Q 方案	正面意見	✔ 與之前的 XXXXX 不同，是讓人耳目一新的設計 ✔ 印象鮮明 ✔ 會讓人想擁有	優點	✔ XXXXX 會因為 XXXXX 而在門市的銷路很好
	負面意見	✔ XXXX 不喜歡這種設計 ✔ XXXX 不懂這種設計意象 ✔ XXXX 不會懂 ✔ 只適合 XXXX 的人	缺點	✔ 無法解決好惡鮮明這個問題
T 方案	正面意見	✔ XXXX 的部分讓人很雀躍 ✔ XXXX 族群的評價很高 ✔ 一眼就能看出可在 xxxx 的情況使用	優點	✔ XXXXX 的世界觀很吸引人
	負面意見	✔ 放入 XXXX 之後，就很難想像 ✔ 對 XXXX 來說是負面的感覺 ✔ XXXX 不會懂 ✔ 對 XXXX 來說，是只能在某些場合使用的商品	缺點	✔ XXXXX 的模型很難引起共鳴 ✔ 能否於 XXXXX 再現還是未知之數
兩案共通問題		✔ 需要解決 XXXX 的問題		

▲讀者限定福利　可於 P.510 下載「優缺點分析範本」

③ 統計商品特性評價的投票結果，以及排出優劣順序

「商品特性」是請受訪者對條列式內容的方案投票，依照下列的方式統計票數與建立排行榜，會比較容易參考。

設計／概念、命名、文案／商品特性的評價會隨著受訪者的

◉投票排行榜

	A	B	C	D	E	
F：XXXXX	✔				✔	→ 2 票
G：XXXXX	✔	✔	✔	✔	✔	→ 5 票
H：XXXXX		✔	✔	✔		→ 3 票
I：XXXXX					✔	→ 1 票
J：XXXXX						→ 0 票

1位：G（5票）
2位：H（3票）
3位：F（2票）
4位：I（1票）
5位：J（0票）

分配條件（參考P.113例子）而有不同傾向。比方說，習慣使用假睫毛的人與沒用過假睫毛的人，有時候會喜歡截然不同的方案。那麼該重視哪邊的意見，又該如何判斷呢？

◯ 不憑多數決結果下決定，替受訪者的答案以重要性排序

有件事希望大家在分析投票結果的時候一定要做，那就是**替受訪者的答案以重要性排出優先順序，再進行分析**。換言之，只以排行榜前段班的結果做決定，是很草率又武斷的行為。這是因為排行榜是加總所有目標對象的答案所得出的綜合結果，中庸的方案往往很容易拿到高分，但是這些中庸的方案也通常難以打動目標對象的內心。

所以建議大家以下列的方式排列受訪者的優先順序，再根據排序的結果思考排行榜的結果。

① **「主要目標對象」的投票**
　※如果能將 ① 整理成「人物畫像」就更理想
② **「所有目標對象（主要目標對象及次要目標對象）」的投票**

以①→②的優先順位參考結果，從綜覽全局的角度做出決策。

第5章P.232之後會介紹找出①與②的目標對象的方法。「目標對象」是由顧客組成的團體，「人物畫像」則是從目標對象之中找出的理想顧客樣貌。「目標對象」與「人物畫像」的差異會在第5章的P.313說明，「主要目標對象」與「次要目標對象」的差異則會在5章的P.242說明。

假設在觀察結果的時候，負責分析的團隊之中有人擁有「去蕪存菁的直覺」，最好能看看他們是基於哪些理由做出何種決策。雖然擁有「去蕪存菁的直覺」的人是以感覺做為判斷基準，但這些人往往能透過己身的自覺或感性創造暢銷商品，也是創造暢銷商品的常勝軍。例如編輯在出版業界是感性敏銳的人，設計師在產品設計領域也是富有感性的人。

如果身邊沒有這類人，可招募第6章 P.381 介紹的專家，傾聽他們的意見。

以①的主要目標對象為優先，重視擁有「去蕪存菁的直覺」的人的意見，常常會推翻多數決的結果。要注意的是，不要選擇被②的目標對象討厭的方案。

其實在 DOLLY WINK 專案團隊也發生了類似的現象。前文提過，最終採用的是評價兩極的Q案，而不是廣受好評，得票最高的P案（P.144）。

DOLLY WINK專案團隊從①的主要目標對象，也就是不曾使用過假睫毛的人，以及曾經使用過假睫毛，卻覺得不好用的人找出理想的人物畫像之後，也相當重視這類人的投票結果。接著參考②的目標對象（包含已經是假睫毛使用者）的投票結果，淘汰許多人迴避的S案（就算有一些①的主要目標對象或是直覺敏銳的人選擇了S案）。綜合上述結果，以及重視在團隊之中直覺相對敏銳的人（＝美術總監）的意見之後，Q案成為最終通過的方案。

不單憑多數決的結果做決定，也是利用打造暢銷商品的調查進行分析的祕訣之一。

◈ 其他與「統計」相關的冷知識

　　以 P.163 的排行榜格式統計 P.158 的商品特性方案條列式投票結果的時候，有時為了建立更正確的排行榜，而根據投票之際的順位替結果加權再算出分數。所謂的「加權」就是依照評估的重要性設定分數，再利用加權之後的數值進行綜合評估。如果要在 P.158 商品特性方案的評價使用評估結果的順位加權，可進行下列計算。

加權範例	・第 1 名票數 × 5 分
	・第 2 名票數 × 4 分
	・第 3 名票數 × 3 分
	・第 4 名票數 × 2 分
	・第 5 名票數 × 1 分

　　此外，如果想在 P.156 絕對評價的五點量表得出非黑即白的數據，可試著排除正中央的「都可以」，只留下四點量表的結果。

　　一般認為，**在日本進行調查時，很多人會不自覺地勾選「都可以」這個選項，所以排除這個選項，只留下四點量表的結果，**比較能釐清目標對象的意見。不過，硬要目標對象選邊站也不太好，所以為了得到較為中立的數據，建議大家在進行調查時，還是要使用有「都可以」這個選項的五點量尺。

　　相較於其他量尺，「很想購買／有點想買／都可以／不太想買／很不想買」是很方便使用的等級選項。

最常使用的選項就是「想試用看看」與「想購買」這兩種。雖然「想購買」這個選項能得到實際上是否真的會購買的答案，但回答之際的心理門檻有可能太高，所以常常會同時使用這兩個指標以資參考。

有時也會利用「新穎」、「魅力」、「喜歡」、「想到門市逛逛」這類指標製作五點量表。如果想知道目標對象是否真的想到門市逛逛，就會使用「想到門市逛逛」這個指標，如果想知道目標對象是否覺得這項商品很「新穎」，就會使用「新穎」這個指標，建議大家根據「想釐清的事情」或是想驗證的「假設」選擇適當的指標。

建立五點量表的重點在於各選項的敘述要維持相同調性。比方說，「新穎／有點新穎／不新不舊／有點老派／很老派」這種五點量尺就不太合適，因為「新穎」與「很老派」的落差太過明顯。此時應該將「新穎」換成「非常新穎」或是將「很老派」換成「老派」，消除兩個指標之間的落差。

◈ 透過量化調查建立排行榜的情況

到目前為止介紹的都是質化訪談的方法，但其實要以量化的方式進行評價時，也可使用類似的題目。比方說，可使用下一頁這類題目。

Q.請問看到這些「原型（例：設計）」之後，對這項商品有什麼感覺？請試著勾選下列的「選項（例：想購買或是想試用看看）」。請針對每個「原型（例：設計）」回答。

・題目的表側：包裝設計方案／概念方案／命名方案／文案方案／商品特性方案等原型（試作品）。
・題目的表頭：「很想購買／有點想購買／都可以／不太想購買／完全不想購買」、「很想試用看看／有點想試用看看／都可以／不想試用／完全不想試用」這類選項。

表頭

	很想試用看看	有點想試用看看	都可以	不想試用	完全不想試用
P方案	○	●	○	○	○
Q方案	●	○	○	○	○
R方案	○	○	●	○	○
S方案	○	○	○	●	○
T方案	○	○	○	●	○

表側

接著是將結果統計成排行榜。統計成表格的方法請參考P.125的排行榜。

在此為大家再次說明進行原型驗證調查的好處。

✔ 容易發掘「目標對象」的洞察

✔ 容易縮減「賣點」的範圍

✔ 能快速發現「目標對象」設定有誤

　　一邊根據受訪者於訪談過程的反應，假設驗證結果以及作為參考的排行榜結果，一邊思考該怎麼做才能激發目標對象的洞察，進而縮減「賣點」的範圍。

　　如果發現這些原型都無法打動目標對象，很有可能是「目標對象」的設定有誤。此時可參考第5章（P.232~）的內容，仔細驗證「目標對象」的設定是否正確。

⊕ 重覆輕鬆的訪談

　　請大家務必嘗試本章介紹的驗證方法。不過，在根據調查結果不斷刷新商品概念的過程中，有時會想回頭釐清「目標對象想要的是刷新過的A還是B，理由又是什麼？」這類問題。

　　這時候若能建立一套能重覆訪談的流程，就更有機會打造暢暢銷商品。

　　接下來要介紹3套幫助我們重覆進行訪談的工具，而且這些工具都很平價，隨時都能使用。

平價好用的調查工具（質化調查）

首先從質化調查工具開始介紹。要介紹的工具由 Macromill 公司推出的「Milltalk」，以及 Justsystem 公司推出的「Sprint」。

舉例來說，「Milltalk」可針對刷新的方案進行「你覺得 A 與 B 哪個比較吸引人？」的單題問卷，聽取受訪者的理由，也可以透過 Sprint 的聊天室功能詢問受訪者「你覺得 A 與 B 哪個比較吸引人？」進一步瞭解受訪者的意見。

Milltalk（下頁圖）與 Sprint（P.172）都是網路聊天室的訪談服務。比起面對面訪談或是利用 Zoom 這種視訊會議系統進行的質化訪談，這類訪談服務的資訊量將會大幅減少。

但比起常見的訪談方式，**這種訪談方式更省時間與成本，也更容易實施**，所以很適合用來練習訪談，也適合進行陽春版的質化調查。建議大家除了使用一般的訪談方式之外，也可以視情況使用這類工具，進行較簡單的訪談。

平價好用的調查工具（量化調查）

接著要介紹的是量化調查工具。這裡要推薦的是 Macromill 公司推出的「Questant」（P.172）。

如果要進行縝密的量化調查，最好還是依照常見的調查流程進行調查，但如果想快速製作問卷、詢問顧客的意見，或是只要收集 100 個人的意見，而且題目只有幾題的時候，不妨改用「Questant」進行調查。（在台灣，類似於 Questant 的工具有 SurveyCake）。

◉可直接聽取民眾心聲的質化調查工具

Milltalk

- 這是由網路調查公司龍頭提供的網路調查服務，可直接透過網路與民眾溝通。
- 這項工具主要有 3 種功能，首先是透過電子佈告欄收集意見與創意的「傾聽 Mill」，其次是透過網路交談進行團體訪談，與提出意見或點子的受訪者溝通的「聊天室」，最後是利用關鍵字從 Milltalk 受訪者的文章搜尋創意的「今日靈感」功能。
- 「傾聽 Mill」可在短短幾小時之內大量收集（幾百個人）某個題目或某個主題的意見。差不多 10 分鐘就能收集到一定份量的留言，而且放著不管也能不斷收集資訊。
- 若使用「傾聽 Mill」的「利用圖片傾聽 Mill」功能，還可以利用多張圖片替題目補充說明，也可以製作以圖片作為選項的問卷，甚至可進行 A/B 測試（P.464）。
- 「傾聽 Mill」除了能收集受訪者的留言，還有「Photo Colletion」這項讓受訪者上傳照片與圖片的功能。
- 此外，還內建了以不同功能分析留言的文字探勘功能。
- 「聊天室」最多可容納 10 名受訪者，也可隨時更換受訪者。建立聊天室之後，最多可連續使用兩週之久。
- 一開始可先從免費套餐試用，之後再視需求升級至價格合理的基本套餐（月費 20 萬日圓）或是豪華套餐（月費 30 萬日圓）。

例）1 單題問卷：在下列方案之中，你比較想要哪一個？
選項：A 案／B 案／以上皆非
請回答選擇的理由。

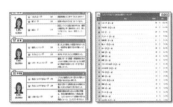

也搭載了可量化分析收集到的留言，進行文字探勘的功能。

●https://service.milltalk.jp/

◉可快速得知民眾心聲的質化調查工具

Sprint

- 這是由 Justsystem 推出的聊天室訪談服務。不需要任何事前準備，可快速收集意見的實用服務。
- 這項服務有兩大功能，其中之一是「1 對 1 訪談」功能。這項功能可在 5 分鐘之內從全國找出符合條件的受訪者，再透過不露臉的聊天室進行 30 分鐘的 1 對 1 深度訪談。其次是「多功能訪談」功能。這項功能可在 5 分鐘之內找出 5 名符合條件的對象，再讓聊天機器人根據預設的題組自動採訪這些對象。

- 資料可下載為 Excel 檔案。
- 只要月付 19 萬 8,000 日圓就能使用所有的功能，遠比進行一般的質化調查更加划算。

●https://chat-interview.com/

◉能快速收集回答內容的量化調查工具

Questant

- 這是由 Macromill 公司推出的自助式問卷工具。由於是自助式的服務，所以可立刻實施問卷調查。
- 初學者也能輕鬆使用。這項工具提供了 70 種以上的範本以及題目資料庫，誰都可以利用這些範本與題目製作符合目的問卷。
- 若是自行召集受訪者（顧客問卷之類的情況），只要題目不超過 10 題，受訪者人數不超過 100 人，不管使用幾次這項工具都是免費的！（※註：此時調查公司不會幫忙召集受訪者）

- 就算想委由 Questant 調查公司召集受訪者，只需要訂閱年費 5 萬日圓的套餐，就能以 1 萬日圓（5 題 100 人）的低價回收成本。

- 可從免費的套餐開始試用，再視情況追加付費功能。

●https://questant.jp/

請試著在行銷案的不同階段使用不同的調查工具。

6個讓訪談更成功的提升「提問力」祕訣

本章的最後要介紹下列6個提升「提問力」的祕訣，幫助大家從「目標對象」身上找出「賣點」。

祕訣①：利用「為什麼」、「具體來說」、「進一步說明」這些字眼追問。

祕訣②：避免受訪者的回答過於廣泛，讓受訪者針對「事實」回答（注意時間序列）。

祕訣③：一個問題只問一個答案。

祕訣④：以定義明確的詞彙訪談。

祕訣⑤：不使用誘導性的詞彙

祕訣⑥：直接了當問受訪者「如果真的做到○○的話，你會怎麼做？」

假設你是假睫毛製造商，你的目標是提升假睫毛的業績，那麼該怎麼使用上述①～⑥號的祕訣呢？讓我們透過具體的訪談範例說明。首先介紹的是負面訪談範例。

負面訪談範例 -1

提問者：「你曾經買過假睫毛嗎？」

受訪者：「我覺得假睫毛不適合我，所以不想使用。」

提問者：「原來如此。接下來的問題是，你平常會使用哪些眼妝產品？」

一下子就問下一題，只能得到很表面的答案，完全無助於找出「賣點」。「不適合我，所以不想使用」實在是再理所當然不過的答案，要只憑這個答案判斷眼前這位顧客是否為「目標對象」，不會覺得資訊不太夠嗎？

此時要「深入探討」受訪者的答案，收集更多資訊，提升訪談內容的「解析度」。「不適合我，所以不想使用」這種答案宛如冰山一角，身為提問者的我們必須知道這種回答不過是種表徵。於海面之下沉睡的是潛意識，所以我們必須深入海底，**找出受訪者心中難以言喻的洞察（真正的煩惱與欲望）。**

為此，要使用第一個祕訣的關鍵詞「為什麼」，這個幫助我們**「進一步探討的關鍵詞」**。

◈ 祕訣①利用「為什麼」深入探討的訪談範例

提問者：「你曾經買過假睫毛嗎？」

受訪者：「我覺得假睫毛不適合我，所以不想使用。」

提問者：「為什麼會覺得不適合呢？」

受訪者：「跟我現在想要的妝容不一樣。」

提問者：「為什麼會覺得不一樣呢？」

受訪者：「該說是太花俏嗎…？現在的潮流是自然妝容對吧？」

雖然一直問「為什麼」有可能會讓受訪者覺得很煩，但問了2-5次左右，就能漸漸地引導受訪者將內心的想法化為語言。

只要繼續訪談就會出現很多曖昧的關鍵詞。比方說，上述訪談就出現了「花俏」、「潮流」這類字眼。「好」、「不好」、「好用」、「不好用」、「喜歡」、「討厭」、「普通」、「難以形容」、「可愛」、「安心」、「大家」這些有很多解釋空間的字眼很常在訪談過程中出現。

● 負面訪談範例

> 提問者：「你曾經買過假睫毛嗎？」
>
> 受訪者：「我覺得假睫毛不適合我，所以不想使用。」
>
> 提問者：「原來如此。接下來的問題是，你平常會使用哪些眼妝產品？」

〈曖昧的關鍵詞舉例〉
「好」「不好」
「好用」「不好用」
「喜歡」「討厭」「普通」「難以形容」
「可愛」「安心」「大家」
「花俏」「潮流」

● 利用「為什麼」向下挖掘的訪談範例

> 提問者：「你曾經買過假睫毛嗎？」
>
> 受訪者：「我覺得假睫毛不適合我，所以不想使用。」
>
> 提問者：「為什麼會覺得不適合呢？」
>
> 受訪者：「跟我現在想要的妝容不一樣。」
>
> 提問者：「為什麼會覺得不一樣呢？」
>
> 受訪者：「該說是太花俏嗎……？現在的潮流是自然妝容對吧？」

如果出現這類模稜兩可的關鍵詞，可以換成 **「具體來說」**、**「請進一步說明」** 這類幫助我們追問的關鍵詞出場。

⊕ 利用祕訣①「具體來說」、「進一步說明」追問的訪談範例

受訪者：「該說是太花俏嗎…？現在的潮流是自然妝容對吧？」

提問者：「**具體來說**，花俏會讓妳想到什麼？」

受訪者：「辣妹吧！或者該說是有點老派的妝容」

提問者：「可以**進一步說明**讓妳覺得有點老派的理由嗎？」

受訪者：「其實我10年前也化過辣妹妝一陣子，當時有用過假睫毛。我念高中時流行過，對當時的印象還很深刻。」

提問者：「原來如此，10前年曾經常用假睫毛嗎？可以**進一步說明**當時的感覺嗎？」

受訪者：「曾用過一陣子，但印象不太好。」

提問者：「**具體來說**，是怎麼樣的印象呢？」

受訪者：「總之就是很難用。」

提問者：「能**進一步說明**哪裡難用呢？」

受訪者：「覺得很難戴也很花時間，或是感覺眼睛有異物吧。」

經過上述的追問之後，可以得到下列的資訊。

- 對假睫毛的印象停留在10年前的辣妹風潮，所以還記得花俏、很難戴、要花很多時間戴、眼睛有異物感這類負面印象。該如何消除這類負面印象是接下來的課題。
- 若能宣傳假睫毛有哪些部分進化的話，或許就能找到賣點。能否「符合自然妝容」這個潮流也是賣點之一。
- 若能消除對假睫毛的負面印象，或許能拉回這些流失的客群。

大家是否已經瞭解「深入挖掘洞察」是怎麼一回事了呢？

持續訪問時，也很容易遭遇下列這種失敗。

◈ 負面訪談範例-2

受訪者：「覺得很難戴也很花時間，或是感覺眼睛有異物吧。」
提問者：「那麼對假睫毛有什麼好印象嗎？」
受訪者：「拍照時比較好看吧。」
提問者：「現在也會想戴假睫毛拍照嗎？」
受訪者：「如果是有經營IG的女孩子，應該會戴吧。」

尚上述的訪談哪裡不行，那就是「太過廣義，沒有重點」。「我不會戴，但是會戴的人就會戴」或是「我不會戴，但這種人就會戴」的**意見過於廣泛，找不到任何有用的資訊。必須將重點拉回受訪者的感受與事實，不能只談到別人的事情，也不能太過模稜兩可。**

不過，提問者若是在此時說「這種太過廣義的答案沒有用」，會破壞現場的氣氛，所以要委婉地將話題拉回受訪者身上。

⊕ 祕訣② 讓受訪者聚焦在「事實」的訪談範例

受訪者：「如果是有經營IG的女孩子，應該會戴吧」

提問者：「的確會有這樣的女孩子。順帶一提，你本身對假睫毛的看法如何呢？ 現在也會為了拍照戴假睫毛嗎？」

受訪者：「我曾經為了拍照戴假睫毛。」

　　如此一來，就能將焦點拉回受訪者本身的感受與事實。

　　將焦點拉回受訪者的親身經歷時，有一點要特別注意，那就是**「時間的先後順序」**。「曾經為了拍照戴假睫毛」這句話有可能代表昨天才戴過假睫毛，或是半年前戴過，甚至有可能是兩三年前戴過。有些資訊若是超過1年就太舊，也沒什麼用，**所以可利用「最後」或是「最近」這類關鍵字確認時間的先後順序。**

受訪者：「我曾經為了拍照戴假睫毛。」

提問者：「最後一次為了拍照戴假睫毛是什麼時候呢？」

受訪者：「大概是4年前吧……我那時候很迷把照片上傳至IG，不過最近我只使用IG的限時動態，也沒什麼興趣在社群網站上傳照片，所以不太在意拍照好不好看了。」

　　確認時間之後，發現「為了拍照好看而戴假睫毛」已經是4年前的事情，也知道這似乎沒辦法設定成「賣點」。

　　此外，也很常遇到下列這種失敗。

◎ 負面訪談範例-3

提問者：「如果從眼妝的完成度或使用的方便性比較假睫毛與睫毛膏的話，妳覺得哪邊比較好？」

受訪者：「呃……」

　　這種訪談的問題在於一個問題問了「眼妝的完成度」與「使用的方便性」這兩件事。當受訪者一次被問了兩個問題，就會不知道「到底該回答哪一個問題才對」，回答也很有可能失焦。

　　請務必遵守「1道題目只問1件事情」這個規則。

◎ 祕訣③ 1道題目只問1件事情的訪談範例

提問者：「如果從眼妝的完成度比較假睫毛與睫毛膏的話，妳覺得哪邊比較好？」

受訪者：「假睫毛不像睫毛膏會結塊，只要戴得好，看起來就像是接了假睫毛一樣，看起來也比較好看對吧。」

提問者：「如果從使用的方便性比較假睫毛與睫毛膏的話，妳覺得哪邊比較好？」

受訪者：「戴假睫毛比較花時間，而且戴的時候會一直覺得眼睛上面有東西，不像睫毛膏那麼方便。」

　　1道題目只問1件事情就能讓受訪者正確地回答問題。

　　再者，也很常看到下面這類失敗。

⊕ 負面訪談範例-4

提問者：「你算是重視眼妝的人嗎？」

受訪者：「我應該算是重視眼妝的人吧。」

　　若問這種訪談有什麼問題，那就是題目過於模稜兩可。「重視」的定義不夠清楚，所以受訪者的答案很容易因為個人的感覺而失真。

　　「重視」這類語義不詳的單字必須先釐清定義，以及思考該怎麼透過具體的事證確認語義。

　　比方說，「重視眼妝」這個說法可具有下列這兩種定義。

＜例：「重視眼妝」的定義＞

✔ 我的眼妝至少會用到睫毛膏、眼影、眼線這 3 種化妝品。睫毛膏的部分可以利用接美睫或戴假睫毛的方法代替。

✔ 1 週至少會畫 3 次眼妝

　　接著可進行下列的提問。

⊕ 祕訣④ 不使用模稜兩可的提問，以具體事實進行確認的訪談範例

提問者：「請問正在使用的眼妝化妝品有哪些？」

受訪者：「我現在在用的是眼影打底筆、眼影盤、眼線筆、睫毛打底膏、睫毛膏。」

提問者：「你 1 週會畫幾次眼妝呢？」

受訪者：「我幾乎每天都會畫，但有時候星期六、日不會化妝，所以應該是 1 週畫 5-7 次眼妝吧。」

設定明確的基準就能精準地分析，不使用定義曖昧的字眼，受訪者就更知道該怎麼回答。

此外，也要特別注意在訪談時會不會用到一些專業術語。

⊕ 負面訪談範例-5

提問者：「你比較常在美妝生活百貨商店還是 DRG 購買化妝品呢？」

受訪者：「這些是什麼店啊？」

化妝品業界的美妝生活百貨商店（variety shop）是針對年輕女性銷售各種主流化妝品、美容相關產品以及其他雜貨的主流通路，例如 PLAZA、LOFT、台隆手創館都是其一。由於美妝生活百貨商店不算是常見的單字，所以很多人不知道是什麼意思。

至於 DRG 則是指松本清、康是美這類「藥妝店」，由於門市數量較多，也常常會打折，所以是能接觸更多消費者的通路。雖然大部分的人都聽過「藥妝店」這個字眼，但應該不太瞭解「DRG」是什麼意思。

訪談時，盡可能不要使用專業術語，若要使用就要補充說明，並且以簡單明瞭的詞彙提問。

⊕ 祕訣④ 將專業術語轉換成簡單詞彙再提問的訪談範例

提問者：「你比較常在 PLAZA 或 LOFT 這類潮流商品較多的開架式商店購買化妝品，還是比較常在藥妝店購買呢？」

受訪者：「公司附近就有台隆手創館，所以比較常去那裡買化妝品，但頻率大概也就是 1 個月 1-2 次吧，反而更常去藥妝店買東西。」

使用了專業術語就補充說明，能不使用就盡量不使用，或是改以簡單易懂的詞彙訪談，才能讓受訪者更知道該怎麼回答。

此外，也常常遇到下列的失敗。

⊕ 負面訪談範例-6

提問者：「大部分的人都覺得眼妝會對眼睛造成負擔，你對眼妝有什麼想法呢？」

受訪者：「的確，卸妝時會不小心搓到眼睛，所以我覺得對眼睛不太好。」

這個訪談的問題在於提問時，使用了「眼妝對眼睛不太好」這種帶有偏見的詞彙，導致受訪者被影響，回答的內容也容易偏頗。

由此可知，**盡可能不要使用會導致受訪者產生偏見的誘導性字眼**。

⊕ 祕訣⑤ 排除誘導性字眼的訪談範例

提問者：「你對眼妝的看法是什麼？」

受訪者：「我覺得眼妝能讓心情變好，讓我更有自信。」

排除誘導性字眼之後，受訪者的回答就比較中性。

祕訣⑥ 直接了當問受訪者「如果真的做到〇〇的話，你會怎麼做？」

在後續的訪談中問受訪者「如果真的做到〇〇的話，你會怎麼做？」也能有效篩出「賣點」。

提問者：「為什麼不使用假睫毛呢？」

受訪者：「覺得太花俏，所以不想使用。」

提問者：「如果推出符合自然妝容的假睫毛呢？」

受訪者：「戴假睫毛很花時間耶……」

提問者：「如果10秒就能戴好呢？」

受訪者：「我的手很不靈巧，我怕會戴不好，導致假睫毛脫落，還被別人發現……」

像這樣一步步追問就能發現受訪者不只覺得假睫毛「太花俏」，還能聽到受訪者有「戴假睫毛很花時間」、「很容易脫落」、「會被發現戴了假睫毛」這些心理障礙，誘導受訪者說出真心話。

如果只問受訪者「你會買這項商品嗎？」答案就只有「買」或「不買」，完全無從得知這到底是不是受訪者的真心話。**一步步根據受訪者的回答追問，讓焦點落在受訪者的行為與其他「事實」，才能聽到受訪者真正的想法。**

只要能重覆這類訪談，應該就能得到非常清晰的「目標對象」與「賣點」。

若能找到新時代的洞察，找到能真正解決煩惱與滿足需求的賣點，就很有機會開發暢銷商品。有機會的話，請大家務必實際使用上述的訪談祕訣。

第4章

【調查實踐篇②】

打造暢銷商品的「市場分析」

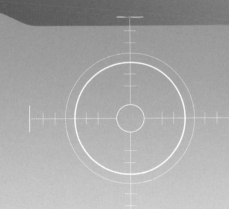

⬡ 掌握打造暢銷商品所需的策略資訊框架

雖然行銷有各式各樣的框架可以使用，但如果花很多時間使用這些框架就本末倒置了。為了避免發生這種情況，**可將要使用的框架限縮至 1 個就好**。那就是「3C」框架。一開始可先試著以 3C 這個框架收集鎖定「目標對象」與「賣點」所需的基本資訊，因為 3C 框架非常簡單好學，雖然是很基礎的框架，但用途卻非常多元。

3C 分析是以市場、顧客（Customer）、競爭者（Competitor）、自家公司（Company）這 3 個立場不同的 C 作為分析商業環境的軸心。

一如大前研一在其著作《The Mind of the Strategist》提到的，這 3 個 C 各有自己的利弊與目的，三者之間的關係是相對的。比方說，就算目標對象（顧客）的需求與「自家公司」宣傳的賣點一致，只要「競爭者」能成功提出更有價值的賣點，「自家公司」的商品就會滯銷。

再者，「自家公司」與「競爭者」對相同的目標對象提出相同賣點時，「顧客」會無法分辨這兩間公司的價值有何差異，最後會演變成這兩間公司因為削價競爭而同歸於盡。

就算將焦點放在三者其中之一，只要沒有將剩下的兩個納入考慮，就無法鎖定「目標對象」，也無法找到理想的「賣點」。

反過來說，**若能找到比競爭者更能滿足「目標對象」的「賣點」，就能打開商品銷路**，也是為了找到這賣點才使用 3C 分析。

第4、5、6、7章會為大家介紹使用3C分析框架的目的B：擬定銷售策略的「策略調查」。

依三種目的分類
打造暢銷商品的調查技巧

目的A
將創意轉換成暢銷形式的
「開發暢銷商品的調查」
第3章

目的B
擬定銷售策略
「策略調查」
第4、5、6、7章

目的C
讓進入市場的商品一直暢銷
「長銷調查」
第8章

3C分析可得到什麼具體的資訊？

3C分析框架不會告訴我們收集資訊的目的，也不會告訴我們如何運用這些資訊。「總之先收集資訊，填滿框架的空格吧」，如果像這樣輕舉妄動，恐怕只會收集到一堆沒用的資訊，也無法從這些資訊找到有用的東西。

若問為什麼要收集資訊，答案當然是為了鎖定「目標對象」與「賣點」。

那麼到底該收集哪些資訊，又該如何運用這些資訊呢？下一頁的示意圖說明了以3C分析框架進行分析的整體流程。

●根據 3C 分析的觀點收集必要資訊的「3C 分析實施概貌」

● 「市場」的概況分析
分析市場規模、預測市場的成長、新
知、趨勢。

● 設定「目標對象（顧客）」與掌握顧客
群的構造。
先快速地分類顧客，再鎖定具體的目標
對象。

● 提升「目標對象（顧客）」的解析度
利用目標對象側寫、人物畫像分析提升
目標對象的個人特徵、價值觀、行為模
式、情緒變化的解析度。

● 利用「目標對象（顧客）洞察與顧客旅
程地圖找出「賣點」
找出藏在顧客內心深處的煩惱與欲望，
再擬定打動顧客的策略

① 市場、顧客
Customer

② 競爭者
Competitor
顯著競爭者

② 競爭者
Competitor
潛在競爭者

③ 自家公司
Company

● 建立競爭者名單
誰會成為競爭者，又該如何對抗，以及該以
何處作為基準評價，有沒有可沿用的暢銷公式。

● 掌握競爭者的動向
競爭者締造了哪些成果？
在門市與媒體的傳播活動分析
「目標對象」「賣點」是什麼？又有哪些策略？

● 競爭者的評估
競爭者在市場上的評價如何？
競爭者的顧客都是哪些族群？

● 掌握競爭者與自家公司的定位
→找到足以獲勝的「目標對象」與「賣點」

● 掌握自家公司的現狀
了解目前的業績、市占率、各目標（KGI、KPI）
的達成度

● 清點自家公司的資產、內在價值與存在意義的
定義
現狀的「目標對象」「賣點」
網頁、商品、服務的試用
回顧歷史、暢銷與滯銷商品的分類

● 自家公司的評價
自我搜尋（口碑或是在社群媒體、一般媒體的
觀感）顧客問卷、座談會（了解消費者如何使
用自家商品，對自家商品有哪些了解）

● 自家公司獨一無二的強項
掌握自家公司的弱點，以及受這些弱點牽制的
地方
→找到足以獲勝的「目標對象」與「賣點」

鎖定「目標對象」與「賣點」

▲讀者限定福利　可依照 P.510 的說明下載「3C 分析實施概貌」

①**市場**、**顧客**是最值得調查，也最該花心思調查的部分。首先要分析「市場」概況，接著稍微分類「目標對象（顧客）」，掌握顧客群的規模。提升特定「目標對象」的解析度，在透過目標對象洞察找出顧客真正的煩惱與欲望。將顧客購買商品或服務的流程做成顧客旅程地圖，再利用顧客旅程地圖擬定打動顧客的策略，並且找到可能的「賣點」。

②在**競爭者**方面，先列出競爭者，再掌握競爭者的動向以及社會評價。瞭解競爭者與自家公司的定位之後，再找出足以獲勝的「目標對象」與「賣點」。這部分的祕訣在於將潛在競爭者與顯著的競爭者分開來思考。

③在**自家公司**這部分，要先掌握自家公司的現況，一邊清點自家公司的資產，一邊定義公司的本質價值與存在意義，接著瞭解自家公司的社會評價、強項與弱點，還有受弱點牽制的部分，找出足以獲勝的「目標對象」與「賣點」。

簡單來說，就是像這樣在3個C中思考與鎖定「目標對象」與「賣點」。

⊕ 傳播活動從「訊息來源」、「受眾」、「傳播內容」3 個角度思考

企業為了讓顧客購買商品而設計傳播活動時，必須先掌握到「訊息來源」、「受眾」與「傳播內容」這3個部分。

如果以最終要釐清的「目標對象」與「賣點」進行分類，可以得到下列結果。

本書一再提及的「目標對象（顧客）」就是企業的訴求對象，也就是「受眾」。

「賣點」則是為了讓目標對象購買商品而設計的「內容」，也是根據「訊息來源」的「定位」創造的部分。

換言之，利用3C分析收集的資訊都是為了讓商品打開銷路，也會於以下特定目的使用。

· 該針對誰宣傳（目標對象）

· 自己該以何種定位宣傳（賣點）

如果知道該針對誰宣傳，就會知道該在「何時何處」宣傳賣點。

3C 分析的順序

使用3C分析的祕訣就是依照「市場、顧客（Customer）→競爭者（Competitor）→自家公司（Company）」的順序進行分析。只要確定「市場、顧客」，知道戰場在哪裡，就會知道「競爭者」在哪裡，確定這兩個部分是讓「自家公司」的強項發揮到極限的「前提條件」。

就實務而言，當知道「競爭者」在哪裡，就會重新分析「市場、顧客」，**在實際調查的過程中，也會不斷地在這3個C往返**，但還是要請大家記住，大部分的情況會依照這個順序分析。

因此，本書要透過4個章節說明3C分析。一開始在第4、5 章說明「打造暢銷商品的市場、顧客分析」，接著在第6章解說「打造暢銷商品的競爭者分析」，最後在第7章介紹「打造暢銷商品的自家公司分析」。

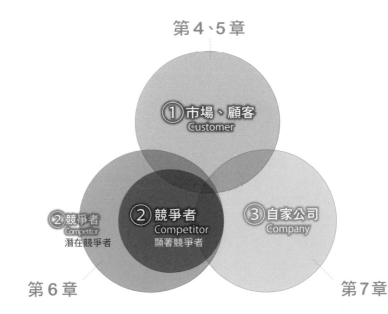

第4、5章

① 市場、顧客
Customer

② 競爭者
Competitor
潛在競爭者

② 競爭者
Competitor
顯著競爭者

③ 自家公司
Company

第6章

第7章

◎ 從大層次開始分析

第4章先從「Customer」的「市場、顧客」介紹「市場」的分析方法。

為什麼要先調查「市場、顧客」呢？這是為了**分析與商品息息相關的市場環境，例如瞭解市場的樣貌，分析市場今後的成長**

力道是強還是弱，或是該商品或服務的顧客在哪裡，顧客群又有多大，這些顧客的需求是什麼。比起聚焦在競爭者或自家公司，「市場、顧客」是更大的觀點。

在3C之中，「市場、顧客」是非常廣闊的領域。所以我們該注意的是「由大主題討論至小主題」的順序。**依照「市場動向→顧客」的順序分析是非常重要的一環。**

所以本書會將「市場、顧客」拆成兩個章節說明。一開始先在第4章說明「打造暢銷商品的市場分析」，之後在第5章說明「打造暢銷商品的顧客分析」。

◉掌握市場

第4章 → ● **「市場」的概況分析**
分析市場規模、預測市場的成長、新知、趨勢

● 設定「目標對象（顧客）」與掌握顧客群的結構
先快速分類顧客，再鎖定具體的目標對象

● 提升「目標對象（顧客）」的解析度
利用目標對象側寫、人物畫像分析提升目標對象的個人特徵、價值觀、行為模式、情緒變化的解析度

第5章 → ● 利用「目標對象（顧客）洞察與顧客旅程地圖找出「賣點」
找出藏在顧客內心深處的煩惱與欲望，再擬定打動顧客的策略

①市場、顧客
Customer

②競爭者

◇ **從市場規模掌握市場概況**

要快速掌握「市場概況」，先確認業界的「市場規模（market size）」。顧名思義，**市場規模就是該商品或服務的市場大小。**假設你要銷售的產品是「眼線筆」，而且你也壟斷了所有「眼線筆」的業績時，這個業績數字就是所謂的市場規模。

由於很難得到正確的數據，所以各政府部會、業界團體、民營調查公司都會發表「推測值」。

若問先確認市場規模為什麼那麼重要，答案就是全年營業額為一兆元的市場規模，與全年營業額為一百億的市場規模，可預期的業績完全不一樣。**可預期的業績不同，投資的金額與作戰方式也都會調整**，由於只需要知道大概就可以，所以有必要先知道「戰場是多大的市場」。

市場規模通常會以**「業績總額」**評估，有時候則會以市場的交易量，也就是**「銷售總額」**評估。

市場規模 = 代表該商品或服務的市場大小，是一種經濟用語

・**一般會以「業績總額」評估市場規模。**

　　例）2020 年，日本國內肌膚保養的市場規模為 1 兆 2,651 億日圓（富士經濟「化妝品行銷要覽 2021」）

・**有時也會以市場的交易量，也就是「銷售總額」評估。**

　　例）2019 年，日本國內四輪車銷售台數為 520 萬台（日本汽車工業協會），大概可解讀成類似「每年大概是 500 萬台的市場」這種結論。

⊕ 市場規模總是不斷變動

市場總是不斷地變大或縮小。

比方說，PayPay、樂天 Pay、LINE Pay、Mer Pay 這類 QR 碼[※]
行動支付市場就是其中一例。當行動支付的需要越來越高，或是
可使用這類支付方式的場所越來越多，就不難從市場規模的趨勢
看出這類支付市場的成長。

2018 年度，這類市場的規模為 3,042 億日圓，到了 2024 年之
後，有可能成長為 10 兆 290 億日圓，不難從圖表看出這是成長力
道驚人的市場。

●QR 碼行動支付市場規模的趨勢與預測

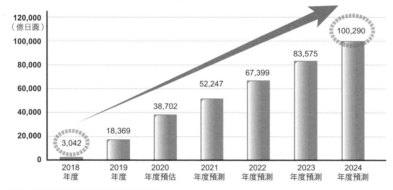

注 1. QR 碼行動支付服務提供事業者營業額
注 2. 2020 年為預估值，2021 年之後為預測值

(億日圓)

	2018	2019	2020預估值	2021預測值	2022預測值	2023預測值	2024預測值
市場規模	3,042	18,369	38,702	52,247	67,399	83,575	100,290
去年同期比		604%	211%	135%	129%	124%	120%

來源：矢野經濟研究所「QR 碼支付市場相關調查（2020 年）」，2020 年 12 月 24 日發布

⊕ 認識市場規模的方法

不論是從業績總額還是銷售總額觀察市場規模，在觀察市場
規模的時候，都必須掌握下列這 4 個重點。

※「QR碼」為 Denso Wave 股份有限公司的註冊商標。

觀察市場規模的 4 個重點

重點① 是顯著的市場？還是潛在的市場？

重點② 是正在成長的市場？還是正在萎縮的市場？
（透過過去的資料確認市場的成長性）

重點③ 規模大概有多大？能以什麼方式比喻？
（透過搜尋引擎搜尋之後，大家具有共識的日常事物）

重點④ 規模是非常大還是非常小？
（不要只以金額評估，而是要以比例評估）

　　假設你是一位有機化妝品銷售員，該怎麼做才能確認 2019 年度的「天然有機化妝品市場」的規模呢？

　　若使用矢野經濟研究所的資料庫可得到下列兩種「市場規模趨勢」。首先會發現的是 2019 年的市場規模為 1,400 億日圓，較去年增加 1.7%。

◉天然有機化妝品的市場規模趨勢

（製造商出貨金額資料庫）
（單位：百萬日圓、%）

	2015 年度	2016 年度	2017 年度	2018 年度	2019 年度
市場規模	117,500	123,700	134,300	137,700	140,000
去年同期比	106.0	105.3	108.6	102.5	101.7

來源：矢野經濟研究所「天然有機化妝品市場調查（2020 年）」，2020 年 11 月 16 日發布

再者，整體化妝品市場的規模約為 2 兆 6,480 億日圓，所以經過計算之後，有機化妝品市場的比例為 5.3%。

◉化妝品市場規模趨勢與天然有機化妝品市場規模趨勢

（製造商出貨金額資料庫）

（單位：百萬日圓、%）

		2015 年度	2016 年度	2017 年度	2018 年度	2019 年度
整體	市場規模	2,401,000	2,471,500	2,545,000	2,649,000	2,648,000
	去年同期比	103.0	102.9	103.0	104.1	100.0
	組成比	100.0	100.0	100.0	100.0	100.0
一般化妝品	市場規模	2,283,500	2,347,800	2,410,700	2,511,300	2,508,000
	去年同期比	102.9	102.8	102.7	104	99.9
	組成比	95.1	95.0	94.7	94.8	94.7
天然有機化妝品	市場規模	117,500	123,700	134,300	137,700	140,000
	去年同期比	106.0	105.3	108.6	102.5	101.7
	組成比	4.9	5.0	5.3	5.2	5.3

來源：矢野經濟研究所「天然有機化妝品市場調查（2020 年）」，2020 年 11 月 16 日發布，根據矢野經濟研究所「化妝品市場調查（2020 年）2020 年 10 月 22 日的資料製表

根據上述資料可整理出下列 4 個重點。

2019 年「天然有機化妝品市場」的規模為 1,400 億日圓，較去年增加 1.7%。該如何解讀這份資料呢？

① 想銷售的商品為有機化妝品，所以從資料可知這是「顯著的市場」

② 根據過去的資料比較之後，發現天然有機化妝品市場是穩定擴大中的市場

③ 調查這個近 1,400 億日圓的市場之後，發現規模與情人節的市場差不多大

④ 以比例觀察之後發現，天然有機化妝品在 2 兆 6,480 億日圓的化妝品市場之中只占了區區 5.3% 而已。不過，這個市場在這幾年持續擴大，將來肯定也會持續成長

簡單來說，會以上述4個重點判讀市場規模。

有時候沒辦法輕鬆取得的5.3%這種具體的比例，也無法取得根據這類資料繪製的圖表（以有機化妝品市場而言，就是P.196的表格），但就算是如此，「化妝品市場為2兆6,480億日圓」這種包含「有機化妝品市場」的綜覽型市場規模資料相對比較容易取得。讓我們根據這類資料迅速掌握比例吧。

替資訊來源列出優先順序

在調查市場規模時，也會使用第2章介紹的4種手法（P.84）之一的「案頭研究」。在此要說明能於案頭研究收集資料使用的資料庫，以及這類資料庫的特徵，這類資料庫除了能用來掌握市場規模還有其他的用途。

如果替資訊來源列出優先順序，會得到1.**政府機關公布的資料**、2.**業界團體資料**、3.**智庫、綜合研究所、金融機構資料**、4.**民間調查公司資料（尼爾森、東方線上、Kantar）**、5.**報紙·雜誌·出版物**、6.**民營企業的新聞稿（PR調查）**這類順序。

◉資訊來源的優先順序

優先順序
高

↑
1. 政府機關公布的資料
2. 業界團體資料
3. 智庫、綜合研究所、金融機構資料
4. 民營調查公司資料（尼爾森、東方線上、Kantar）
5. 報紙·雜誌·出版物
6. 民營企業的新聞稿（PR調查）

　　以上藍字的資料幾乎囊括了大部分的資訊，其中的「4.尼爾森、東方線上、Kantar」則是非常實用與優質的資訊來源。政府資料通常有點不方便使用，所以如果能存取4的資料，只根據 4的資料掌握市場規模也沒問題（我有時候只使用4的資料）。

　　接下來為大家介紹上述這些資訊來源。

◈ 1. 政府機關公布的資料

　　「1.政府機關公布的資料」的種類非常多，例如人口普查、人口推估、家庭收支調查。在台灣，這類資料透過**「中華民國統計資訊網」**這個統整各政府機關統計資料的服務即可快速取得。

◉1. 政府機關公布的資料

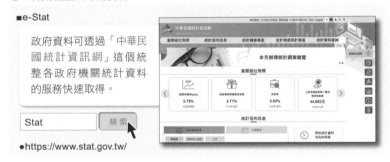

■e-Stat

政府資料可透過「中華民國統計資訊網」這個統整各政府機關統計資料的服務快速取得。

●https://www.stat.gov.tw/

　　假設想收集具體又特定的資料，例如「想透過行政院主計總處的人口推估資料瞭解人口相關資訊」，不要透過「中華民國統計資訊網」，直接前往主計總處的網站下載，會是比較直接了當的方式。

　　此外，「1.政府機關公布的資料」具有下列特徵。政府機關的資料的範圍最廣、種類最全，而且樣本最為均一，但是，要從中找出需要的資料得耗費不少時間整理，所以不是那麼方便好用。

■「1. 政府機關公布的資料」特徵

▶ 很適合用來取得人口、家庭數量、家戶消費這類經濟、社會的宏觀資料。

▶ 大規模的調查較多、較客觀，也較具公信力。

▶ 通常是數位格式的資料，而且在網頁免費公開。

▶ 有些資料從調查到發布曠日廢時，所以難免有些老舊，有些統計資料的發表週期也很長（例如每 5 年發布 1 次或是每 3 年發布 1 次），使用時要特別注意。

2. 業界團體資料

在尋找「2.業界團體資料」時，可利用「汽車業界團體」這種「業界、業種名稱」搭配「業界團體」的關鍵字搜尋。比方說，台灣有下列這些業界團體。

· 台灣區車輛工業同業公會（TTVMA）統計資料

這是台灣車輛製造廠及零配件廠商共同組成的業界團體，可取得台灣國產汽車生產與銷售年統計表這類資料。

· 台灣區電機電子工業同業公會（簡稱電電公會，TEEMA）統計資料

這是台灣八大工商團體之一，由家電製造商等電機電子產業上、中、下游及週邊供應鏈廠商共同組成的業界團體，可取得國內電機電子產銷及進出口統計這類資料。

3. 智庫、綜合研究所、金融機構資料

銀行或智庫公布的報表也是很值得參考的資料。雖然這類資料大部分都需要付費，但也有一些是免費的。這類資料通常很優質，如果剛好能找到需要的資料，那真的非常走運。

台灣政府的智庫包含「中華經濟研究院」、「財團法人商業

發展研究院」以及其他類似的智庫。

民間智庫則包含「台灣經濟研究院」、「台灣智庫」、「台灣競爭力論壇」、「新台灣國策智庫」以及其他類似的智庫。

4. 民間調查公司資料（尼爾森、東方線上、Kantar）

最能快速瞭解市況的捷徑就是「4.民間調查公司資料（尼爾森、東方線上、Kantar）」的資料。若能存取4的資料，1-3的資料都可以省略。

「4.民間調查公司資料（尼爾森、東方線上、Kantar）」的特徵請見下圖。

● 4. 民間調查公司資料（尼爾森、東方線上、Kantar）

■特徵

▶ 可取得市場規模、業界動向、企業或製造商的市占率、趨勢預測資料以及各種資料

▶ 資料是根據製造商或物流業者的採訪內容製作

▶ 台灣的民間調查公司的收費不一，若客製化大多收費 10 萬台幣以上

※重點在於能快速篩出符合需求的資料。舉例來說，要搜尋假睫毛的資料只需要搜尋假睫毛，要搜尋有機化妝品的資料只需要輸入有機化妝品，就能立刻取得 4-10 頁左右的內容

※圖片為尼爾森 Nielsen 網站提供針對各主題洞察的分析文章

其實若是想要取得整個業界的資料，恐怕會拿到300-800頁這種不太可能全部讀過一遍的海量資料。記得我還是新人的時候，曾以為得把這些資料從頭讀到尾，嚇得我整個人都慌了。

活用這類資料的祕訣在於「找出要讀的部分」。可根據目錄找出種類、產品，就能從中找出必須閱讀的部分，也就能快速找到需要的資料。

使用這類資料的重點在於快速篩出符合需求的資料。舉例來說，要搜尋假睫毛的資料只需要搜尋「假睫毛」，要搜尋有機化妝品的資料只需要輸入「有機化妝品」，**精準地找出種類符合的資料再開始閱讀**。只要縮減種類或產品的範圍，就能取得4-10頁左右的內容，而這點資料大概15分鐘就能閱讀完畢。由於是以文章的方式說明趨勢與今後的動向，所以應該會讀得很有趣才對。

以電視媒體為例，尼爾森的收視率與廣告量調查就是具有代表性的資料。尼爾森公司的WizzAd資料，除了每週更新電視廣告量分析之外，還會提供TOP 10品類的電視廣告量、電視廣告投資量等新訊。

◎ 5. 報紙‧雜誌‧出版物

有時候不一定能從1-4找到種類符合的資料，這時候該尋找哪些資料呢？

如果無法存取「4.民間調查公司資料（尼爾森、東方線上、Kantar）」或是找不到需要的資料，又需要輸入消費者動向的資訊時，試著以關鍵字搜尋「5.報章雜誌與相關報導」，再閱讀相關的搜尋結果，也算是能快速找到資料的方法之一。

以日本來說，日本經濟新聞出版或東洋經濟新報社發行的《業界地圖》系列書籍只需要1,400日圓就能購得，是能快速掌握資訊的利器。《業界地圖》系列書籍能幫助我們快速瞭解主要企業的相對位置與勢力範圍，是能讓人初步瞭解產業動向的優質資料。如果將這類書籍放進電子書閱讀軟體「Kindle」，就能透過智慧型手機或是電腦立刻參考其中的內容。

■能初步掌握業界動向的優質資料

「業界地圖系列」
（日本經濟新聞出版、
東洋經濟新報社）

可快速了解主要企業的
相對位置與勢力範圍

　　各家報社都有自己的立場與調性，所以最好能多讀、多比較幾家的報導。

　　由於雜誌是講究時效性的媒體，所以通常會將熱門話題的資訊全部整合在一起，而這也是雜誌的優點之一。

　　盡管書籍不像報紙或是雜誌那般即時，但通常塞滿了優質的資訊，所以建議大家閱讀相關的書籍。

◈ 6. 民營企業的新聞稿（PR 調查）

　　無法取得「4.民營調查公司資料」時，可透過「6.民營企業的新聞稿」參考製造商、調查公司這類企業的 PR 調查。

　　想要快速取得民營企業發表的調查結果時，日本有「調查的力量」（調査のチカラ）這類服務。台灣則有「臺灣調查網」這種由民間調查公司製作的網路大數據相關發表，或是「KEEPO 大數據關鍵引擎」這類提供多維度的輿情分析系統。

●6. 民營企業的新聞稿（PR 調查）

■可快速找到製造商、調查公司這類企業發表的 PR 調查的「調查的力量」

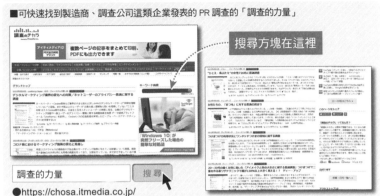

搜尋方塊在這裡

調查的力量 搜尋

●https://chosa.itmedia.co.jp/

◇ 祕訣是「初步掌握」，讓自己能輕鬆地持續下去

覺得收集資料很繁雜、很花時間、很想放棄的時候，請回想「先初步掌握資料的輪廓就好」這個原則。放開心胸，提醒自己「不用太花時間，掌握簡單取得的資訊就夠了」。

有時候也可以利用 Google 的關鍵詞搜尋尋找資料，例如可利用「化妝品 市場規模」或「白皮書」這類關鍵詞搜尋。雖然網路資訊氾濫，也很難確定哪些資料值得信賴，但還是可以透過來源（引用來源）確認客觀性與優先順序，再利用 P.197 介紹的「資訊來源的優先順序」判斷資料的優劣。

剛剛介紹觀察市場規模的時候，提到了「③規模大概有多大？能以什麼方式比喻？」這個技巧，但如果不知道該怎麼比喻，**可試著搜尋較熟悉的行業**。比方說，以「市場規模1300億日圓」這類關鍵詞搜尋，應該就會得到許多相關的搜尋結果，有時候甚至能找到市場規模排行榜或是市場規模一覽表的網站。

注意：先初步掌握輪廓即可

Google   市場規模 1300 億日圓   ×   🎤   🔍

・市場規模 1,300 億日圓是多少？

→差不多跟萬聖節、情人節的市場一樣大

・市場規模 5 兆日圓是多少？

→差不多跟百貨公司的年業績總額一樣

　　若採用這種方式就比較容易瞭解市場規模。養成這種習慣之後，就更能得到「A市場的規模是100億啊，雖然最近不斷成長，但比起B市場的1兆日圓還差得多啊」、「最近蔚為話題的C市場的規模是250億日圓嗎？似乎快追上D市場的規模了，好厲害啊」這類體會。

能快速瞭解市場規模的案頭研究

　　就算找不到「業績總額」或「銷售總額」這類資料也不用太焦急，因為有些資料也能幫助我們瞭解市場規模。

　　實在找不到市場相關數據時，可試著推論或是參考一些預測市場規模的數字。

◉預測市場規模的數字

> 1. 競爭者公開的發行冊數、銷售數字
> 2. 關鍵詞搜尋結果個數、主題標籤個數
> 3. 主力電商網站的銷售排行榜、口碑行銷次數
> 4. 社群媒體口碑行銷次數（可利用 Yahoo！即時搜尋）
> 5. 大眾媒體報導次數

這類數字可瞭解市場的迴響與波及範圍,也是預測市場規模的參考數值。

首先介紹「1.發行數」的例子。圖書編輯在企劃圖書時,通常會參考相關書籍的銷售量。具體來說,會搜尋書籍的發行冊數有幾萬或幾千本。

如果那些相關圖書是自家出版的書籍,要取得發行冊數的資料當然是易如反掌,而且就算是其他出版社的書籍,也可以參考紀伊國屋書店的「PubLine」提供的POS資料(如同台灣出版社會參考博客來網路書店的銷售量與排行榜)。有許多出版社都與PubLine簽約,所以可利用這類營業額資料推估銷量。

將PubLine的數字乘以20倍,大概就能得到近似全國的銷售數字。比方說,某本書在全國的紀伊國屋賣出2,000本,代表這本書有20倍的銷路,也就是賣了4萬多本。在推估銷路時,當然會排除作者本身大量購買的極端值。

就目前日本的出版業來看,商業書籍能賣超過3萬本就算是暢銷書籍(以台灣的出版市場規模,依不同類別超過1萬甚至5,000本就算暢銷)。不同的行業或商品都有這類評估基準,可試著向業界相關人士請教。

順帶一提,我曾在本書出版之際調查過相關書籍的銷量。不過,行銷、調查的叢書通常都是專家、行內人才會閱讀的「專業書籍」,而本書為了讓那些沒機會瞭解調查方法的人,以及不是這方面專業的人閱讀的書,所以找到的資料沒什麼值得參考之處。為此,我找了幾本與本書企劃目標相近的商業書籍,調查了相關的發行冊數。

具體的數字請容我割愛,但我參考了《不讓客戶說出「這個有何根據?」的資料統計分析書籍》(柏木吉基著、日本實業出

版社）或是《超越FACTFULNESS 10個迷思，養成根據資料正確解讀世界的習慣》（Hans Rosling 著，日經BP）的發行冊數，預測了本書的市場規模。

◎ 從「顯著市場」與「潛在市場」瞭解市場

到目前為止，說明了以現有的業績資料掌握既有市場規模的方法，但除了既有的市場，還有**所謂的潛在市場，也就是顧客現在不買，但之後有可能會買的市場**。

接著要介紹因為掌握潛在市場而成功打造暢銷商品的範例。這個範例是寶島社在發行女性時尚雜誌《sweet》時，因為附贈了豪華的附錄，而讓雜誌銷量大增的故事。《sweet》雜誌的顯著市場就是「雜誌市場」，顧名思義，就是想買「雜誌」的人購買雜誌的市場。《sweet》選擇將眼光轉向潛在市場，不再於「雜誌市場」與其他出版社爭奪市場。

《sweet》的潛在市場是「生活型態市場」。寶島社將注意力放在不買雜誌，但會購買日常用品的女性身上。當時寶島社認為若是能抓住這些女性的心，或許就能進軍比雜誌市場規模更大的「生活型態市場」。改變策略的「目標對象」與「賣點」之後，就成功打開了市場與銷路。

接著讓我們將《sweet》這種轉移戰場，找到潛在市場的方法，以及定義「顯著的競爭者」與「潛在競爭者」的方法放在一起思考。這部分會在第6章的「打造暢銷商品的競爭者分析」（P.368~）說明。

就算不轉移戰場，剛萌芽的市場有可能還未成形，這時候可試著以**「費米推論」（Fermi estimate）推估市場規模**。

⊕ 利用「費米推論」推估市場規模

有時候也會利用「費米推論」推估潛在的市場規模。

「費米推論」是以常識或已知的資訊（例如日本的人口有1億2,500萬人，或是1天有24小時這類資訊），以及手邊既有的一些線索或資料導出接近正解的答案，藉此快速推導出難以實際調查的數據。最有名的問題之一就是「東京都內有幾個人孔蓋」。

到底該如何實際推算市場規模呢？在此為大家介紹一個利用費米推論推估市場規模的範例。

⊕ 案例：Soundfun 的「MIRAI SPEAKER」

位於淺草橋的「股份有限公司 Sound Fun」製造的「未來音箱（MIRAI SPEAKER）」，是能夠將「語言」轉換音效，讓聽障者也能聽清楚的未來音箱。

Sound Fun 是由大型音響製造商的資深開發者共同創立的新創企業，他們根據「聽障者也能清楚聽到留聲機的聲音」這項事實發明了「曲面音波」這項專利技術，透過能重現留聲機喇叭曲面的機器與構造播放聲音。

「曲面音箱」的特徵在於能發出與一般音箱不同的音波。這款音箱發出的聲音能讓子音更清晰，所以就算音量較小，也能清楚地聽到每一個字，而且聲音不會隨著距離衰減，不管距離多遠，聲音的品質都能保持一致。

由於搭配「曲面音波」這項技術的「未來音箱」能發出與傳統音箱完全不同的音波，所以許多人認為這項技術在這一百年未有任何革新的聲音世界掀起了革命。

在日本航空（JAL）的最後登機廣播使用這款未來音箱之後，來不及登機的乘客減少了。野村證券這類金融機構、醫院、大企業也都採用了這項音箱。《蓋亞的黎明》、《WBS (WORLD BUSINESS SATELLITE)》也以專題報導的方式介紹這款音箱。

Sound Fun 讓語言轉換成清晰的聲音之後，讓許多人更能享受電視節目，更能盡情學習學校的課程，也能更享受與家人之間的會話，還讓視訊會議變得更容易交談。Sound Fun將透過聲音帶給人們正面影響的「音效驅動人類活性技術」視為自己的任務與事業領域。

於 2020 年 5 月銷售的「MIRAI SPEAKER Home」是居家使用的產品，可讓電視的語音轉換成更清晰的聲音，而且功能非常簡單，連主要目標對象的高齡者都能輕鬆操作，而且聽障者也不需要將電視的音量轉成大聲才能聽得到，所以能與同住的家人以適當的音量一起看電視。目前這項商品也已經進入市場。

接下來，來看看如何調查「MIRAI SPEAKER Home」的市場規模。

▲將電視的聲音轉換成更清晰的聲音！Sound Fun的「MIRAI SPEAKER Home」

◈ 先從顯著市場開始調查

第一步從顯著的市場開始調查。針對「方便重聽的高齡者聽清楚電視聲音的音箱」，搜尋符合這個條件的市場資料之後，沒有找到適當的資料。因為這個市場剛成形，所以即使需求非常明顯，但無法收集到需要的資料。

接下來可試著調查「音箱市場」的市場規模。結果一調查就跳出一堆以語音操作的「AI 智慧音箱」或是能播放無損音樂的「Hi-Res 音箱」的市場數據，但這些音箱的用途與「MIRAI SPEAKER Home」的用途完全不一樣，所以這些市場數據完全無法參考。

從適合高齡者的商品這點來看，某間民營調查公司的「銀髮族家電」市場規模資料或許可資參考。調查「銀髮族家電」的市場規模之後，發現這個市場的規模非常龐大，而且還不斷成長，但這個市場的「銀髮族家電」當然包含音箱之外的家電，所以無法得知「能與電視連線的音箱」在這個市場的占比與規模。

　　由此可知，我們無法從既有市場的資料掌握「MIRAI SPEAKER Home」的市場規模。

　　不過，雖然無法得知市場規模，**還是可以調查目前的業績規模，瞭解市場對這項產品有多少的需求**。這與 P.204 說明的「預測市場規模的數字」是相同概念，與利用「1.競爭者公開的發行冊數、銷售數字」這種調查書籍發行冊數的例子有異曲同工之妙。

接下來要依照①至③的順序調查下列資料。

①所屬品類「整體行業」的業績總額／銷售總額（如果通路有另外提出數據，也可以取得這類數據）
②所屬品類「競爭者」的業績總額／銷售總額／出貨數（如果通路有另外提出數據，也可以取得這類數據）
③所屬品類「自家公司」的業績總額／銷售總額／出貨數（如果通路另外提出了數據，也可以取得這類數據）

　　若只有容易取得的資訊也沒關係，但只有③的自家公司資料恐怕很難推測市場狀況，所以請盡量取得①與②的資料（如果無法取得①與②的資料，至少要有③的資料，畢竟有總比沒有好）。

　　除了剛剛提到的「銀髮族家電市場規模」這種參考資料之外，也取得了與「MIRAI SPEAKER Home」在①與②這方面的資料了（由於已經取得①與②的資料，所以③就能暫緩分析）。

◉TV 語音助理音箱的顯著市場

目前營業額（顯著市場）

- 2019 年銀髮族家電市場規模為●●●●億日圓，正在擴大中
- 家電量販店以高齡者為主的小型音箱銷售台數為●●萬台／年(①)
- 量販店 A 以高齡者為主的小型音箱銷售台數為●●●●台／年(①)
- 量販店 A 以高齡者為主的小型音箱銷售台數為●●台／週(①)
- 競爭者：商品 B 的出貨數　●萬台／年(②)

※詳細的數字予以割愛

利用「費米推論」推估潛在市場

接著要利用費米推論推估市場規模。想利用費米推論得知的是現階段還沒有購買商品，但未來有可能購買的潛在市場的規模。進行推論時，能派得上用場的資料如下。

①人口、家戶數這類目標對象的數量
②可用來推測目標對象使用商品的機率的數字

①的部分只需要取得目標對象的高齡者人口數、家戶數、聽障者人口數，以及聽障者人口中的高齡者占比這類資料。

②的資料則比較隨機，比方說，「在聽障者之中，從電視取得資訊的人有多少比例」或是「每戶擁有幾台電視」這類數字。這些可用來推測市場規模的資料，可透過下頁介紹的方法收集。

◉可用於粗估 TV 語音助理音箱市場規模的資料

推估潛在市場的資料

- 65 歲以上高齡者戶數為 2,492 萬 7,000 戶
  （來源：內閣府「令和 2 年版高齡社會白皮書」）
- 聽障者人數 1,439 萬人、高齡聽障者 1,024 萬人
  （資料來源將在 P.214-215 說明）
- 65 歲以上，持有身心障礙手冊的聽障者、語言障礙者為 71.2%，這類資料可直
  接透過電視取得
  （來源：日本厚生勞動省「平成 28 年生活不便指數調查（全國居家身心障礙兒童、
  身心障礙者實態調查）」）
- 每家每戶平均有 2 台電視（來源：內閣府「消費動向調查，令和 3 年 3 月」）

　　「費米推論」是從思考擁有哪些數據就能進行準確推論，以及收集這些數據的部分開始，之後再替這些數據建立邏輯，算出「可能正確的數字」，而這部分需要動動腦筋。

　　說是需要動動腦筋，其實大家不用想得太過困難。比方說，從前面的資料我們得知65歲以上的高齡者約有2,400萬戶，假設其中有3分之1的老年人覺得聽不清楚，那麼市場規模就是800萬戶（2,400÷3=800）與800萬台。假設平均每戶有2台電視，那市場規模就得乘以2倍，也就是1,600萬台。此外，也可以利用別的方式計算。比方說，高齡聽障者約有1000萬人左右，而其中有7成是透過電視取得資訊，所以市場規模就是700萬台。**費米推論就是一邊以「假設是這樣」建立邏輯，一邊進行推論。**

◈ 推估目標對象的人口數

　　接著為大家說明如何取得「聽障者 1,439 萬人、高齡聽障者 1,024 萬人」這個數據。

在想要調查「聽覺障礙者」的人數時，或許大家會想到「被認定為聽障者，而且擁有身心障礙手冊的人」對吧？所以透過網路搜尋之後，可從日本厚生勞動省公開的資料之中找到「聽障」這個項目，接著就能找到擁有身心障礙手冊的人在日本全國為29萬7,000人（2016年資料），但是看到這個數字之後，應該會有人覺得這市場規模也太小了吧？離剛剛推論的800萬台也太遠了吧？

其實日本認定聽障者以及發放身心障礙手冊的基準遠比世界衛生組織（WHO）還嚴格。日本的標準是聽力損失超過70dB以上才能申請身心障礙手冊，但其實平均聽力只有60dB的人就已經很難正常對話，所以這些聽力損失未達70dB的人無法申請身心障礙手冊，也無法請領任何補助。

換言之，若只以擁有身心障礙手冊的人數推測需要「MIRAI SPEAKER Home」的人數，恐怕會有許多漏網之魚，推測結果也無法當作參考資料使用。這些恐怕是不請教業界的內行人，就不會知道的事實。**在進行推論時，先知道這類前提或資訊是非常重要的一環。**

其實有不少資料能讓我們更清楚「有聽力障礙的人數」，較具代表性的資料有日本助聽器工業會「Japan Trak」這份調查資料。2018年的資料是目前最新的資料，任何人都可以直接透過網路下載。

從這份資料的「聽障者比率（聽障或覺得自己聽力有問題的人）」與「助聽器佩戴者的比例」，可導出「有聽力障礙的人數」。如果能找到這類資料，可試著搭配日本總務省的人口推估資料，估算有可能成為目標對象的人數。

第5章「掌握顧客人數的結構」（P.257~）會進一步介紹利用這類人口推估資料算出顧客群規模的方法。在此先介紹以樹狀圖拆解潛在目標對象的方法。

這是根據總務省的人口推估與 Japan Trak 2018 的調查資料計算。根據這份資料可以發現，在日本每9人就有1人覺得自己有聽力障礙。

	人口推估	各年齡層聽障者比率(聽障以及覺得自己聽力有問題的人的比例)	聽障以及覺得自己聽力有問題的人的比例	其中佩戴助聽器的人的比例	助聽器佩戴者的人數
	總務省人口推估（2019年4月確定值）	Japan Trak2018	（計算）	Japan Trak 2018	（計算）
14 歲以下	15,321,000	0.006	91,926		
15-24	12,234,000	0.036	440,424	0.141	215,164 ④
25-34	13,063,000	0.028	365,764		
35-44	16,523,000	0.038	627,874		
45-54	18,179,000	0.070	1,272,530	0.050	131,191
55-64	15,183,000	0.089	1,351,287		
65-74	17,453,000	0.176	3,071,728 ②	0.168	1,721,149 ③
75 以上	18,299,000	0.392	7,173,208		
			14,394,741 ①		2,067,504

日本的總人口(總務省人口推估)　126,254,000

聽障以及覺得自己聽力有問題的人的比例　14,394,741　← 1,439 萬人　①

比例　0.114014138　← 在日本每9人就有1人覺得自己有聽力障礙

來源：「日本助聽器工業會 Japan Trak2018」、「日本總務省人口推估（2019 年 4 月確定值）」

接著利用①～④的數字計算目標對象的規模。

◉利用樹狀圖推估目標對象的規模
TV 語音助理音箱的目標對象規模推估

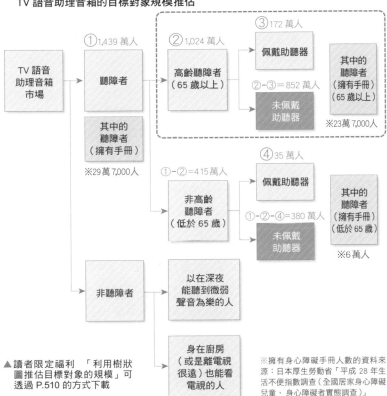

▲ 讀者限定福利 「利用樹狀圖推估目標對象的規模」可透過 P.510 的方式下載

※擁有身心障礙手冊人數的資料來源：日本厚生勞動省「平成 28 年生活不便指數調查（全國居家身心障礙兒童、身心障礙者實態調查）」

　　P.212 的圖「全體聽障者 1,439 萬人①、高齡聽障者 1,024 萬人②」的數字，就是透過上述樹狀圖計算出的。

　　上表的下半部分「非聽障者」的目標對象規模無法根據這份資料算出，所以沒有特別標註人數，但這個群族仍有可能成為目標對象，所以先列為樹狀圖的分支之一。

◈ 為了瞭解業界現況，必須掌握新聞與趨勢

要掌握業界的新聞與趨勢。

雖然**各行業的相關書籍、專門雜誌的內容很枯燥，卻能幫助我們初步瞭解業界的動向。**以日本化妝品業為例，就有《週刊妝業》、《國際商業》這類經典的專業雜誌。

如果公司有付費訂閱**「新聞資料庫服務**（例：台灣的聯合知識庫），也可以利用這項服務搜尋新聞報導。利用與自家公司、商品或行業相關的關鍵詞搜尋，應該能輕鬆掌握最近的話題或是最新的業界動向。

我最喜歡的搜尋方式是Google或Yahoo！的「新聞」搜尋。**可利用行業、企業名稱、商品名稱、服務名稱這類關鍵字在Google或Yahoo！搜尋。建議大家點選「新聞」這個分頁會比較方便搜尋。Yahoo！會依照最新到最舊的順序排列每一條新聞。**利用「新聞」分頁搜尋能快速找到有用的最新資訊。

至於利用網站搜尋這點，**在商業類週刊的新聞網站輸入企業名稱或商品名稱，也能快速找到最近的新聞或趨勢。**比方說台灣的「商業周刊」、「今周刊」、「數位時代」都是其一。

在此為大家介紹兩種可快速瀏覽市場最新頭條或是話題的方法。

第一個是在Twitter搜尋貼文的**「Yahoo！即時搜尋趨勢」**，另一個則是能透過圖表瞭解特定關鍵詞在Google被搜尋多少次的**「Google Trend」**。使用這類開源工具搜尋行業、企業名稱、商品名稱、服務名稱也是能簡單快速進行的調查。

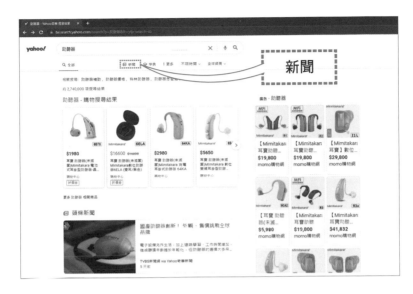

點選「新聞」分頁再搜尋，新聞就會以最新到最舊的順序排列

在台灣，「台灣新聞聯播網」、「數位之牆」這類新聞稿網站，利用關鍵詞搜尋企業、政府、團體的公關稿資源，也能快速觀察最新市場的趨勢。

走進書店，看看商業書籍或是相關行業的架上有哪些書籍，或是觀察哪些書較為熱門，應該也能掌握有效的資訊。

不過，漫無目的地收集新聞或趨勢的資訊，只會收集到一堆無用的資料。這是因為**新聞或是趨勢通常是比較模糊曖昧的資料，與「業績總額」、「銷售總額」、「市場規模」這類調查目的明確的資料不同。**

當然我們平常也會隨著自己的興趣吸收不同的資訊，所以不一定非得時刻要求自己精準地收集資訊，但是為了透過「策略調查」打造暢銷商品而進行市場分析，也為了擬定銷售策略而收集資訊時，就必須遵守第2章說明的**「先建立假設，找出想釐清的事情，以及找出調查方法」的順序，**收集需要的資訊。

◉為了瞭解業界現況，必須掌握新聞與趨勢

可初步瞭解業界動向的資料

・相關書籍、各行業專門雜誌
・在「新聞資料庫服務」（付費）以關鍵詞搜尋最新的話題
・在 Google 或 Yahoo！的「新聞」分頁利用行業、企業名稱、商品名稱、服務名稱搜尋

確認與市場有關的最新頭條或話題，藉此預測市場的成長

・在「Yahoo！即時搜尋趨勢」或「Google 搜尋趨勢」以行業、企業名稱、商品名稱、服務名稱撰尋

※ Yahoo！即時搜尋趨勢：可搜尋 Twitter 的貼文
※ Google 搜尋趨勢：透過圖表了解特定關鍵字在 Google 被搜尋多少次

— 例：化妝品業界的產業專門報 —

国際商業

beauty business

⊕ 經濟資訊平台「SPEEDA」

雖然需要花錢，但是可以利用SPEEDA這種SaaS※型平台服務收集下列的產業概要或資訊。。

・掌握與分析市場規模
・產業整體的趨勢摘要
・特定企業的基礎資訊（收錄國內外的各類財務報表、成長指標等企業資訊）
・產業新聞、趨勢動向（提供新聞搜尋資料庫）
・各產業專家的真知灼見

SPEEDA是必須觀察多個業界趨勢，負責調查銷售、事業開發的部門所需要的絕佳工具。

※SaaS：是「Software as a Service」的縮寫，是一種透過網路使用雲端伺服器軟體的服務

以上就是策略調查「打造暢銷商品的市場分析」的內容。最後要介紹兩套調查市場所需的基礎計算知識，以及方便好用的計算工具，作為第4章的結尾。

⊕ 文組也該懂！百萬以上數字的讀法

第一個基礎計算知識是在閱讀民營調查公司的市場數據時（P.200），一定會遇到「文組也該懂的百萬以上數字的讀法」。如果已經懂得如何閱讀，可跳過這部分的內容。

在判讀市場規模或是營業規模時，一定要知道閱讀數字的方法，因為這是讀錯一個位數就差十萬八千里的世界。其實我也很怕數字，所以才**自行開發了「百萬元轉換器」**這套計算工具（日文版）。這套計算工具之前只在電通內部流通，但這次要當成本書的讀者限定福利，提供大家下載。

百萬元轉換器
★原創 5 大快速調查工具一覽表 → P.356
★讀者限定福利 → 可從 P.510 下載

如果擔心自己讀錯數字，就使用這套計算工具吧！不過，還是得先學會閱讀這類數字的方法，才能在沒有這類計算工具的時候，正確閱讀這類數字。

為了學會閱讀這類數字的方法，請大家先記住下列兩個規則。**第一個規則是「每3位數輸入1次逗號」**，第二個規則是單位會以**「千元→百萬元→十億元→兆元」**一步步放大。

比方說，沒有逗號的「100千元」其實就是百萬元的上一個數字，也就是「10萬元」的意思。學會這種閱讀方式之後，就能以

由左至右（不是從右至左）的順序立刻將「100 千元」解讀成「10 萬元」。下列是這種閱讀方式的示意圖。

●文組也該懂！百萬以上數字的讀法

為了學會閱讀方式必需牢記的 2 項規則
①每 3 位數輸入 1 次逗號
②單位會依照「千元→百萬元→十億元→兆元」一步步放大

1,000,000,000,000元

| 兆 | 千億 | 百億 | 十億 | 億 | 千萬 | 百萬 | 十萬 | 萬 | 千 | 百 | 十 | 一 |

沒有逗號的「100 千元」就是百萬元的前一個數字，也就是「10 萬元」。

100 千元為 10 萬元

當單位隨著「千元→百萬元→十億元→兆元」一階階放大，被省略的「逗號的數字」就會一個個遞增，被省略的「零」也會每次遞增3個。下列是這種單位變化的示意圖。

●了解數字的閱讀方法

將注意力放在最右側的單位與逗號！●依照千元→百萬元→十億元→兆元的順序一步步升級

	省略的逗號個數	省略的零的個數	單位	英語（省略符號）
1,000,000,000,000元				
1,000,000,000 千元	1	3	千元	Thousand（K）※
1,000,000 百萬元	2	6	百萬元	Million（M）
1,000 十億元	3	9	十億元	Billion（B）
1 兆元	4	12	兆元	Trillion（T）

※為避免與兆的 T 混淆，千元使用 K 這個符號。

讓我們試著以同一套概念閱讀各種數字。

◉閱讀數字的練習

閱讀的單位會依照「千元→百萬元→十億元→兆元」一步步放大

1,234 千元 ➡ 123 萬 4 千元

單位為「千元」
由於「1」與「2」之間的逗號代表的是**「百萬元」**，所以是 123 萬 4,000 元

12,345 千元 ➡ 1,234 萬 5 千元

單位為「千元」
由於「2」與「3」之間的逗號代表的是**「百萬元」**，所以是 1,234 萬 5,000 元

123,456 百萬元 ➡ 1,234 億 5,600 萬元

單位為「百萬元」
「3」與「4」之間的逗號代表的是**「十億元」**。
而且「1」的左邊有一個看不見的逗號，代表的是**「兆」**這個單位。
由於「兆」的前一個單位是**「千億元」**，所以這個數字是 1,234 億 5,600 萬元

請大家一邊利用計算工具計算，一邊學習這類數字的閱讀方法，再一步步習慣這種閱讀方法。

⊕ 文組也該懂！瞭解去年同期比與增減率的差異

第二個基礎計算知識就是必須瞭解「去年同期比」與「增減率」的差異。為此也開發了**原創的「去年同期比增減率計算機」**。

工具：去年同期比增減率計算機
★原創5大快速調查工具一覽表 → P.357
★讀者限定福利 → 可從P.510下載

去年同期比與增減率很容易混淆，請注意兩者的差異。

兩者在說明「與去年的數字比較之後的增減比例」這點是一樣的，所以若問兩者的差異是什麼？在於去年同期比是「將今年度的數字與增減的部分同時納入考慮」，增減率則是「只考慮增減的部分」，先將這個結論記起來，就比較能瞭解兩者的差異。

為了瞭解兩者的差異，讓我們透過案例說明吧。

假設眼前有一個去年營業額100萬元，今年營業額150萬元的商品，那麼可得到下列結果。

· 去年同期比：與去年比較之後，成長為150%（＝去年同期比150%）
· 增減率：與去年比較之後，增加了50%（＝增減率+50%）

◉文組也該懂！瞭解去年同期比與增減率的差異

■去年同期比的計算

同時考慮今年度的數字與增減的部分

　去年同期比 ＝ 今年度的數字 ÷ 上年度的數字

例：上年度的業績為 100 萬元，今年度的業績為 150 萬元
150÷100=1.5（150%）「去年同期比為 150%」

■增減率的計算

只思考增減的部分

　增減率 ＝（今年度的數字 ÷ 上年度的數字）－1

例：上年度的業績為 100 萬元，今年度的業績為 150 萬元
（150÷100）－1 = 0.5（增加 50%）「與去年比較之後，增加了 50%」

　　雖然也可以寫成「去年同期比150%」或是「增減率50% 增」
這種格式，但絕對不能寫成「去年同期比150% 增加」這種兩者並
列的格式。「成長為150%」與「增加150%」的意思完全不一
樣。「增加150%」是「上年度100萬元 → 今年度250萬元」（＝
100萬元+100 萬元×150%）」的意思，兩者的數字完全不一樣。

　　那麼減少又該如何記載呢？比方說，眼前有個上年度業績100
萬元，今年度業績70萬元的商品。此時可得到下列的結果。

・去年同期比：去年同期比為70%（＝去年同期比70%）
・增減率：與去年比較之後，減少了30%（＝增減率－30%）

　　去年同期比可利用「今年度的數字÷上年度的數字」計算。
除了去年同期比之外，「同期比、去年同月比、去年同日比」都
能以相同的方式計算。
　　**增減率可利用「（今年度的數字÷上年度的數字）－1」計
算。**

　　這部分也請一邊活用計算工具，一邊在正確的時間點使用去
年同期比與增減率。

▶▶ 專欄

電通發表 LGBTQ＋市場規模為 5.9 兆日圓（2015 年）這項資料的理由與目前的市場動向

★電通實施 LGBTQ+ 調查的理由

LGBT 是由女同性戀（Lesbian）、男同性戀（Gay）、雙性戀（Bisexual）、跨性別者（Transgender）的首字母組成的性少數族群總稱之一。

近年來，除了上述 4 個族群之外，越來越多人瞭解性少數族群的多元性，「LGBTQ+」這個詞也因此越來越普及。Q 是 Questioning／Queer（疑性戀／酷兒）兩個單字的首字母，「＋」不是任何英文單字的首字，而是指還有各種性少數族群的意思。

這個小小的數字蘊藏著大大的力量。

8.9%

這是日本 LGBT 族群的比例。

在職場、在學校、在家裡、在日本的某個地方，
認真生活，認真活著。
這個小小的數字證明了無可否認的事實，
而這個事實一定會成為一股驅動社會的力量，
成為改善職場環境與規則的契機。
成為被媒體介紹的因素。
讓人不再覺得自己落單的希望。
相信資料擁有各種力量與未來的電通，
從 2012 年開始持續實施 LGBT 調查。

在我負責實施的調查之中，得到最多迴響的就是由電通Diversity Lab實施的　LGBTQ+調查。電通之所以從2012年開始，讓一群有信念的成員開始實施LGBTQ+調查，是因為這些成員認為「只要能透過調查收集到一些證據，人們就會承認這些證據代表的事實，也會願意給予關注」，這些成員相信數字的力量能助LGBTQ+這個領域一臂之力。

★與LGBTQ+有關的社會狀況與企業動向

現在的我們恐怕不敢相信，在2012年、2015年進行調查之前，日本幾乎沒有任何具有公信力的LGBT資料，所以我們不管要做什麼調查，都很難提出具有說服力的資料。

此外，當時的媒體很少介紹LGBT，所以大眾對LGBT的認識不足，先讓大眾瞭解「LGBT」這個字眼本身才是重要的事。為此，我們在2015年之前，為了讓那些原本對LGBTQ+的人權問題不感興趣的人，對LGBTQ+更感興趣，我們以說明「LGBTQ+的市場規模有多大」的資料與行銷策略為起點，大膽地發表了相關的資訊。

當我們與別人討論LGBTQ+的時候，很常因為一句「我身邊沒有LGBTQ+的人」的回答而無法繼續討論下去，所以我們也提出了LGBTQ+就在我們身邊的資料。

電通Diversity　Lab的調查結果指出，在2018年、2020年兩次最新的60,000人訪談資料之中，發現屬於LGBTQ+族群的人有8.9%（＝每11人有1人※），這個比例與左撇子或是AB型的人不相上下。

※以全國20-59歲的60,000人為對象的網路調查
2018年10月26-29日實施（LGBTQ+調查2018）
2020年12月17-18日實施（LGBTQ+調查2020）

這些資料量化為數字之後，引起了相當大的迴響，LGBTQ+族群成為不容忽視的市場，這讓企業與地方政府開始採取行動。這些資料成為開發商品、服務或規劃制度所需的證據，整個社會也開始動了起來。

近年來，「LGBTQ+不是特殊的存在」這個概念已漸漸地成為主流，日本社會對LGBTQ+族群也有了更多瞭解。

「LGBT」這個詞的滲透率在2015年只有37.6%，到2018年之後上升至68.5%，增加了30.9%。2020年的調查更進一步指出，這個詞的滲透率上升至80.1%，增加了11.6%。由此可知，這個詞已浸入人們的生活，社會氛圍也越來越不一樣。

隨著越來越多人瞭解LGBTQ+，日本社會對於LGBTQ+課題的處理方法也有了明顯的改變。比方說，「具體來說，LGBTQ+到底面對了哪些課題？」、「該如何打造方便這些族群居住的社區」、「有哪些企業案例？自家公司又該採取哪些措施？」越來越多人關注這類更加具體的課題。

全世界的氛圍也開始改變，人潮紛紛湧向具有多元性的社區與企業。一如前述，紐約的餐廳若是無法提供素食，就很難接到團體客的預約。同理可證，打算與LGBTQ+的朋友出遊時，主辦者當然不會想去那些會讓LGBTQ+朋友們被歧視的地方，會希望大家能夠一起開心地玩，所以當然會尋找「能提供舒適空間的場所」或是「對LGBTQ+友善的場所」。換言之，**選擇企業的標準正在改變。在這股彼此的個性越來越鮮明的潮流之中，我們絕對不能忽略那些希望在毫無妥協的情況下，與所有重要的朋友盡情玩耍的消費者。**

為了因應這股時代潮流而將注意力放在LGBTQ+的課題以及開始實施相關對策的企業突飛猛進地增加中。除了化妝品與時尚服飾這類原本就與性少數族群有著密切關係的業界之外，最近連金融、保險、電信、航空公司、家電製造商這些業界也開始重視LGBTQ+族群。

★從2020年LGBTQ+調查發現的事實

2020年，日本厚生勞動省首次以國家事業的一環，發表了與LGBTQ+相關的調查。近年來，不管是行政機關還是民營單位，都能取得許多與LGBTQ+的調查結果或資料，也有許多行政機關與民營單位發表了相關的報告。電通Diversity Lab也一邊收集相關人士的意見，一邊思考我們該調查什麼事情，又該收集哪些具有意義的資料。

最後，電通總算在2021年4月8日發表的最新調查之中，首次聚焦在那些非LGBTQ+族群的人，也就是多數派的「異性戀族群」身上。在性取向的世界裡，異性戀族群（straight）是指那些認同與生俱來的性別的人。當我們針對異性戀族群調查他們對於LGBTQ+的知識與認知之後，可將異性戀族群分成6個集群（見下頁圖）。

集群：將調查對象分成多個相似的群組再進行分析的手法。細節請參考第5章P.293。

我們也將其他的主要發現整理成下列的結果。

本次調查的主要發現※

① 調查對象中占最大比例的是，知道LGBTQ+但覺得事不關己的「知道，但不關心」族群。

② LGBTQ+族群的比例為8.9%。L、G、B、T之外的性少數族群也占了這個族群接近半數。

③ 「LGBT」字眼的滲透率大約8成，但對「Q+」這種多元性別的認知尚不足。

④ 約有9成的人認為「性的多元性」應該納入學校課程。

⑤ 伴侶制度能有效保護當事者的人權與改善地區環境。

⑥ 以22個項目測量LGBTQ+族群消費力道之後，發現相關的市場規模約有5.42兆元（推估）。

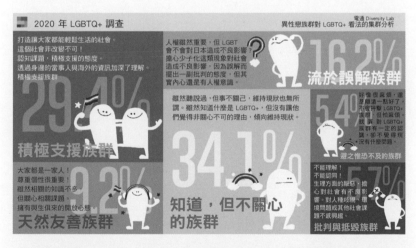

▲ 2020年LGBTQ+調查新聞發布。此圖是以原著作的原始檔案進行翻譯與修正，如需查看原文，請參考網址 https://www.dentsu.co.jp/news/release/2021/0408-010364.html

※電通DiversityLab「2020年LGBTQ+調查」
　　篩選調查：針對全國20-59歲60,000人為對象的網路調查
　　　　　　　於2020年12月17-18日實施
　　正式調查：針對全國20-59歲6,240人（LGBTQ+族群555人／異性戀族群5,685人）實施的網路調查
　　　　　　　於2020年12月17-18日實施

前文是在 2012 年、2015 年、2018 年、2020 年多次進行的
LGBTQ+ 調查。為了讓社會更瞭解 LGBTQ+，更有機會思考與面
對這個族群，我們計畫將繼續這項調查。

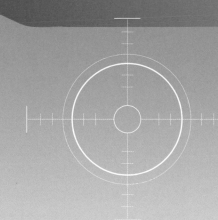

第 **5** 章

Chapter + + 5

【調查實踐篇③】

打造暢銷商品的「顧客分析」

⊕ 掌握顧客

第4章 ← ● 「市場」的概況分析
分析市場規模、預測市場的成長、新知、趨勢

● 設定「目標對象（顧客）」
與掌握顧客群的結構
先快速地分類顧客，再鎖定具體的目標對象

第5章 ← ● 提升「目標對象（顧客）」的解析度
利用目標對象側寫、人物畫像分析提升目標
對象的個人特徵、價值觀、行為模式、情緒
變化的解析度

● 利用「目標對象（顧客）洞察」
與顧客旅程地圖找出「賣點」
找出藏在顧客內心深處的煩惱與欲望，
再擬定打動顧客的策略

① 市場、顧客
Customer

② 競合
Competitor

掌握「市場」之後，接著要掌握「顧客」。

顧客就是購買商品與服務的客人，也就是「目標對象」。 要讓目標對象依照我們設定的方向前進，**就必須精準地鎖定目標對象，還必須深入瞭解目標對象。**

在你心中，「目標對象」是否既具體又清晰？團隊成員與客戶是否跟你一樣？你與團隊成員可在此時先將心目中的目標對象寫成白紙黑字，之後再繼續閱讀後續內容。

目標對象當然是活生生的，所以**分析一次是不夠的，必須時時觀察，不斷更新目標對象的資訊，以及加深對他們的理解。**

在分析後續的第6章「競爭者」或是第7章的「自家公司」之後，或許會找到新的「目標對象」。說不定在第3章「開發暢銷商品的調查」或是第8章的「長銷調查」也會找到目標對象。

如果意識到「可能找錯目標對象」或是發現「目標對象的價值觀、行為模式產生了變化」時，沒關係，請記得先回到第5章的內容。

◎ 成功分析目標對象是打造暢銷商品的捷徑

「我已經試著製作目標對象的人物畫像，但還是不知道該怎麼使用……」

「我試著根據想像中的目標對象寫了企劃，但在簡報時卻被反問『真的有這種人嗎？』」

「其實我本來就不知道該從哪裡開始思考目標對象……」

這是在分析目標對象（顧客）的階段常有的意見。

為什麼目標對象會讓人望之卻步？主要是因為「目標對象分析」有很多種調查方式。亂槍打鳥的調查方法往往無法充份瞭解目標對象。

想正確設定目標對象、深入瞭解目標對象，依照正確的目標對象分析流程進行調查才是唯一捷徑。

所以讓我們先瞭解「打造暢銷商品的目標對象分析流程」吧！

⊕ 「打造暢銷商品之目標對象分析」的3個流程

流程❶是設定目標對象，再掌握目標對象的規模。接著在流程❷具象在流程❶設定的目標對象，最後的流程❸則是根據具象過的目標對象資料來尋找賣點。大致上就是依照這❸個流程分析目標對象。

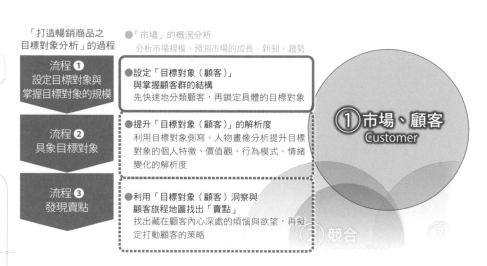

「打造暢銷商品之目標對象分析」的過程

●「市場」的概況分析
分析市場規模、預測市場的成長、新知、趨勢

流程❶
設定目標對象與掌握目標對象的規模

●設定「目標對象（顧客）」與掌握顧客群的結構
先快速地分類顧客，再鎖定具體的目標對象

流程❷
具象目標對象

●提升「目標對象（顧客）」的解析度
利用目標對象側寫、人物畫像分析提升目標對象的個人特徵、價值觀、行為模式、情緒變化的解析度

流程❸
發現賣點

●利用「目標對象（顧客）洞察與顧客旅程地圖找出「賣點」
找出藏在顧客內心深處的煩惱與欲望，再擬定打動顧客的策略

①市場、顧客
Customer

②競合

接著讓我們進一步拆解與瞭解這些流程。

流程❶是**建立大致的顧客區隔**※。接著是瞭解目標對象的人**數，也就是掌握顧客群，確定目標對象**。「以全國10-60歲男女為對象」這種方式設定目標對象很沒效率，所以要先設定前提條件，再依照這個條件建立大致的顧客區隔。這個階段不需要設定太過狹窄的目標對象，所以重點在於建立「大致的」顧客區隔。接著根據人口推估資料計算顧客區隔，就能推算出目標對象的規模。這個流程將在P.238說明。

※區隔（segment）已在第 2 章 P.90 說明，但當時是根據某種標準分類目標對象。建立區隔又稱為「區隔化」，有時也直接以「○○區隔」的方式使用。

流程❷是具象目標對象的步驟。**這個步驟首先要進行「目標對象側寫」**。「目標對象側寫」指進一步瞭解目標對象，也就是**顧客的人口統計資料（例如性別、年齡、職業、年收入這類屬性），或是價值觀、行為模式，釐清目標對象的特徵**，藉此提升分析的精確度。如此一來，才能在尋找接觸目標對象的方法（適當的商品、資訊）時有所本。目標對象側寫的對象不是個人，而是顧客區隔的「團體」，目標在於找出這類團體的特徵。目標對象側寫的方法將在 P.290~ 說明。

接著是根據這類目標對象團體建立理想的顧客模樣，也就是**「人物畫像」**。人物畫像是最符合商品或服務的理想顧客樣貌。與「目標對象」不同的是，目標對象是顧客區隔，是非單一人物的「團體」，但是**「人物畫像」卻是活生生的「單一人物」。建立人物畫像能讓我們分析顧客最真實的情緒波動與行為模式**。

在這個階段分心注意人物畫像的屬性，可說是徒勞無功，所以讓我們將注意力放在「人物畫像」所代表的人物都在想什麼、都在注意什麼吧。

建立目標對象的人物畫像的方法會在 P.312~ 說明。

完成流程❶與流程❷之後，就能設定具體的目標對象，也能精簡目標對象的範圍。接著要在流程❸利用流程❶與❷建立的「人物畫像」找出「賣點」。

流程❸第一步是找出目標對象的**「洞察」（消費者洞察）**。「洞察」是指深入觀察**顧客本身無法以言語形容的區塊（潛意識）之後才能找到的「本質」**，也就是難以化為言語，卻又再純粹不過的**「煩惱或需求」**。這個流程要利用人物畫像深入觀察目標對象，再找到消費者洞察。此時應必須全面分析，不能讓分析的方向朝**「品類洞察」**或是**「人性洞察」**任何一方偏頗，一步步找出重要的洞察。目標對象洞察的部分將在P.330~解說。

品類洞察（Category Insight）：對特定品類和品牌的認知、感受、煩惱或需求。
人性洞察（Human Insight）：與特定品類、品牌無關，生而為人的煩惱與需求。

◉ 設定目標對象的整體流程

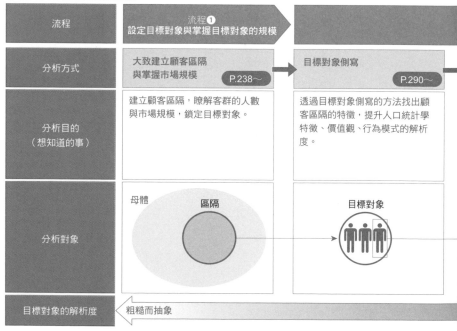

接著要利用人物畫像建立**「顧客旅程地圖」**。

顧客旅程地圖是**目標對象（顧客）從一開始到最後購買商品或服務的流程**。此流程在行銷業被比喻成「旅程（Journey）」，而人物畫像代表的人物則是這趟旅程之中的演員。

接著**依照時間順序排列目標對象在這段流程之中的行為模式、情緒波動以及與商品、服務的接觸點（contact point）**，具體掌握這趟旅程的來龍去脈。如此一來，就能找到與目標對象接觸的關鍵，而此關鍵又被稱為「關鍵時刻（Moment of Truth）」。最後就根據上述這些內容擬定打動目標對象的策略。

顧客旅程地圖與「關鍵時刻」將在 P.345~ 說明。

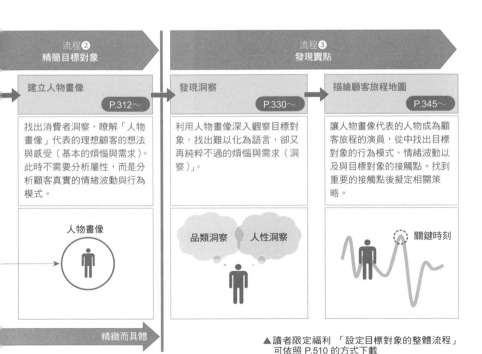

▲讀者限定福利 「設定目標對象的整體流程」可依照 P.510 的方式下載

事不宜遲，讓我們從流程❶的「設定大致的顧客區隔與掌握市場規模」的分析開始介紹。

⊕ 第一步是「設定大致的顧客區隔」

目標對象分析的第一步就是設定大致的顧客區隔。

在此之前，必須設定目標對象的前提條件，例如「這台休旅車的對象是最近增添了家庭成員的家庭客，所以目標對象是家中有還沒上小學的小孩的家長」或是「這種戶外用品的目標對象是對露營有興趣的人」，都是所謂的前提條件。

設定大致的顧客區隔時，主要有兩個切入點。

●設定大致顧客區隔的兩個切入點

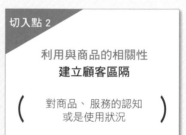

這兩個切入點的屬性或是內容不需要全部使用，而是要從切入點之中，**以最低限度的方式**找出作為目標對象的前提條件。之所以只需要找出最低限度的前提條件，**在於前提條件越多，目標對象的範圍就越狹窄，若在這個最初的階段設定過多的條件，會讓目標對象的範圍過於縮減**。總之要知道的是，此時的重點在於設定「大致的」顧客區隔。

比方說，可從上述的切入點選擇1-3個條件，設定「性別與年齡為40-59歲男女，有汽車的人」或是「性別與年齡為20-39歲，認同基本妝容是禮貌這種價值觀的女性，但還沒用過自家公司商品」這類前提條件，就能設定「大致的顧客區隔」。

如果還記得第2章的內容，應該會發現這與P.101-102「決定構面的方法①」是相同的邏輯。這部分將在本章進一步解說。

◇ 切入點1：依照性別、年齡、人生階段建立顧客區隔

讓我們首先從「是否能利用年齡建立顧客區隔？」這點開始思考。

比方說，在針對30-49歲女性的肌膚開發具有抗老效果的化妝品時，就不該莫名其妙地分析十幾歲的女性。**先設定目標對象的前提條件，找出理想的目標年齡層，才能避免上述的情況，**白白浪費力氣。

此外，不同年齡層的人會有不同的興趣、不同的經驗，出生的背景或時代也都不一樣，因此，所有年齡層都喜歡的商品很有可能會是誰都不感興趣的商品。

其實之前有間食品製造商將目標對象設定為20-79歲的族群之後，將商品的文案設計成符合年輕族群口味的大眾流行風格，卻又為了方便70幾歲的消費者閱讀而將文案放大，結果年輕族群紛紛覺得這種設計「好土」，70幾歲的消費者又覺得這種設計「太孩子氣」，導致這項商品的文案被所有年齡層的消費者嫌棄。只要正確地精簡目標對象的範圍，就能避開上述這種失敗。

以年齡縮減目標對象的範圍時，通常會有**「以性別與年齡縮減」**以及**「以人生階段縮減」**這兩種情況。

「以性別與年齡縮減」的情況是以①**對市場有潛在影響力的理想顧客族群**，或是②**想吸收為自家公司基本盤的實際購買族群**這類觀點縮減目標對象的範圍。

①「對市場有潛在影響力的理想顧客族群」有可能是「對潮流非常敏感，剛成為社會新鮮人，可支配資金較為充裕的年輕族群」。

此外，「唯有得到20-39歲女性支持的時尚或美容商品，才能風靡所有世代」、「得到女性認同的商業書籍才會熱賣」這類能清楚看到哪個性別或是年齡層獨具潛力的理想顧客族群，即可設定為具有潛力的目標對象。

假設商品的單價略高，也可以排除年齡為學生或學生以下的族群，直接將「20歲以上，進入社會，有賺錢能力的社會人士」設定為目標對象。

②「想吸收為自家公司基本盤的實際購買族群」可以是「目前既有的顧客以40-59歲男性居多，所以主要目標對象為40-59歲男性」，或是「要擴大應用程式用戶就要增加10-29歲的免費會員，但是能成為付費會員，有能力貢獻業績的是30-49歲的族群，所以也希望潛在付費會員的30-49歲族群能夠增加」。

若是無法直接以年齡層區隔的目標對象，可試著以人生階段（人生大事）建立顧客區隔。現代人決定「結婚」、「懷孕」、「生小孩」、「育兒」這些人生大事的時間點都不一樣，以致於很難單純以年齡層建立顧客區間，所以有時可以只透過人生階段

精簡目標對象的範圍，例如以「家中么子還沒上小學的家庭」、「準備結婚的待嫁新娘」這類前提條件建立顧客區隔。由於每個人在「升學考試」、「求職」、「成年禮」這些人生大事的時間點都差不多，而且每年都有一定的人數會面對這些事情，所以可利用「人生大事」×「年齡」建立顧客區隔。比方說「準備考大學的十幾歲考生」就是其中一例。

●如何縮減目標對象的年齡層

> **以年齡精簡**
>
> ✔ **對市場有潛在影響力的理想顧客族群**
>
> 將能清楚看到哪個性別或是年齡層獨具潛力的顧客族群設定為目標對象
>> 例）「因為商品單價偏高，將 20 歲以上，進入社會，有賺錢能力的社會人士設定為目標對象」
>> 「唯有得到 20-39 歲的女性支持的時尚或美容商品，才能風靡所有世代」
>> 或是「得到女性認同的商業書籍才會熱賣」
>
> **or**
>
> ✔ **想吸收為自家公司基本盤的實際購買族群**
>> 例）「目前既有的顧客以 40-59 歲男性居多，所以主要目標對象為 40-59 歲男性」
>> 「要擴大應用程式用戶就要增加 10-29 歲的免費會員，但是能成為付費會員，有能力貢獻業績的是 30-49 歲的族群，所以也希望潛在付費會員的 30-49 歲族群能夠增加」。
>
> **以人生階段精簡**
>
> ✔ **若是無法直接以年齡層區隔的目標對象，可試著以人生階段（人生大事）建立顧客區隔**
>
> 由於「結婚」、「懷孕」、「育兒」這些人生階段已經很難以年齡界定，所以「只透過」人生階段精簡（每個人在「升學考試」、「求職」、「成年禮」這些人生大事的時間點都差不多，而且每年都有一定人數會面對這些事情，所以可利用「人生大事」×「年齡」建立顧客區隔）。
>> 例）「家中么子還沒上小學的家庭」
>> 「準備結婚的待嫁新娘」
>> 「準備大學入學考試的十幾歲學生」

⊕ 切入點1：利用目標對象的屬性建立顧客區隔

除了上述的前提條件之外，還可以利用下列的屬性建立大致的顧客區隔。。

✔ 居住地區（全國 or 六都 or 首都圈 or 特定縣市）

✔ 職業、職種（行政職或事務職？兼職或全職？主婦或學生？是否從事特定職業？）

✔ 未婚已婚？有無小孩？么子年齡？

✔ 同住家人（與祖父母同住？一個人住？或是其他）

✔ 年收入（金字塔頂端為目標對象？或是其他）

假設前提是「只在關西一帶推動的服務」，就可以利用居住地區這個屬性建立顧客區間，再將目標對象的範圍精減為關西一帶。如果前提是「商品是為業務員量身打造的營業輔助工具」，就可以利用職種這個屬性建立顧客區間。若前提為「以金字塔頂端為對象的豪奢商品」，就可以利用家庭年收入這個屬性建立顧客區間。

容我重申一次，**為目標對象細分的條件越多，目標對象的範圍就會越狹窄**。為了避免錯過原本可以獲得的目標對象，**請設定「大致的顧客區間」**，盡可能不要在一開始設定過多的條件。

⊕ 決定主要目標對象與次要目標對象

在設定大致的顧客區間之際，**需要策略性地設定最想打動的主要目標對象與次要目標對象**。次要目標對象有可能是第二想打動的目標對象，也有可能是既有的顧客。假設顧客區間超過3個或甚至更多，只要先決定主要目標對象，其餘的就都是次要目標對象。此時的重點在於**遵守開發能直接打中主要目標對象的商品，又不會讓次要目標對象「覺得厭惡」的規則**。

比方說，主要目標對象為20幾歲女性，次要目標對象為30-59歲男女的話，太過可愛或是充滿粉紅色泡泡的商品包裝設計就太過極端，也不應該採用。

但是，也不需要嘗試討好次要目標對象。

◈ 切入點1：以價值觀與行為模式建立顧客區隔

除了以「性別、年齡、人生階段」這些屬性之外，切入點1的顧客區隔還可以透過**「價值觀、行為模式」**建立。

每個人都有不同的資質與興趣，所以**就算屬性不同，還是能將價值觀或行為模式相同的人歸類為相同的群組，也就能從中找到市場。**

繪圖／插圖：Benitake
Instagram ID：@benitake44
Twitter ID：@Benitake44

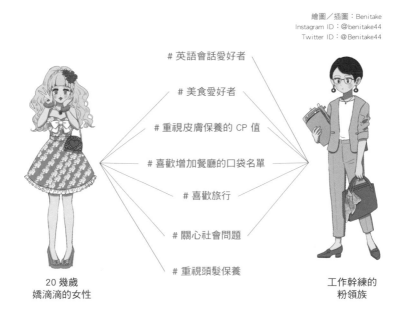

\# 英語會話愛好者

\# 美食愛好者

\# 重視皮膚保養的 CP 值

\# 喜歡增加餐廳的口袋名單

\# 喜歡旅行

\# 關心社會問題

\# 重視頭髮保養

20 幾歲
嬌滴滴的女性

工作幹練的
粉領族

就算真的依照「粉領族」、「媽媽」、「辣妹」這類屬性或外觀將行銷策略的目標對象分成5-7個區隔，只要將**「擁有相同思維、興趣（價值觀）的人」、「擁有相同經驗（行為模式）的人」**或是依照特徵分類，就能避免錯過潛在顧客，也能分析對相同事物有反應的人有哪些共通點。

◉只以屬性或外觀分類女性，建立不同的顧客區隔

青春正盛的辣妹

全身名牌的成熟女性

生活儉約的粉領族

個性鮮明的女孩

時髦的媽媽

自然隨性的女孩

自然風的森林系女孩

◉根據價值觀和行為模式特徵對女性進行細部區隔

#可用英語
對話

#金融

#關心社會
問題

#愛好旅行

#戀愛配對服務

#妹妹控、哥哥控

#主辦人

#動漫迷

#喜歡美食

#喜歡欣賞
現場表演

#熱愛美食

#喜歡香氛

#喜歡喝酒

#有點小錢

#重視
養生

#喜歡開箱新餐廳

#重視優質食材

#喜歡逛咖啡廳

#書呆子

#喜歡時尚
事物

#喜歡在社群媒體
追隨潮流

#愛護環境

#拍照很上鏡

#喜歡炫耀
外國體驗

#職場女強人

#喜歡高 CP 值的穿著

#喜歡女性
偶像

#喜歡使用
跳蚤市場的
應用程式

#戀愛腦

#喜歡主導話題

在使用社群媒體的時候，你也一定會覺得對「#旅行」的貼文有反應的族群，以及對「#LIVE」的貼文有反應的族群，成員有些不同或是重疊對吧？可利用這些族群建立顧客區隔。

比方說，汽車用品製造商想要針對女性族群開發商品。「既然目標對象是女性，所以應該會想要粉色系的商品，時髦的產品應該比較好賣」，不要只憑目標對象的屬性草率地定義目標對象，而是要抱著想要多瞭解目標對象的想法，思考「喜歡汽車

（價值觀）」或「每天開車（行為模式）」的女性對「汽車用品」有哪些需求。

就算平常很重視化妝或時髦的女性，也不一定會希望車內很時髦，甚至有可能會想要類似UNIQLO那般樸素的汽車用品，以免破壞了自己時尚的打扮。

為了看穿這類洞察（純粹的煩惱與需求），可利用價值觀、行為模式建立大致的顧客區隔，再試著分析「開車的女性對汽車用品有哪些需求？」

◈「標籤分析」——將價值觀與行為模式相同者劃為相同的顧客區隔

如果掌握了目標對象的價值觀與行為模式的輪廓，就能將擁有相同價值觀與行為模式的人分類成相同的顧客區隔。

該怎麼做才能將擁有相同價值觀與行為模式分類成相同的顧客區隔呢？方法之一就是**在目標對象貼上「標籤」**再進行分析。

貼標籤的方法非常簡單，比方說可提出下一頁這類問題。假設符合表頭問題1-3的其中之一，就代表對方擁有相同的價值觀或行為模式，是「擁有相同標籤的人」。

◉替擁有相同價值觀或行為模式貼「標籤」，建立區隔的方法

Q. 請問在下列項目中，你覺得自己符合哪個程度？請分別回答下列的題目
（皆為單選）

或者，如果想找出對特定類型擁有堪稱御宅族的知識、資訊與熱情的人，再依照這個族群建立顧客區隔時，可以提出下一頁的問題。

◉利用「標籤」替在特定領域擁有專長的人建立區隔

Q. 你對下列領域有多少興趣呢？你對喜歡的領域多了解呢？請針對這些領域勾選（皆為單選）。

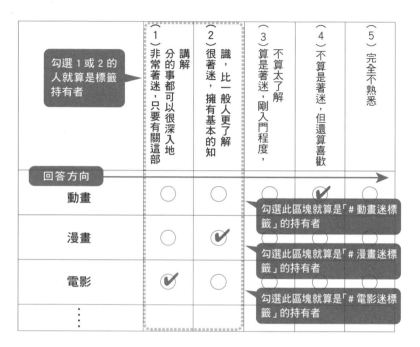

勾選 1 或 2 的人就算是標籤持有者

回答方向

	（1）非常著迷，只要有關這部分的事都可以很深入地講解	（2）很著迷，擁有基本的知識，比一般人更了解	（3）不算太了解，算是著迷，剛入門程度	（4）不算是著迷，但還算喜歡	（5）完全不熟悉
動畫	○	○		✔	○
漫畫	○	✔			
電影	✔	○			
⋮					

勾選此區塊就算是「# 動畫迷標籤」的持有者

勾選此區塊就算是「# 漫畫迷標籤」的持有者

勾選此區塊就算是「# 電影迷標籤」的持有者

◈ 利用 SD 法貼標籤

利用 A 或 B 發問再貼標籤的方法很簡單，能利用價值觀與行為模式快速將目標對象分類成不同區隔。這種詢問 A 或 B 的方法，又稱為 SD 法。

SD 法（語意差異法／Semantic Differential Method）：利用兩個相反的形容詞建立 5 至 7 個等級，再回答對於要透過調查評估的對象（商品或服務）的觀感。

比方說，可依照下列的方式提問。

Q. 您對職場的聚餐有何感想？比較接近下列的 A 或 B 呢？（只能擇一）

	較接近 A	硬要說的話較接近 A	不知道	硬要說的話較接近 B	較接近 B	
A：希望積極參加職場的聚餐	◯	✔	◯	◯	◯	B：職場的聚餐能避則避
┆	◯	◯	◯	◯	◯	┆

可透過上述的題目將目標對象分成「#職場聚餐積極派標籤」以及「#職場聚餐消極派標籤」這兩個區隔。

網路調查也可以像這樣貼標籤，面對面的訪談也能先以這種貼標籤的方式提問，再「觀察擁有相同標籤者的價值觀」。

⊕ 切入點 2：利用顧客對商品、服務的認知或使用狀況建立區隔

建立大致的顧客區隔的第二個切入點，就是利用**「與商品的相關性」**建立顧客區隔。

目標對象是否知道商品？對商品是否感興趣？是否是商品的愛用者？是否只用過一次就不再使用？還是根本沒有使用過？可以利用這種**「行銷漏斗」**瞭解消費者與商品的相關性，再建立顧客區隔。

⊕ 什麼是「行銷漏斗」？

漏斗（funnel）的形狀呈倒三角形，而「行銷漏斗」就是**目標對象從認識商品到「購買」商品的意識變化示意圖。**

漏斗的階層不一定都是一樣的內容，但較具代表性的有**「認知 → 感興趣 → 比較、考慮 → 購買」**。

除了從認知到購買的**「獲得新顧客」**的行銷漏斗之外，若再加入從購買到成為熟客的**「既存顧客管理」**的行銷漏斗，就能組成**「雙向行銷漏斗」**或是**「雙重行銷漏斗」**。

> **熟客**（loyal customer）：也可譯成忠實顧客。意思是非常喜歡某個企業、商品或服務，也擁有極高的忠誠度。

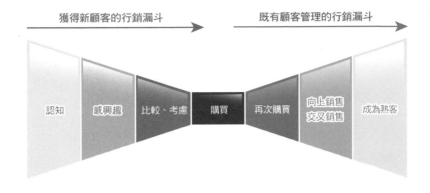

既有顧客管理的行銷漏斗 ... 獲得新顧客的行銷漏斗

認知　感興趣　比較、考慮　購買　再次購買　向上銷售 交叉銷售　成為熟客

　　不同業種的漏斗會有不同的內容，層數也會不同。這部分將在 P.353-355 說明。

使用切入點2建立顧客區隔的兩種觀點

　　要使用切入點2建立大致的顧客區隔時，可先利用下列兩種觀點分類顧客。

✔ 每個行銷漏斗的「有、無」區隔
- 有無認知、有無興趣、有無購入、有無回購之類的區隔

✔ 在行銷漏斗之中，特別聚焦在商品使用情況的區隔
- 自家商品的使用狀況（使用中／不再使用／未曾使用）
- 除了自家商品之外，該類商品的使用狀況（使用中／不再使用／未曾使用）

　　如上述方法**先粗略地分類顧客**，之後在分析每個行銷漏斗的**顧客群（顧客規模）**時，就能快速找到該特別注意的目標對象區隔（將在 P.272-275 說明）。

◈ 掌握顧客規模的意義

利用「切入點1：目標對象的屬性」與「切入點2：與商品的相關性」建立大致的顧客區隔之後，可試著瞭解目標對象的人數有多少，藉此瞭解市場規模。

能大致感受目標對象的規模是非常重要的一環，因為瞭解目標對象大概的人數，就能預估能獲得多少顧客。

比方說，想建立高市占率的大品牌時，就有必要在一開始知道能獲得大量顧客，以及獲得規模較大的目標對象。

設定大規模的目標對象不一定就百分之百正確，因為從小規模的小眾目標對象吸收忠實顧客，再透過這些忠實顧客一步步往外爭取新顧客，也是可行的策略之一。

行銷戰略或策略通常得根據目標對象的規模進行調整，而此時的重點在於**「思考該選擇何種目標對象時」必須一併掌握目標對象的規模，才能堅定地選擇適當的行銷策略。**

此外，**先掌握目標對象的規模或結構，瞭解哪個部分的目標對象有多少人數，就能預知在推銷商品或服務的時候會遇到什麼「瓶頸」。**

> **瓶頸**：指瓶子頸部變窄的區塊，即使瓶子再大，如果瓶頸太細，在一定時間內能從瓶中倒出來的液體也跟著變少。因此，「瓶頸」一詞在商場很常用來比喻推行商品、達成目的遇到的困難，也很常當成「決定推展速度上限的因素」或「限制」之意使用。

◈ 利用日本總務省統計局的資料推算目標對象規模

假設利用切入點1的「性別年齡」、「居住地區」建立「全國20幾歲女性」這種大致的顧客區隔，之後可利用日本總務省統計

局的人口推估資料（在台灣可透過行政院主計總處查詢）快速算出這個顧客區隔的規模。

　　能夠瞭解各年齡層人口數的官方統計資料共有兩種，分別是日本總務省統計局的「人口推估資料」以及「人口普查資料」。這兩種資料的特徵分別如下。

◉了解目標對象規模的統計資料

能了解各年齡層的官方統計資料共有兩種，特徵分別如下。

◎「人口推估資料」：計算每年、每個月的人口狀況。
（日本總務省統計局）　全國的資料會在當月下旬公布每個月 1 號的推測值，確定值會在 5 個月之後公布。都道府縣會在隔年 4 月公布每年 10 月 1 日的資料。
　　　　　　　　　若該年有進行的人口普查，都道府縣的資料則會在隔年 11 月公布，因為都道府縣的資料也屬人口普查之一。

◎「人口普查資料」：每 5 年實施 1 次，所以在結果公布前資料可能已經失
（日本總務省統計局）　真。能了解家庭結構、就業狀況、配偶關係這類資訊的進階調查。

→若不需要都道府縣的資料，可使用在當月下旬公布的每月 1 號資料。
　若需要都道府縣的資料，可使用於每年 4 月公布的 10 月 1 號資料，其中包含了都道府縣的人口推估資料。

→若想知道「港區有多少小孩還沒上小學的家庭」這種家庭結構或是更細膩的數字，可使用人口普查資料。

（港區有多少小孩還沒上學小的家庭 = 在「人口普查」搜尋 → 最新資料（平成 27 年人口普查）→「調查結果」→「基本人口統計結果」—「e-Stat」→「基本人口統計結果（男女、年齡、配偶關係、家庭結構、居住狀態）」的「都道府縣結果」的「+」→「東京都」→「有無未滿6歲、未滿 12 歲、未滿 15 歲、未滿 18 歲、未滿20歲的家庭成員」→ 下載資料 →「東京都港區：有未滿 12 歲的家庭成員的一般家庭共有 18,145 戶」）

　　由於整個搜尋過程有點麻煩，所以我自行製作了**人口確認機**這套計算工具，而且這套工具是首次透過本書曝光。這套工具會根據「人口推估資料」的每年1次10月1號資料（於隔年4月公布）更新。比方說，可迅速算出「全國20幾歲女性共有611萬4,000人」，「東京的20幾歲女性共有89萬9,000人」這類結果。

ヒットをつくる「調べ方」ツール

人口チェッカー（出典：総務省統計局人口推計　2019年10月1日）
（このページを直接ブックマークしていただければ、以降パスワード入力は必要ありません）

検索条件 主検索条件を入力してください。

国籍・性別選択

国籍： [すべて ▼]　　性別： [女 ▼]

年齢

[20歳 ▼] ～ [29歳 ▼]

地域選択

☑ 全国
北海道：　□北海道
東　北：　□青森県　□岩手県　□宮城県　□秋田県　□山形県　□福島県
関　東：　□茨城県　□栃木県　□群馬県　□埼玉県　□千葉県　□東京都　□神奈川県
中　部：　□新潟県　□富山県　□石川県　□福井県　□山梨県　□長野県　□岐阜県　□静岡県　□愛知県
関　西：　□三重県　□滋賀県　□京都府　□大阪府　□兵庫県　□奈良県　□和歌山県
中　国：　□鳥取県　□島根県　□岡山県　□広島県　□山口県
四　国：　□徳島県　□香川県　□愛媛県　□高知県
九　州：　□福岡県　□佐賀県　□長崎県　□熊本県　□大分県　□宮崎県　□鹿児島県　□沖縄県

[検索開始]

人口チェック結果

検索に合致する人数は、約 [611万4000]　人です。

▲ 讀者限定福利　可從 P.510 使用免費工具！免費工具一覽表請翻至 P.357。圖為「創造暢銷商品的調查工具」—人口確認機（來源：總務省統計局人口推估 2019 年 10 月 1 日）

　　利用「性別年齡」與「居住地區」算出目標對象的人數之後，可搭配「擁有相同價值觀的人的比例」（切入點1：價值觀區隔）或「商品的認知率」（切入點2：商品相關性區隔）這類資料推算目標對象的規模。

⊙ 使用篩選調查資料算出人口規模

利用人口推估資料大致算出各性別、各年齡層的目標對象規模之後，搭配切入點 1、2 設定的區隔的比例，就能算出這些區隔的人口規模。

比方說，若以全國 610 萬名 20 幾歲女性之中，未認識商品的 50% 為目標對象，那麼目標對象的規模約為 305 萬人。

這個比例可透過量化調查進一步確認。要利用量化調查的資料推估目標對象的規模時，有時會以**「篩選調查」**資料代替正式調查的資料。「篩選（Screening）」有篩選、選拔之意，而**「篩選調查」就是為了從母體之中找出符合條件的樣本，在「正式調查」之前進行的調查**，有時也稱為「事前調查」。

量化調查的步驟如下。

篩選調查（數千至 10 萬人的規模）

↓

正式調查（透過篩選調查找到的樣本都是符合區隔條件的人，規模約在數百人左右。比方說「20-49 歲女性、相機品牌 A 的使用者 200 人」這類區隔條件）

正式調查只對透過篩選調查找到的對象進行。

假設符合「20-49 歲女性、相機品牌 A 的使用者」這個條件的發生率[※]（＝相對次數）為 2.0%，那麼要找到 200 位「20-49 歲女性、相機品牌 A 的使用者」，就得進行規模為 10,000 人的篩選調查，意思就是必須從 10,000 人之中找出符合條件的 200 人。

※「發生率」在第 2 章 P.107 有詳細說明

●篩選調查的示意圖

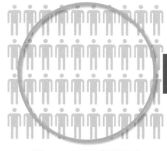
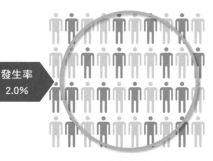

發生率
2.0%

對 10,000 進行篩選調查　　　　　　　200 位為調查對象

　　基本上，量化分析都是以幾百人的「正式調查」的資料進行，但如果想要使用更多人的訪談資料正確分析市場規模，也很常使用數千至數萬人的「篩選調查」資料。

　　要注意的是，**篩選調查只是為了找到符合正式調查條件的對象而進行的調查，並非「足以代表市場樣態」的調查。**

　　具體來說，在為了進行正式調查而篩選的對象之中，有時會對分布不均的某年齡層發送較多的訊息，所以出現「性別與年齡層不均等」的偏差。因此，在設計篩選調查時，本來就得重視年齡層的人數分配，才能避免得到偏頗的資料。

　　不過，篩選調查有時會耗費很多成本，也有可能無法收集到正式調查所需的樣本數，所以通常會在進行篩選調查的同時，透過人口普查資料掌握「實際的性別與年齡層的分布情況」，之後再進行根據性別與年齡層的組成比例設定加權比重的「加權」，對每個年齡層組別的人數進行校正分配，再彙整成所需樣本。

順帶一提，在第2章（P.123）計算「機能性飲料A」的目標對象規模的調查，也是使用人數多達數千人的「篩選調查」資料，而不是使用人數僅幾百人的「正式調查」資料。有時會使用「正式調查」的資料算出市場規模，所以不一定非得使用「篩選調查」的資料。要請大家記住的是，**若覺得大樣本數的可信度較高，也想使用這類資料時，可試著使用篩選調查資料。**

◈ 掌握顧客規模與結構的5種模式

接下來要介紹的是，使用人口推估資料與量化調查資料時，掌握目標對象規模的具體範例。這裡的目標對象都已經過初步的區隔。

在瞭解目標對象的規模時，若能同時剖析目標對象的結構，就比較能知道「各目標對象的人數分布」或是「銷售商品與服務的時候，會遇到哪些瓶頸」。**所謂的「剖析結構」是指先定義整體的輪廓，再將整體拆解成各個組成元素，然後釐清這些元素的相關性。**

接著介紹5種便於剖析目標對象結構的模式。

5種剖析顧客結構的模式：

❶ 歐拉圖、文氏圖

❷ 三角漏斗圖

❸ 四象限圖

❹ 金字塔圖

❺ 樹狀圖

◉5 種剖析顧客結構的模式

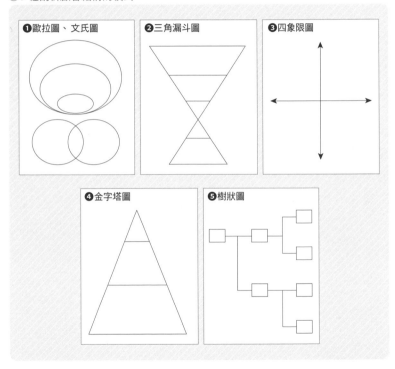

　　❺樹狀結構已在第4章「MIRAI SPEAKER」目標對象規模推算範例說明過（P.215），所以本章將帶大家瞭解❶～❹的模式。

利用歐拉圖、文氏圖掌握目標對象的結構

首先要介紹的是**利用「❶歐拉圖、文氏圖」剖析目標對象結構的方法**。

文氏圖是一種讓「重疊」的情況變得更具體可見的圖，可讓我們知道多個群組之間的重疊程度。比方說，想具體呈現「喜歡紅色的人」、「喜歡藍色的人」、「喜歡紅色與藍色的人」、「不喜歡紅色與藍色的人」的分布情況時，就可以使用文氏圖。

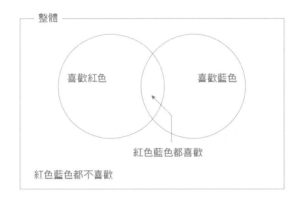

文氏圖可以是兩個圓以及多個圓。由於這種圖是由英國哲學家約翰・維恩發明的，所以便以他的名字命名（Venn diagram，又譯維恩圖）。

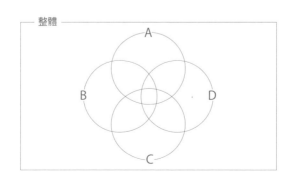

歐拉圖是可瞭解某個群體完全落在某個群體之中的圖。比方說，想具體呈現亞洲之中有日本，日本之中有九州，九州之中有福岡縣久留米市這種集合時，就可以畫出下列的歐拉圖。

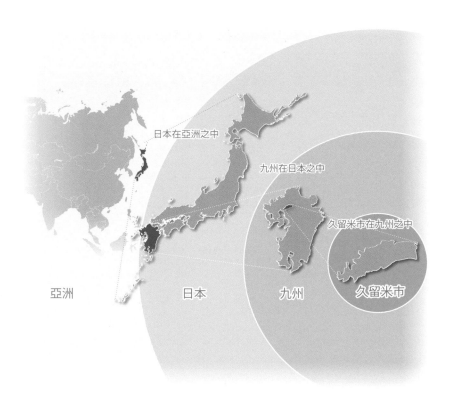

日本在亞洲之中

九州在日本之中

久留米市在九州之中

亞洲　　　　　　日本　　　　　九州　　　久留米市

在歐拉圖之中的群體若是沒有共同元素，這兩個群體的圓就不會重疊。某個集合之中的兩個群體若是有共同元素，這兩個群體的圓就會重疊。歐拉圖的發明者為瑞士數學家李昂哈德‧歐拉，所以這種圖也依他的名字命名。

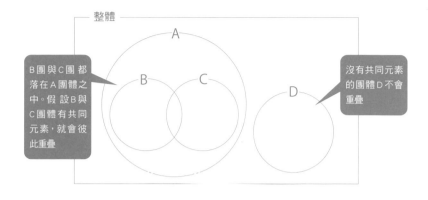

接著讓我們一起看看第2章的「機能性飲料A」（P.123）的歐拉圖。左下角的歐拉圖與右下角的橫條圖互相對應。在瞭解這些數字的同時，要進行量化調查。

●歐拉圖範本①

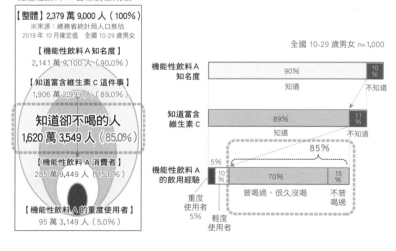

機能性飲料 A 目標對象規模

全國 10-29 男女 n=1,000

▲讀者限定福利　可於 P.510 下載「歐拉圖範本①」

量化調查不可或缺的3個問題

下列量化調查不可或缺的3個問題，無論是篩選調查還是正式調查都會使用到。

①聽過「機能性飲料 A」嗎？（選項可以是「YES ／ NO」，也可以是「1. 連商品的內容都知道／ 2. 只知道名字／ 3. 不知道」，此時回答 1 與 2 的是認知者，3 是非認知者）

（↓只對①「聽過機能性飲料 A」的認知者提問的問題）
②你知道「機能性飲料 A」富含維生素 C 這件事嗎？（選項為「YES ／ NO」）

（↓只對②回答「知道機能性飲料 A 含有維生素 C」的認知者提問的問題）
③你常喝「機能性飲料 A」嗎？（選項為「1. 每天至每週 5 天（重度使用者）／ 2. 每週 4 天以下（輕度使用者）／ 3. 曾經喝過，現在沒喝了（曾喝過，很久沒喝）／ 4. 一次都沒喝過（不曾喝過）」。重度使用者與輕度使用者的定義可隨著商品種類調整。

⬇

針對 10-29 歲受訪者進行問卷調查的結果如下。
問題①：認知者 90% ／非認知者 10%
問題②：認知者 89% ／非認知者 11%
問題③：重度使用者 5% ／輕度使用者 10% ／曾喝過，很久沒喝 70% ／不曾喝過 15%

將上述結果畫成圖表之後，可得到右頁的橫條圖。聽過機能性飲料A，也知道富含維生素C，但沒喝過的人有85%，這85% 的人都可以納入目標對象區塊（ ⌐ ⌐ 框內）

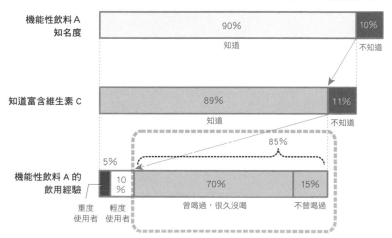

●將調查結果畫成圖表

全國 10-29 歲男女 n=1,000

機能性飲料A
知名度

知道 90%　　不知道 10%

知道富含維生素C

知道 89%　　不知道 11%

85%

5%

機能性飲料 A 的
飲用經驗

重度 10% 輕度 10%　曾喝過，很久沒喝 70%　不曾喝過 15%

重度　輕度
使用者　使用者

利用獲取的數據與人口推估資料算出人口規模

接著要利用這個調查結果算出具體的人口規模。

首先根據「性別年齡」與「居住地區」，從日本總務省統計局最新人口推估資料找出「全國10-29歲男女」的資料。「全國10-29歲男女」的人口總共是2,379萬9,000人。

接著在這個人口分別乘上問題①「機能性飲料A認知者的90%」、問題②「在認知者之中，知道富含維生素C的人的89%」、問題③「知道富含維生素C，卻不喝的人的85%」、「整體消費者（重度使用者＋輕度使用者）的15%」，以及「重度使用者的5%」，推算各組的人口規模。

◉利用歐拉圖剖析目標對象的結構，算出各組規模

機能性飲料 A 目標對象規模

【整體】2,379 萬 9,000 人（100%）
※來源：總務省統計局人口推估 2019 年 10 月確定值
全國 10-29 歲男女

「機能性飲料 A 認知者」
2,141 萬 9,100 人（90.0%）

「知道富含維生素 C 的人」
1906 萬 2,999 人（89.0%）

知道卻不喝的人
1,620 萬 3,549 人（85.0%）

「機能性飲料 A 消費者」
285 萬 9,449 人（15.0%）

「機能性飲料 A 重度使用者」
95 萬 3,149 人（5.0%）

轉載：第 2 章案例「機能性飲料 A」（P.123）

◌ 在商品或品牌認知度不高情況下使用的問題

以這個機能性飲料 A 而言，商品的認知率高達 90%，是誰都耳熟能詳的主流商品。如果品牌或商品的認知度不如機能性飲料 A 這麼高，剛剛的第二題，也就是與商品的性能或認知有關的問題就可以省略（以機能性飲料 A 為例，可以省掉「是否知道機能性飲料 A 富含維生素 C」這個問題）。

讓我們透過具體案例瞭解提問的方式。

比方說，你是「眼線筆 A」的負責人，你的目標對象是 20-39 歲女性，而且你覺得將「完全不畫眼妝的人」排除在目標對象之外也沒關係。

此時若要進行量化調查，需要提出下一頁的 3 個問題。

①妳平常是否會畫眼妝？（答案可以是「YES／NO」，回答 YES 的人為目標對象，回答 NO 的人則不是目標對象。也可以提供「1. 幾乎每天都畫眼妝／2. 偶爾會畫眼妝／3. 從來不畫眼妝」這 3 個選項，再將回答 1 與 2 的人納入目標對象，以及將回答 3 的人排除在目標對象之外）

（↓①只對在問題①回答「會畫眼妝」的目標對象提出的問題）

②妳是否聽過「眼線筆 A」？（答案可以是「YES／NO」，也可以提供「1. 連商品的內容都很清楚／ 2. 只知道產品名稱／ 3. 不知道」這 3 個選項，再將回答 1 與 2 的人視為認知者，以及將回答 3 的人視為非認知者」

（↓②只對在問題②回答「知道眼線筆 A」的認知者提出的問題）

③妳使用「眼線筆 A」的頻率為何？（答案可以是「1. 每天至每週 5 天（重度使用者）／2. 每週 4 天（輕度使用者）／3. 現在沒在用（曾經使用過，現在已不使用）／ 4. 一次都沒用過（不曾使用）」。重度使用者與輕度使用者的定義可隨著商品種類調整。

針對 1,000 位 20-39 歲女性施測問卷後，得到下列的數字。
問題①：符合條件的「會畫眼妝的人」為 80%／不符合條件的人為 20%
問題②：眼線筆 A 的認知者為 40%／非認知者 60%
問題③：重度使用者 10%／輕度使用者 10%／曾經使用過，現在已不使用的人 10%／不曾使用的人 70%

　　將問題①、②、③的結果畫成圖表再計算人口規模，就能得到下頁圖。從這個結果可以知道，本來就沒聽過眼線筆A的人就是目標對象區塊裡面的人，而且聽過卻沒用過的人很少。

●歐拉圖範本②

眼線筆 A 目標對象規模

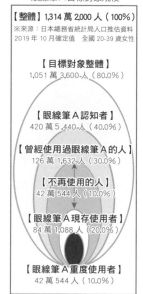

【整體】1,314 萬 2,000 人（100%）
※來源：日本總務省統計局人口推估資料
2019 年 10 月確定值　全國 20-39 歲女性

【目標對象整體】
1,051 萬 3,600 人（80.0%）

【眼線筆 A 認知者】
420 萬 5,440 人（40.0%）

【曾經使用過眼線筆 A 的人】
126 萬 1,632 人（30.0%）

【不再使用的人】
42 萬 544 人（10.0%）

【眼線筆 A 現存使用者】
84 萬 1,088 人（20.0%）

【眼線筆 A 重度使用者】
42 萬 544 人（10.0%）

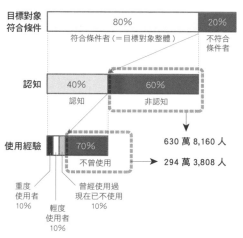

全國 20-39 歲女性 n=1,000

目標對象
符合條件
80%　20%

符合條件者（＝目標對象整體）　不符合
條件者

認知
40%　60%

認知　非認知

630 萬 8,160 人

使用經驗
70%

不曾使用

294 萬 3,808 人

重度
使用者
10%

輕度
使用者
10%

曾經使用過
現在已不使用
10%

▲讀者限定福利　可於 P.510 下載 歐拉圖範本②」

計算工具：目標對象結構與人口確認機

為了讓這個計算變得更簡單，我們也另外開發了計算工具。

請先選擇女性20-39歲，以及全國。接著根據問卷調查結果的
①輸入符合目標對象條件的人有80%，再根據問卷調查結果的②
輸入聽過眼線筆 A 的人為40%這個結果，最後再根據問卷調查的
③輸入重度使用者為10%、輕度使用者為10%、曾使用過，現在
已不使用的人為10% 這3個資料，剩下的資料就會自動算出。

雖然圖表的大小是固定的，但會自動算出數字，還請大家務
必使用看看。

ヒットをつくる「調べ方」ツール

ターゲット構造＆人口チェッカー（出典：総務省統計局人口推計 2019年10月1日）
（このページを直接ブックマークしていただければ、以降パスワード入力は必要ありません）

検索条件 主検索条件を入力してください。

国籍・性別選択

国籍： すべて ▼ 　　性別： 女 ▼

年齢

20歳 ▼ 〜 39歳 ▼

地域選択

☑ 全国
北海道： ☐北海道
東　北： ☐青森県 ☐岩手県 ☐宮城県 ☐秋田県 ☐山形県 ☐福島県
関　東： ☐茨城県 ☐栃木県 ☐群馬県 ☐埼玉県 ☐千葉県 ☐東京都 ☐神奈川県
中　部： ☐新潟県 ☐富山県 ☐石川県 ☐福井県 ☐山梨県 ☐長野県 ☐岐阜県 ☐静岡県 ☐愛知県
関　西： ☐三重県 ☐滋賀県 ☐京都府 ☐大阪府 ☐兵庫県 ☐奈良県 ☐和歌山県
中　国： ☐鳥取県 ☐島根県 ☐岡山県 ☐広島県 ☐山口県
四　国： ☐徳島県 ☐香川県 ☐愛媛県 ☐高知県
九　州： ☐福岡県 ☐佐賀県 ☐長崎県 ☐熊本県 ☐大分県 ☐宮崎県 ☐鹿児島県 ☐沖縄県

アンケート結果

ターゲット該当状況条件と認知状況

①ターゲット該当者【%】： 80
　②認知率【%】： 40

使用経験状況

④使用経験有り・現在使用無し【%】： 10
　現在使用・ライトユーザー 【%】： 10
⑤現在主使用・ヘビーユーザー【%】： 10

※「③使用経験者」は自動算出（④+ライトユーザー＋⑤）
※「⑤現使用者」は自動算出（ライトユーザー＋⑤）
※「ターゲット非該当」「非認知者」「使用経験なし」はそれぞれ自動算出

検索開始

▲讀者限定福利　可從 P.510 使用免費工具！免費工具一覧表請翻至 P.358。圖為「創造暢銷商品的調査工具」─目標對象結構與人口確認機（來源：總務省統計局人口推估 2019 年 10 月 1 日）

人口チェック結果

検索に合致する人数は、約 `1314万2000` 人です。

ターゲット構造＆人口チェック結果

① ターゲット全体 `1051万3600人`　　対象人口の `80%`

② 認 知 者 `420万5440人`　　ターゲット全体の `40%`

③ 使用経験者 `126万1632人`　　認知者の `30%`

④ 離 反 者 `42万544人`　　認知者の `10%`

⑤ 現使用者 `84万1088人`　　認知者の `20%`

⑥ 現主使用者 `42万544人`　　認知者の `10%`

ターゲット構造＆人口チェック結果（グラフ版）

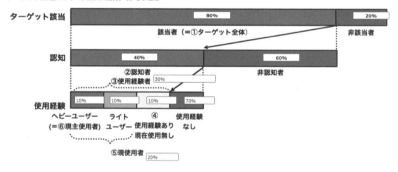

人口ボリューム結果一覧

ターゲット該当状況と認知状況

① ターゲット該当者 `1051万3600` 人　　ターゲット非該当者 `262万8400` 人

② 認知者 `420万5440` 人　　非認知者 `630万8160` 人

③ 使用経験者 `126万1632` 人　　未使用者 `294万3808` 人

使用経験者内訳

④ 使用経験有り・現在使用無し `42万544` 人。

現在使用・ライトユーザー `84万1088` 人。

⑥ 現在主使用・ヘビーユーザー `42万544` 人。

▲讀者限定福利　可從 P.510 使用免費工具！免費工具一覽表請翻至 P.358。圖為「人口確認結果」與「人口分布結果一覽表」

瞭解品類本身的目標對象結構

有一種方法可以跳過商品或品牌，直接**「掌握品類本身的目標對象結構」**。

比方說，KOJI本舖假睫毛品牌「DOLLY WINK」為新商品，在製作10秒美睫※「EASY LASH」前的分析結果如下圖。

◉歐拉圖範本③
DOLLY WINK專案團隊實施的商品類別「假睫毛」的目標對象分析

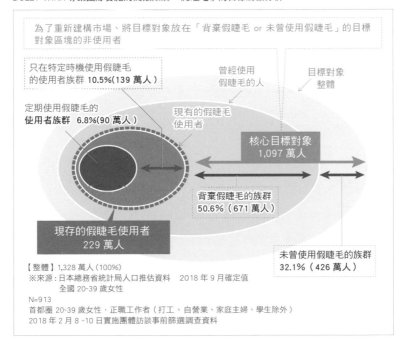

為了重新建構市場、將目標對象放在「背棄假睫毛 or 未曾使用假睫毛」的目標對象區塊的非使用者

只在特定時機使用假睫毛的使用者族群 10.5%(139萬人)

定期使用假睫毛的**使用者族群 6.8%(90萬人)**

曾經使用假睫毛的人

現有的假睫毛使用者

目標對象整體

核心目標對象 1,097萬人

背棄假睫毛的族群 50.6%（671萬人）

現存的假睫毛使用者 229萬人

未曾使用假睫毛的族群 32.1%（426萬人）

【整體】1,328萬人 (100%)
※來源：日本總務省統計局人口推估資料　2018年9月確定值
　　　　全國20-39歲女性
N=913
首都圈20-39歲女性・正職工作者（打工、自營業、家庭主婦、學生除外）
2018年2月8~10日實施團體訪談事前篩選調查資料

▲讀者限定福利　可於P.510下載「歐拉圖範本③」

DOLLY WINK專案團隊分析的不是「DOLLY WINK」這個品牌的使用者，而是直接分析假睫毛這個品類本身的使用者。

※新・局部假睫毛

一如第 3 章所述，當時的假睫毛市場不斷地萎縮，DOLLY WINK 的業績也下滑了 50% 以上。為了替主力商品為「假睫毛」的 KOJI 本舖以及「DOLLY WINK」這個品牌打造暢銷商品，就必須讓「假睫毛」這項商品重振雄風。為此，必須將注意力從現有的自家公司使用者轉移到「假睫毛」這個品類的使用者，再分析這些使用者。再者，為了重新建構市場，我們將目標對象範圍內的「背棄假睫毛的族群」與「未曾使用假睫毛的族群」設定為核心目標對象，這兩個族群都不是「假睫毛」的使用者。

這個方法也可用來分析認知度（知名度）不足的商品或品牌的目標對象。 到目前為止介紹的商品都擁有 40-90% 認知度，但有些商品的認知者只有 5%，只買過 1 次、用過 1 次的人只有 1%，重複購買的人只有 0.8%。像這種很難以小眾分析的商品或品牌，可試著直接分析該品類的目標對象結構。

瞭解品類目標對象的題目

為了掌握「假睫毛」這個品類的目標對象結構，以及繪製 P.269 的歐拉圖，可利用下列題目進行量化調查。

Q：你多常使用假睫毛？
A：1. 定期使用
　　2. 只在特定時機使用
　　3. 現在沒在使用，但過去曾經用過
　　4. 從來沒有用過

透過上述4個問題，可瞭解「定期使用假睫毛的人」、「只在特定時機使用假睫毛的人」、「現在沒在使用，但過去曾經用過假睫毛的人」，以及「從來沒有用過假睫毛的人（未曾使用）」個別的比例，瞭解「假睫毛這項商品本身的目標對象結構」。

從調查結果可以得知，女性有8成以上屬於「背棄假睫毛的族群」與「未曾使用假睫毛的族群」，所以 DOLLY WINK 專案團隊將屬於目標對象範圍的這兩個族群設定為核心的「目標對象」，藉此讓不斷萎縮的市場重新綻放。

「賣點」可從「目標對象」的需求來逆推。由於目標對象是「背棄假睫毛的族群」與「未曾使用假睫毛的族群」，所以將開發目標設定為從根本推翻「很難戴」、「辣妹才會戴」這種印象的商品。實際開發出「10秒」就能戴好的「10秒美睫」後，這項商品不僅成為符合自然妝容的新商品，也成為暢銷商品。

◈ 利用文氏圖掌握目標對象結構

除了歐拉圖之外，也可以利用文氏圖掌握目標對象的結構。

假設付費影音平台A將目標對象設定為「①想使用付費影音平台A的顯著族群」、「②沒想過使用付費影音平台A，但正在使用NETFLIX或Hulu這類競爭者影音平台的族群」、「③對影音平台A沒興趣，只使用YouTube的族群」這3個大致的顧客區隔，之後又以文氏圖說明目標對象的結構。

①的族群雖少，卻是輕輕一推就會入坑的目標對象，②則是最近越來越多的族群，也是瞭解付費影音平台A，就有可能從競

爭者那邊跳槽過來的目標對象，③則是覺得只要看YouTube影片就夠的人，不太容易讓他們入坑，但他們也是最大宗的目標對象。在瞭解這些比例之後，就能針對這些族群擬定策略。

●文氏圖範本
利用文氏圖說明目標對象的結構
付費影音平台 A 的目標對象

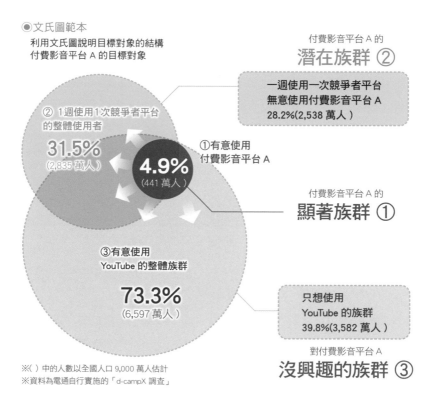

付費影音平台 A 的
潛在族群 ②

一週使用一次競爭者平台
無意使用付費影音平台 A
28.2%(2,538 萬人)

② 1週使用1次競爭者平台
的整體使用者
31.5%
(2,835 萬人)

①有意使用
付費影音平台 A

4.9%
(441 萬人)

付費影音平台 A 的
顯著族群 ①

③有意使用
YouTube 的整體族群
73.3%
(6,597 萬人)

只想使用
YouTube 的族群
39.8%(3,582 萬人)

對付費影音平台 A
沒興趣的族群 ③

※( )中的人數以全國人口 9,000 萬人估計
※資料為電通自行實施的「d-campX 調查」

▲讀者限定福利　可於 P.510 下載「文氏圖範本」

利用三角漏斗圖瞭解目標對象的結構

如前述，三角漏斗圖（P.249-251）可說明目標對象從「認知」到「購買」商品的心理變化，所以利用❶歐拉圖呈現的「認知→使用經驗」（P.261~）目標對象結構也是行銷漏斗的一種。

不管使用歐拉圖還是經典的倒三角形漏斗圖，都可以掌握行銷漏斗各階層的目標對象規模。

　　歐拉圖的方便之處在於可利用圖形呈現消費者與認知者重疊的情況，同時還能呈現背棄者的族群。不過，要分析各階層「轉換率」及找出所謂的瓶頸時，比較適合使用能清楚呈現各階層變遷的「❷三角漏斗圖」。

　　三角漏斗階層轉換率就是轉換至下個階層的機率。同義詞還有各階層的「遷移率」或是「成品率」（Yield Rate）。

　　接著讓我們逐一檢視從「認知」到「感興趣」的轉換率，從「感興趣」到「比較、考慮」的轉換率，或是從「認知」到最後「購買」的轉換率。
　　「認知→感興趣」的轉換率公式：感興趣率／認知率×100。
　　「感興趣→比較、考慮」的轉換率公式：比較、考慮率／感興趣率×100。
　　「認知→購買」的轉換率公式：購買率／認知率×100。

　　轉換率越高，代表流失越少，策略越優秀；轉換率越低代表流失越多，越不敷成本的意思。

　　比方說，大多數目標對象在知道商品之後都會購買的話（購買率高），就能說是「轉換率較高」或是「成品率較高」。
　　難以轉換至下個階層的部分就是所謂的「瓶頸」[※]。

※瓶頸：推行商品、達成目的遇到的困難。詳情請參考 P.252。

在網路行銷的世界裡，「轉換率」又稱為「ＣＶ率（ConVersion）或「CVR（ConVersion Rate）」，意思與購買率、成交率差不多，但在調查過程中，指的是從某個階層轉換至某個階層的機率。

◉三角漏斗範本

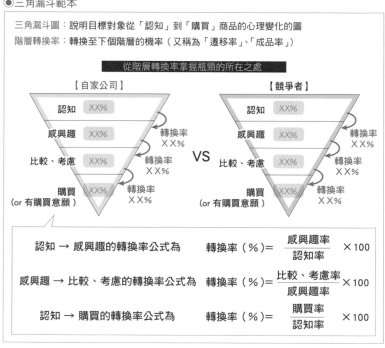

三角漏斗圖：說明目標對象從「認知」到「購買」商品的心理變化的圖
階層轉換率：轉換至下個階層的機率（又稱為「遷移率」、「成品率」）

從階層轉換率掌握瓶頸的所在之處

【自家公司】

認知 XX%
感興趣 XX%
比較、考慮 XX%
購買（or 有購買意願） XX%
轉換率 ＸＸ%
轉換率 ＸＸ%
轉換率 ＸＸ%

VS

【競爭者】

認知 XX%
感興趣 XX%
比較、考慮 XX%
購買（or 有購買意願） XX%
轉換率 ＸＸ%
轉換率 ＸＸ%
轉換率 ＸＸ%

認知 → 感興趣的轉換率公式為　　轉換率（％）＝ $\dfrac{\text{感興趣率}}{\text{認知率}}$ ×100

感興趣 → 比較、考慮的轉換率公式為　　轉換率（％）＝ $\dfrac{\text{比較、考慮率}}{\text{感興趣率}}$ ×100

認知 → 購買的轉換率公式為　　轉換率（％）＝ $\dfrac{\text{購買率}}{\text{認知率}}$ ×100

▲讀者限定福利　可於 P.510 下載「三角漏斗圖範本」

⊕ 分析階層轉換率，找出瓶頸

讓我們以「知道商品的人只有 5% → 曾買過 1 次的使用者為 1% → 重覆購買的人為 0.8%」的情況瞭解所謂的轉換率。

從認知到曾經使用的轉換率為 20%（曾經使用 1% ÷ 認知 5% × 100＝20%、只有 20% 的認知者轉換成曾經使用過的人），從曾經使用轉換成重覆購買的轉換率有 80%（重覆購買 0.8% ÷ 曾經使用 1% × 100＝80%，意思是有 80% 曾經使用的人成為回頭客）。

轉換率不佳的部分就是所謂的瓶頸，所以上述例子中，「知道商品的消費者轉換成曾買過 1 次的使用者（轉換率 20%）」的部分就是瓶頸。此外，也可以得到只使用過 1 次的人有高達 80% 的機率轉換成回頭客這個結果。

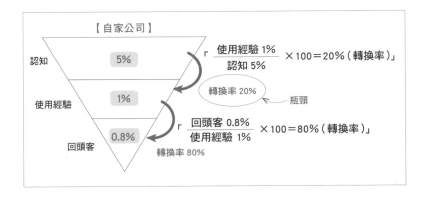

「20%」的轉換率是好是壞，**必須依照商品的特性判斷**。以「瓶裝飲料業界」為例，從認知轉換成曾經喝過的平均轉換率為 40%，20% 算是不佳的轉換率，但如果是「露營用品業界」，從認知轉換成曾經使用過的平均轉換率為 10%，所以 20% 算是極優的轉換率。

⊕ 建立三角漏斗分析的比較對象

　　「消費者在認識商品之後，願意嘗試的機率只有45%。這到底是好還是壞？還真是無從判斷啊⋯⋯」如果遇到這個問題，可試著建立「比較對象」再進行判斷。可透過下列3種方式建立三角漏斗分析的比較對象。

・以同業、同產品，「不同品牌」進行比較

　　這是以相同的問題請教受訪者對自家公司的其他商品或是競爭者的商品有什麼感覺，再比較結果的方法。如果受訪者對自家公司的商品有80%的滿意度，但是對競爭者的商品有90%的滿意度，就能知道受訪者對自家公司的商品「不甚滿意」。

・利用不同的「目標對象區隔」進行比較

　　除了年齡、性別這類目標對象的基本屬性之外，也可以將目標對象分成接觸過自家公司產品的廣告或活動的人，以及不曾接觸過的人，接著再比較經過交叉分析的資料。如此比較之後，就能知道廣告或活動是否真能打動顧客，也能知道各階層的轉換率是好是壞，或是維持不變。

・利用「時序」比較自家商品的資料

　　比方說，以半年前與現在、1年前與現在這種時序的格式比較自家商品的資料，就能判斷轉換率是好是壞。

　　該以何者為比較對象可以根據「假設」與「想釐清的事情」回推再決定。

⊕ 利用四象限圖瞭解目標對象的結構

　　接著要介紹利用「❸四象限圖」釐清目標對象結構的方法。

　　所謂四象限圖就是將兩個對比的軸心擺成互為直角的直軸與橫軸，藉此劃出4個區域（4個象限）的圖表。有時也稱為「2×2陣列」。

　　四象限圖的優點在於分類簡單，誰都能使用。換言之，就是能**利用兩個軸心簡單明瞭地整理資訊，還能以綜覽全局的觀點思考**。四象限圖除了能快速地掌握目標對象的結構，還很適合用於思考各類事物，可說是非常方便好用的工具。

◉四象限圖範本

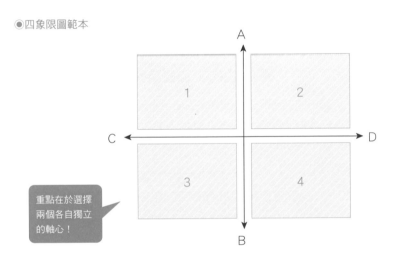

重點在於選擇兩個各自獨立的軸心！

▲讀者限定福利　可於 P.510 下載「四象限圖範本」

◯ 繪製四象限圖的祕訣

　　繪製四象限圖的祕訣在於「**選擇兩個各自獨立的軸心**」。如果不小心選擇兩個相關性極高的軸心，就無法得到有意義的分析結果。

負面範例 縱軸與橫軸的相關性太高

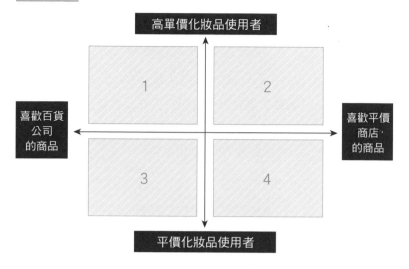

比方說，將縱軸設定為「高單價化妝品使用者」與「平價化妝品使用者」，再將橫軸設定為「喜歡百貨公司的商品」與「喜歡平價商店的商品」，這兩條軸心都與化妝品的價格有關，相關性實在太高，就會畫出很不實用的四個象限。例如會出現「是高單價化妝品的使用者，卻又喜歡平價化妝品」或是「是平價化妝品的使用者，卻又喜歡百貨公司的商品」這種矛盾的結果。

假設保留這個例子的縱軸，也就是「高單價化妝品使用者」與「平價化妝品使用者」的軸心，但是將橫軸改成「喜歡經典的化妝品＝一旦喜歡就會一直使用相同產品的人」與「喜歡新上市的化妝品＝遇到新商品就會不斷嘗鮮的人」，就能簡單快速地掌握目標對象的結構，因為這兩條軸心是各自獨立的構面（見下頁圖）。

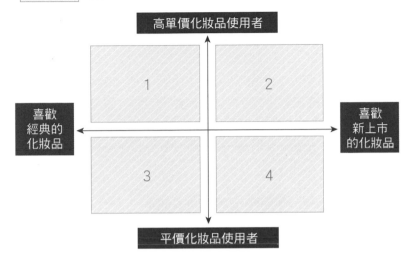

正面範例 縱軸與橫軸各自獨立

高單價化妝品使用者

喜歡
經典的
化妝品

1　　2

3　　4

喜歡
新上市
的化妝品

平價化妝品使用者

一旦能選出兩條各自獨立的軸心，就能逐步分析1-4的象限。
有時也會替這4個象限命名。

利用四象限圖縮減「目標對象」的範圍

假設你是「高單價化妝品」的負責人，目前為止都將注意力
放在「象限1」或「象限2」的目標對象（上方的四象限圖）。

假設你已經知道象限3、4的「平價化妝品使用者」的規模遠
遠大於象限1、2的「高價化妝品使用者」。

某一天，你突然想以嶄新的商品吸引舊商品所無法吸引的使
用者，也就是想將平價化妝品的使用者轉化為新的目標對象。

在平價化妝品的使用者之中，「象限4」的「喜歡新上市化妝品的使用者」似乎比較容易打動，但真的得因此將「象限3」的使用者排除在目標對象之外嗎？讓我們一起思考這個問題吧。

到底「象限3」的目標對象規模比較大？還是「象限4」的目標對象規模比較大？這兩個目標對象規模又有多大？哪邊比較有潛力成為自家商品的使用者？假設先針對「象限4」的使用者進行宣傳，「象限3」的使用者會不會因為出現了新的經典商品而跟風？我們可以試著以這一連串的流程思考。

⌖ 活用既有的四象限圖：「LAND分析」

由於不同專案需要不同的切入點，也就是不同的軸心，所以一旦能找到適當的兩條軸心，自然就能擬出原創性極高的策略。

不過，在熟悉整個流程之前，也建議使用既有的四象限圖。

在此為大家介紹能快速找到優先順位較高的目標對象，而且應用範圍較廣的「LAND分析」。

屬於既有的四象限圖之一的LAND分析是利用使用者對於商品、服務的「使用經驗」以及「今後使用意願」進行分析的方法。 LAND是由Loyalty, Ability, Non, Decay的首字組成的單字，各自代表下列意思。

- Loyalty：曾使用過，今後會繼續使用的回頭客族群。
- Ability：沒使用過，今後會想試用的族群。有可能成為新顧客的族群。
- Non：沒使用過，今後也不想使用的顧客。
- Decay：曾使用過，但今後不想再使用的背棄族群。

若以四象限圖說明這4個族群，可得到下一頁的四象限圖。

●LAND 分析範本①

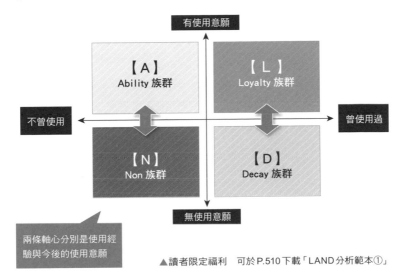

兩條軸心分別是使用經驗與今後的使用意願

▲讀者限定福利　可於P.510下載「LAND分析範本①」

進行「LAND分析」所需的兩種提問模式

要取得LAND分析的資料，就得透過商品或服務的「使用經驗」與「今後的使用意願」這兩種問題。

假設你與歐拉圖（P.264-266）的狀況一樣是「眼線筆A」的負責人，目標對象一樣是20-39歲女性，正在思考該不該將「完全不畫眼妝的人」排除在目標對象之外這個問題。

下一頁是進行量化調查必要的4個題目。

●模式 1：透過網路進行調查的題目

① 妳平常是否會畫眼妝？（答案可以是「YES／NO」，回答 YES 的人為目標對象，回答 NO 的人則不是目標對象。也可以提供「1. 幾乎每天都畫眼妝／ 2. 偶爾會畫眼妝／ 3. 從來不畫眼妝」這 3 個選項，再將回答 1 與 2 的人納入目標對象，以及將回答 3 的人排除在目標對象之外）

（⬇只對在問題①回答「會畫眼妝」的目標對象提出的問題）
②妳是否聽過「眼線筆 A」？（答案可以是「YES／ NO，也可以提供「1. 連商品的內容都很清楚／ 2. 只知道產品名稱／ 3. 不知道」這 3 個選項，再將回答 1 與 2 的人視為認知者，以及將回答 3 的人視為非認知者」

（⬇只對在問題②回答「知道眼線筆 A」的認知者提出的問題）
③妳是否用過「眼線筆 A」？（答案可以是「YES／NO」。如果問的是使用頻率，可以將選項換成「1. 每天至每週 5 天（重度使用者）／ 2. 每週 4 天（輕度使用者）／ 3. 現在沒在用（曾經使用過，現在已不使用）／ 4. 一次都沒用過（不曾使用）」，1-3 算是「曾經使用過」的人，4 則是「不曾使用」的人。

（⬇只對在問題②回答「知道眼線筆 A」的認知者提出的問題）
④妳今後會想使用「眼線筆 A」嗎？（答案可以是「YES／NO」，也可以是「1. 很想使用／ 2. 有點想使用／ 3. 不太想使用／ 4. 完全不想使用」這種四段式選項，1 與 2 屬於「有使用意願」的人，3 與 4 則是「無使用意願」的人）

⬇

針對 1,000 位 20-39 歲女性施測問卷後，得到下列數字。
問題 ①：符合條件的人為 80%／不符合條件的人為 20%
問題 ②：眼線筆 A 的認知者為 40%／非認知者 60%
問題 ③與④的統計結果：

- Loyalty「曾使用過」「有使用意願」=30%
- Ability「不曾使用」「有使用意願」=45%
- Non「不曾使用」「無使用意願」=20%
- Decay「曾使用過」「無使用意願」=5%

委託網路調查公司實施調查之後，比較能有系統地根據③與④的問卷調查結果「統計」LAND 的數字。如果不是委託專業的調查公司，而是自行實施問卷調查，擔心統計過程過於繁雜時，可將③與④的題目合併，直接以下列的題目收集問卷調查的結果，統計的過程就會變得簡單許多。

◉模式 2：想以傳統調查方式快速收集資料時使用的題目

①與②的題目與 P.282 的內容相同。
只對在題目①回答「會畫眼妝」以及在題目②回答「聽過眼線筆 A」的認知者提問。

（③&④合併之後的題目）

Q. 想請教「眼線筆 A」的使用經驗以及今後的使用意願。請從下列的選項選擇一個最符合現況的答案。

1. 使用過「眼線筆 A」，今後也想繼續使用
2. 沒使用過「眼線筆 A」，今後想使用看看
3. 沒使用過「眼線筆 A」，今後也不想使用
4. 使用過「眼線筆 A」，今後不想使用

可依照「1=Loyalty」「2=Ability」「3=Non」「4=Decay」的方式分類結果。

◈ 將「LAND 分析」結果放入 4 個象限

將 LAND 分析的結果放入四象限圖之後，可以得到下一頁結果（人數的計算方式請參考下一頁）。

從圖中可以發現，只要再宣傳一下，就會願意購買的 Ability 族群特別多，沒用過就說討厭的 Non 族群也有一定的數量。

背棄產品的 Decay 族群本來就很少，所以增加試用的樣本數，Loyalty 族群就會增加的假設或許行得通。

◉LAND 分析範本②

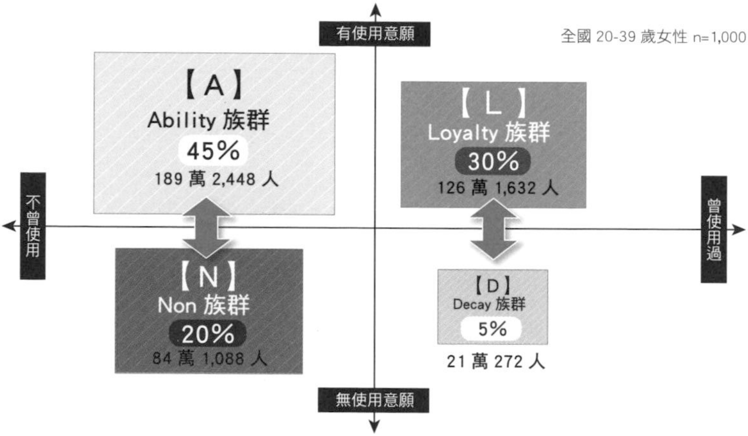

全國 20-39 歲女性 n=1,000

有使用意願

【A】
Ability 族群
45%
189 萬 2,448 人

【L】
Loyalty 族群
30%
126 萬 1,632 人

不曾使用

曾使用過

【N】
Non 族群
20%
84 萬 1,088 人

【D】
Decay 族群
5%
21 萬 272 人

無使用意願

▲ 讀者限定福利　可於 P.510 下載「LAND 分析範本②」

　　根據這個結果與競爭商品的 LAND 比較之後，會得到不少發現。比方說，在得到「原以為自家公司的 Loyalty 族群較為薄弱，沒想到比競爭者還多」，或是「自家公司的 Non 族群比競爭者多得多」這類發現之後，便等於找到下一步該做的事情。

◈ **計算工具：LAND 分析與人口確認機**

　　作者為了加速這部分的計算而開發了工具（右頁上圖）。

　　第一步先選擇 20-39 歲女性與全國，接著根據問卷調查結果的①輸入符合目標對象條件的人為 80%，接著根據問卷調查結果的②輸入眼線筆 A 認知者為 40%。

　　最後根據問卷調查③與④的統計結果輸入「Loyalty=30%」、「Ability=45%」、「Non=20%」、「Decay=5%」這 4 筆資料（右頁下圖），就能自動算出這 4 個族群的人口規模。

ヒットをつくる「調べ方」ツール

LAND分析＆人口チェッカー（出典：総務省統計局人口推計 2019年10月1日）
（このページを直接ブックマークしていただければ、以降パスワード入力は必要ありません）

検索条件 主検索条件を入力してください。

国籍・性別選択

国籍： すべて∨   性別： 女 ∨

年齢

20歳∨ ～ 39歳∨

地域選択

☑ 全国
北 海 道：☐北海道
東　　北：☐青森県 ☐岩手県 ☐宮城県 ☐秋田県 ☐山形県 ☐福島県
関　　東：☐茨城県 ☐栃木県 ☐群馬県 ☐埼玉県 ☐千葉県 ☐東京都 ☐神奈川県
中　　部：☐新潟県 ☐富山県 ☐石川県 ☐福井県 ☐山梨県 ☐長野県 ☐岐阜県 ☐静岡県 ☐愛知県
関　　西：☐三重県 ☐滋賀県 ☐京都府 ☐大阪府 ☐兵庫県 ☐奈良県 ☐和歌山県
中　　国：☐鳥取県 ☐島根県 ☐岡山県 ☐広島県 ☐山口県
四　　国：☐徳島県 ☐香川県 ☐愛媛県 ☐高知県
九　　州：☐福岡県 ☐佐賀県 ☐長崎県 ☐熊本県 ☐大分県 ☐宮崎県 ☐鹿児島県 ☐沖縄県

ターゲット該当状況条件と認知状況

①ターゲット該当者【%】： 80   ②認知率【%】： 40

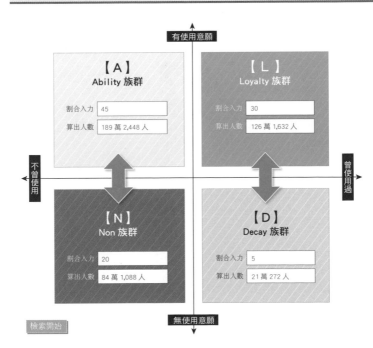

▲讀者限定福利　可從 P.510 使用免費工具！免費工具的一覽表請翻至 P.358

⊕ 利用金字塔圖掌握目標對象的結構

最後要說明以「❹金字塔圖」掌握目標對象結構的方法。

在明確掌握「小眾層（金字塔的頂點）與「多數層（金字塔的底部）」的時候，最適合使用金字塔結構分析。

假設你是時尚品牌A的負責人。時尚品牌A是以20-49歲職場女性為目標對象，價格大眾化的品牌。近年來，這個品牌在大眾心中漸漸失去時尚的光環，社群媒體也常出現「穿品牌A的人很土」這類貼文，讓你困擾不已。

所以你打算分析20-49歲職場女性這個目標對象的結構。依照時尚敏感度的高低分類之後，發現時尚敏感度較低的人似乎占多數，以及品牌A的現有使用者以「一般層」為主力族群，另外包含了少數的「中級層」。

依照時尚敏感度分類的目標對象（女性）的結構

　　因此你打算推行新策略，讓原本不是目標對象的「高時尚敏感度族群」成為新客戶，藉此重振品牌Ａ的時尚感，以及避免既有客戶的一般層流失，強化顧客的忠誠度。

> 忠誠度：英文是Loyalty，指顧客對某個商品或服務的喜愛與忠誠。

◉金字塔結構範本①

〈獲得高敏感度的新顧客群〉
將原本不是目標對象的高時尚敏感度族群視為目標對象

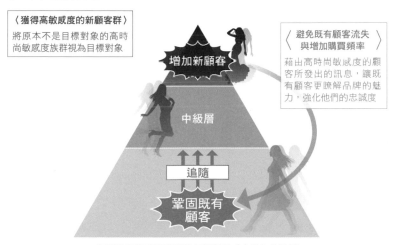

〈 避免既有顧客流失 與增加購買頻率 〉
藉由高時尚敏感度的顧客所發出的訊息，讓既有顧客更瞭解品牌的魅力，強化他們的忠誠度

增加新顧客

中級層

追隨

鞏固既有顧客

依照時尚敏感度分類的目標對象（女性）的結構

▲讀者限定福利　可於P.510下載「金字塔結構範本①」

　　除了上述情況之外，若已掌握了高時尚敏感度的客群，但想擴張一般客群時，也很適合使用金字塔結構分析（下頁圖）。

●金字塔結構範本②

於商品類別 A 打造暢銷商品所需的分析

「使用商品類別 A 的女性」結構

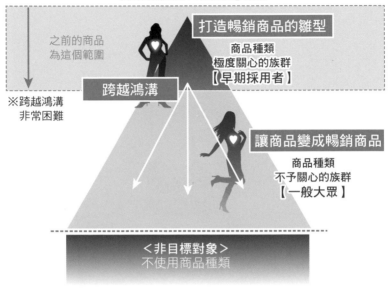

之前的商品
為這個範圍

打造暢銷商品的雛型
商品種類
極度關心的族群
【早期採用者】

跨越鴻溝

※跨越鴻溝
非常困難

讓商品變成暢銷商品
商品種類
不予關心的族群
【一般大眾】

＜非目標對象＞
不使用商品種類

▲讀者限定福利　可於 P.510 下載「金字塔結構範本②」

瞄準目標對象

到目前為止，介紹了以「❶文氏圖、歐拉圖」、「❷三角漏斗圖」、「❸四象限圖」、「❹金字塔圖」及「❺樹狀圖※」這5種圖，只要能利用這些圖掌握目標對象的結構，就會知道該將目光投向哪些目標對象身上。

比方說，某個休閒娛樂設施分析了進場遊玩的顧客之後，發現核心的回頭客（歐拉圖、三角漏斗圖的「重度使用者」或是LAND分析的Loyalty族群）不斷增加，「以前常來，但漸漸不來

※「⑤樹狀圖」請參考第4章 P.215。

的族群」（歐拉圖、三角漏斗圖的「背棄者」或是LAND分析的Decay族群）也不斷增加。這意味著得想辦法打動那些漸漸不來光顧的族群。

這5種圖不需要全部使用，只用一種就足以應付需求。先從STEP1的「假設」與「想釐清的事情」逆推，再決定分析的方法即可。

◎ 具象目標對象

到目前為止，只說明了建立「大致的顧客區隔」的方法，也就是設定前提條件的部分。

「目標對象為20-39歲職場女性」
「聽過機能性飲料A卻不喝的人」

假設手上只有這類資訊，很難讓目標對象採取行動，所以**必須進一步瞭解目標對象有哪些特徵或傾向，提升目標對象的解析度**。所以，接下來要說明具象目標對象的流程。

● 「市場」的概況分析
分析市場規模、預測市場的成長、新知、趨勢

● 設定「目標對象（顧客）」與掌握顧客群的結構
先快速分類顧客，再鎖定具體的目標對象

流程❷ 具象目標對象

● 提升「目標對象（顧客）」的解析度
利用目標對象側寫、人物畫像分析提升目標對象的個人特徵、價值觀、行為模式、情緒變化的解析度

● 利用「目標對象（顧客）」洞察與顧客旅程地圖找出「賣點」
找出藏在顧客內心深處的煩惱與欲望，再擬定打動顧客的策略

① 市場、顧客
Customer

② 競合

先進行「目標對象側寫」再製作「人物畫像」。

流程❷
具象目標對象

目標對象側寫 P.290〜	製作人物畫像 P.312〜
剖析目標對象的樣貌,掌握顧客區隔的特徵。提升人口統計資料、價值觀、行為模式這類資料的解析度。	單一顧客理想形象的「人物畫像」在思考什麼,在意什麼,找出這種顧客的洞察(最純粹的煩惱或需求)。這部分分析的不是屬性,而是顧客最真實的心情波動與行為模式。
目標對象	人物畫像

更精緻具體

⊕ 什麼是目標對象側寫?

　　或許有些人曾在刑事連續劇聽過「側寫」這個字眼。在辦案的時候,很常根據犯罪的性質或特徵推論犯人的特徵,而這種推論的手法就稱為「側寫」。

　　至於行銷業的**「目標對象側寫」則是提升目標對象的人口統計資料(性別、年齡、職業、年收入等屬性)、價值觀、行為模式以及其他傾向的解析度,找出讓目標對象購買商品的方法與賣點的分析手法。**

利用目標對象側寫分析的是顧客區隔這種「團體」的特徵。

該利用目標對象側寫掌握的項目

目標對象側寫可根據調查結果以及成員的經驗，掌握到下列項目。

◉該利用目標對象側寫掌握的項目

「基本屬性」
- 性別、年齡、婚姻狀況、家庭成員、有無子女、年收入、每個月的零用錢、職業、居住型態、有無駕照

「價值觀與意識型態、行為模式的特徵」
- 媒體價值觀（例：較常接觸也較信賴口碑行銷、不常接觸也不太信賴電視廣告）
- 消費價值觀（例：「只要是喜歡的產品，不太在意品牌或是評價」、「會忍不住向別人推薦自己覺得不錯的東西」、「想擁有與眾不同的東西」）
- 個人價值觀（例：「對於流行或潮流敏感」的傾向較強，「喜歡亮色勝於暗色」的傾向稍弱）
- 消費行為價值觀（例：很在意點數是否過期，會在期限內換商品或優惠）的傾向略強，「喜歡一群人出遊」的傾向略弱）

興趣、在意的事情、閒暇時間的使用方法
- 媒體內容：常看的電視節目、雜誌，常瀏覽的網站、喜歡的明星或公仔
- 品牌：喜歡的時尚品牌、美容用品、汽車或其他
- 場所：常去的地方、想去的旅遊地點、常使用的車站、常消費的店家
- 訂閱的服務
- 擁有的家電
- 喜歡的食物與飲料

※目標對象的「價值觀與意識型態、行為模式的特徵」特別有助於擬定企畫

● 目標對象側寫範本

電視節目	人口統計資料	價值觀・意識型態・行為模式的特徵

電視節目
- 國王的早午餐
- 從星期一開始熬夜
- 毒舌糾察隊！
- 千鳥電視台

人口統計資料
- 20 幾歲女性
- 未婚
- 正職員工
- 一個人住

價值觀・意識型態・行為模式的特徵
- 很常買最新、最流行的東西
- 很常衝動性消費
- 會參考社群媒體的資訊買化妝品
- 會不惜成本投資自己
- 很常在社群媒體發表意見
- 很積極地透過社群媒體收集資訊
- 很在意職場或學校的同性怎麼看自己
- 希望職場與個人生活都很充實

每月可支配資金
- 10,000-30,000（日圓）

年收入
- 200-300 萬（日圓）

常閱讀的雜誌
- With
- Ray
- ViVi

休閒活動・興趣
- 社群軟體
- 音樂會
- 滑鼠
- 唱 KTV

常去的餐廳
- 鳥貴族
- 星巴克

常用的 APP 或服務
- Instagram
- Twitter
- Facebook
- LINE
- Mercari
- @cosme
- Netflix

喜歡的化妝品牌
- LANCOME
- M・A・C
- KATE
- DOLLY WINK

喜歡的時尚品牌
- GU
- JOURNAL STANDARD
- SNIDEL
- Apuweiser-riche
- DHOLIC
- Mila Owen
- earth music&ecology

常瀏覽社群媒體、想掌握流行趨勢的 20 幾歲單身女子

▲讀者限定福利　可於 P.510 下載「目標對象側寫範本」

　　只要填寫這些項目，就能完成目標對象的側寫檔案。如果能多加一張圖片，就能讓目標對象的形象更為明確。

　　像這樣一步步勾勒出目標對象的輪廓，就能看清楚目標對象的樣貌以及找到賣點，也會找到與目標對象的接觸點。如此一來，就比較容易擬定能夠打動目標對象的策略。

接觸點：與目標對象的接點。接觸點包含商品、媒體、網路、廣告、門市、員工、售後服務以及其他部分。

善用集群分析

在建立大致的顧客區隔之後進行「集群分析」，有助於進行高解析度的目標對象側寫。

「集群分析」是非常知名的分析方法，但是相關的手法很多且複雜，通常得委託調查公司進行。由於所費不貲，若不必要就不需要實施，但在此還是為大家介紹一下集群分析的內容。

集群的英文是「cluster」，有「聚集」、「叢集」的意思，「集群分析」即將調查對象分成多個同質團體，再進行分析的手法，不過這種「集群分析」有許多不同的計算方式，還有「這兩個對象究竟算是同質還是不同質」這類憑感覺判斷的部分，所以正確解答通常不會只有1個。這種分析手法必須不斷嘗試不同的分組（分類）方式，從中找出最佳的分組，所以也非常費時費力。

在進行集群分析時，通常會使用專業的統計軟體進行計算，而且得進行很多次非常複雜的計算，所以無法只利用 Excel 的內建功能完成。此外，統計軟體也只能做到「分組」這個部分，各集群的特徵或特性都需要人工分析以及進行「側寫」。

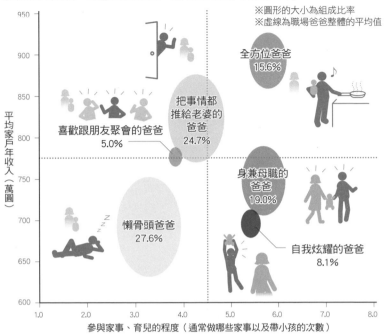

●集群分析範例：電通爸爸研究所「職場爸爸集群（2016 年）」

※圓形的大小為組成比率
※虛線為職場爸爸整體的平均值

全方位爸爸
15.6%

把事情都
推給老婆的
爸爸
24.7%

喜歡跟朋友聚會的爸爸
5.0%

平均家戶年收入（萬圓）

身兼母職的
爸爸
19.0%

懶骨頭爸爸
27.6%

自我炫耀的爸爸
8.1%

參與家事、育兒的程度（通常做哪些家事以及帶小孩的次數）

⊙ 集群分析的成功祕訣是縮減目標對象範圍及設定主題

反之，若是以「全國10-59歲國民」或是「以20-39歲的所有女性」這種範圍過於廣泛的目標對象進行集群分析，反而不會得到理想的結果。**範圍越廣，結果就越抽象，也就無法提升目標對象的解析度，就只會得到毫無新意、理所當然的分類結果。**我也曾以女性為目標對象，替所有女性建立集群，最終得不到理想的結果。

集群分析的成功祕訣在於縮減目標對象的範圍以及設定特定的主題。比方說，替「10-29歲，喜歡打電動的男女」這種區隔建立集群的話，應該會想到「喜歡打虛擬角色遊戲的人」、「喜歡玩拼圖遊戲的人」、「喜歡玩冒險遊戲的人」及「喜歡玩新遊戲

的人」這些目標對象的具體特徵，就能建立解析度極高的分類。

反之，若是「以熟悉遊戲的程度，替10-79歲的男女分組」這種粗糙的方式建立集群，恐怕只能建立「喜歡手機遊戲的人」、「喜歡電動遊樂場的人」及「不喜歡電動的人」這種既模糊又抽象的分類。

所以在進行「集群分析」的分組之前，必須先建立大致的顧客區隔。簡單來說，就是先經過大致的顧客區隔（分組）後，再於集群分析重新分組的流程。

此外，也可以設定「20-39歲男女的工作價值觀的集群」或是設定第4章專欄（P.229）的「異性戀族群對LGBTQ+看法的集群分析」這類具體的主題，都能有助於後續的集群分析。

在行銷商品之際，建立大致的顧客區隔以及設定具體的主題，會讓集群分析變得更簡單，也更有效果。

◎ **分析目標對象的價值觀**

在進行目標對象側寫之際，**最重要的莫過於分析目標對象的價值觀**。因為掌握了目標對象的價值觀，就能連帶掌握與價值觀連動的意識型態、行為動機。只要掌握這些資訊，就能輕易找到目標對象的洞察（最純粹的煩惱或需求）。

價值觀是「原因」，與之連動的行動是「結果」。掌握「價值觀」與「行動」的順序可以是從「價值觀」推測「行動」，也可以是從「行動」逆推「價值觀」。

直接把「價值觀與行動」放在一起會比較容易記憶與理解，所以本書也通常會寫成「價值觀與行動」，但除了「行動」之外，**從「價值觀」衍生的「意識型態」也有助於提升目標對象的解析度。**

比方說，「想過極簡生活」的價值觀會衍生出「活用家裡現有的東西」這種行動以及「只買該買的東西」這種意識型態。

「價值觀」與「意識型態」都是於腦海之中沉浮的意識。

◉價值觀與行動、意識型態的關係

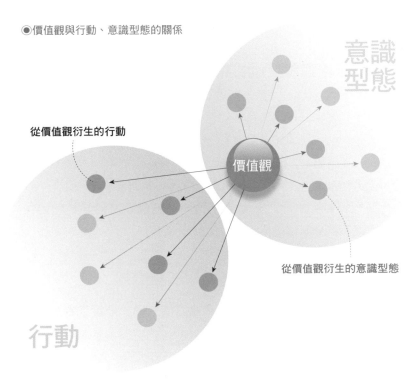

意識型態

從價值觀衍生的行動

價值觀

從價值觀衍生的意識型態

行動

有些價值觀會改變，有些卻不會改變。比方說，能保留照片與回憶，以及能隨時瀏覽這些照片與回憶的 Instagram 滿足了每個人想分享精彩回憶的欲望。如果讓時空背景倒流至 1990 年代，當時有隨身帶著「即可拍」，或是將大頭貼貼在大頭貼相簿，到處與別人分享的流行文化。由此可知，將照片當成溝通利器的價值觀，以及透過照片與別人分享精彩回憶的行動都沒有任何改變。

換言之，**將沒有任何改變的事物視為不會改變的價值觀之餘，掌握「蛻變之後的新價值觀」以及「源自新價值觀的行動」是非常重要的。**

也有本質不曾改變的價值觀

Instagram
保留照片，隨時瀏覽
保留精彩的回憶與記錄，並與別人分享這些回憶與記錄

1990 年代的流行

即可拍

大頭貼
貼在大頭貼相簿，帶在身上

將照片視為溝通利器的價值觀不曾改變

⊕ 從新的「意識型態與行動」找出商機的「機會組合」矩陣

若想從目標對象新的「意識型態與行動」逆推新的價值觀並發掘商機，可使用掌握顧客結構的「四象限圖」（P.277）。

在此為大家介紹一個可在發生歷史重大事件時使用的四象限圖（下頁圖）。

大型天災、傳染病大流行、金融危機這類重大事件一旦發生，民眾（顧客）的價值觀以及與之連動的意識型態、行動都會產生劇變。能用來掌握這股劇變的是電通自創的「機會組合」矩陣。接下來以 2020 年新冠肺炎擴大感染之際進行的分析為例，說明「機會組合」矩陣。

新冠疫情讓我們的生活型態與價值觀產生明顯的改變。當民眾產生了新的意識型態與行動，消費模式也跟著改變。成功的企業則是從這些新的消費模式找到了投資機會。

消費模式改變之後，出現了一些新型消費模式，也有一些消費模式消失了。這些新型消費模式分成因疫情而「在生活紮根」的消費，以及有可能會「復活」的消費。反之，「消失的消費模式」則分成「只因一時性的需求興起，後續會慢慢退燒的消費」以及被消費者發現是多餘、無用的，因而慢慢「消滅」的消費。

◉「機會組合」矩陣

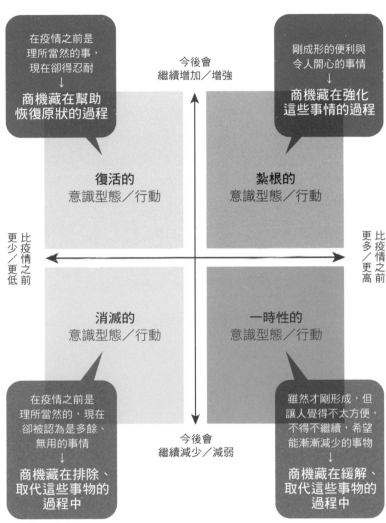

在疫情之前是
理所當然的事，
現在卻得忍耐
↓
商機藏在幫助
恢復原狀的過程

剛成形的便利與
令人開心的事情
↓
商機藏在強化
這些事情的過程

今後會
繼續增加／增強

復活的
意識型態／行動

紮根的
意識型態／行動

比疫情之前
更少／更低

比疫情之前
更多／更高

消滅的
意識型態／行動

一時性的
意識型態／行動

在疫情之前是
理所當然的，現在
卻被認為是多餘、
無用的事情
↓
商機藏在排除、
取代這些事物的
過程中

今後會
繼續減少／減弱

雖然才剛形成，但
讓人覺得不太方便，
不得不繼續，希望
能漸漸減少的事物
↓
商機藏在緩解、
取代這些事物的
過程中

▲節錄自電通第2統合解決方案部門新冠疫情專案洞察小組「電通新常態調查」的機會組合分析

⊕ 發掘機會的４個觀點

發掘機會的觀點分為４個。

· **紮根的意識型態／行動**：商機藏在讓那些因為新冠疫情而於「生活紮根」的消費強化的過程。例如抓住「提升免疫力」這些新出現的需求，強化對抗病毒的策略，就能掌握商機。

· **復活的意識型態／行動**：有些消費雖然因為新冠疫情減少，卻還有可能「復活」，若能掌握這些觸底反彈的消費，就能掌握商機。比方說，餐廳為了因應全新生活型態而採取萬全的防疫措施，或是致力於恢復消費力道，都有機會因此掌握商機。

· **一時性的意識型態／行動**：有些消費屬於「一時性需求」，民眾會希望能慢慢讓這些消費消失。比方說，有些人覺得在家裡吃飯的次數增加很有負擔，會希望這類新需求能慢慢地減少。如果能找到一些減輕這類不便的商品或服務，就能發掘商機。

· **消滅的意識型態／行動**：這部分屬於被歸類為多餘，而漸漸「消滅」的消費。比方說，有些人覺得聚餐是件麻煩的事，但在疫情爆發後，便得以從這種聚餐的習慣解脫。如果能找到減輕這類麻煩或是取代這類麻煩的商品與服務，就能發掘商機。

民眾的價值觀、意識型態、行為模式的改變，以及在新冠疫情之中仍持續變化的消費模式，可利用電通自創的「機會組合」矩陣掌握這股潮流的大方向。

　　如果能進一步將上述這些改變細分成飲食、美容、生活型態、經濟以及其他層面，就能更精準地進行分析。

⊕ 找出新價值觀、行為模式的「規劃師的洞察調查」

　　電通的女性行銷專業團隊「GIRL'S GOOD LAB」（舊稱：電通辣妹實驗室）為了掌握女性的「新消費型態」，以不同的角度分析新冠疫情之後的女性意識型態、行為模式、消費模式、生活型態產生哪些改變，也調查了在新冠疫情之後，變化特別顯著的8個價值觀。接下來要一邊公布當時的資料，一邊說明在爆發傳染病這類歷史重大事件之際，能快速瞭解新價值觀的**「規劃師的洞察調查」**。

　　接下來要介紹的方法只是眾多方法中的其中一種，卻也是我覺得最簡單、最容易執行的方法。只需要從「團體訪談」、「網路調查」、「與民眾聊天的訪談方式」以及其他方式之中，選擇一個自己覺得最容易執行的方法，再改造這個方法即可。

　　直接採訪民眾當然也是很有效的方法，但**如果身邊有一些知識份子，或是對於某個領域特別瞭解的人，收集這些人的觀點能夠更快掌握價值觀**。若不能在一開始縮減「目標對象」與「賣點」的範圍，就會錯過商機，所以調查也是兵貴神速。說是知識分子，也不用想得太困難，你身邊的同事或是業者都算是知識分子之一，因為他們平常就接觸很多特定領域的資訊。

GIRL'S GOOD LAB 為了找出女性的新價值觀，利用「意識型態、行為模式」、「消費行為」、「生活型態」這3個分析項目，從12位特別擅長女性行銷的電通規劃師收集了女性洞察變化預測資料（下圖）。

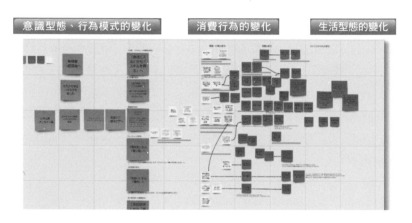

▲網路白板「miro」可同時讓很多人一起使用，也能使用「Post It」這類工具，非常適合於頭腦風暴（Brainstorming）或是整理資訊的時候使用

接下來，替這些資訊進行分組（下圖）以及分析。

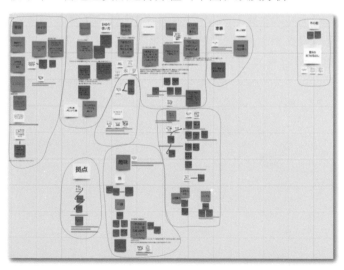

接著從中挑出變化特別顯著的8個價值觀趨勢。從各領域觀察這些價值觀，整理出下列8個結果。

女性的「新消費型態」
新冠疫情爆發後出現重大變化的8個價值觀趨勢

—美容— 省時美容 → 耗時美容	—工作— 爭取頭銜 → 掌握技巧
—妝髮— 一成不變 → 挑戰	—人際關係— 不重視 → 想重新建構
—時尚— 重視他人眼光 → 重視穿著舒適	—生活— 合理化 → 為了精緻的生活而投資
—飲食— 重視外觀 → 重視體驗	—興趣— 希望得到認同 → 希望得到自己的認同

為了瞭解與這8個價值觀趨勢連動的「行動」，也依序收集了「具體案例」。由於是2020年11月的資料，所以有些已經與現在不同，但在此為大家介紹3個案例。

◈ 調查案例：美容領域

美容領域出現了「省時美容 → 耗時美容」的變化。

到目前為止，業界都將注意力放在能拯救忙碌的女性的商品，但在新冠疫情爆發之後，待在家放鬆的時間增加不少，所以女性希望能多花一點時間保養肌膚。由於這時候的女性不太需要化妝，所以反過來追求素顏的美麗與健康，比起表面的保養，更想從根本進行保養。

具體的現象之一就是「居家美容」這個關鍵字備受注目。網路瑜珈教室或是遠端減重課程也得到消費者的青睞。有些人更趁著這段能用口罩遮住臉的時間拔智齒或接受整形手術。

在未來的可塑性方面，多花一點時間就能讓自己變漂亮的商

●價值觀趨勢收集範本

—美容—
省時美容 → 耗時美容

到目前為止，業界都將注意力放在能拯救忙碌的女性的商品，但在新冠疫情爆發之後，待在家放鬆的時間增加不少，所以女性希望能多花一點時間保養肌膚。由於這時候的女性不太需要化妝，所以反過來追求素顏的美麗與健康，比起表面的保養，更想從根本進行保養

具體現象

★居家美容
客製化髮質保養「MEDULLA」
客製化肌膚保養
「HOTARU PERSONALIZED」

おこもり美容応援キャンペーン
來源：株式會社 Sparty
https://prtimes.jp/main/html/rd/p/000000025.000034407.html

「居家美容」這個關鍵字得到關注。這個趨勢的背景在於「無法直接到門市接受服務的時候，就在家裡好好地保養頭髮與肌膚吧！」

★利用口罩遮住臉
　趁機做醫美整形

湯田眼科美容診所
Instagram ID：@yudagankabeauty

★居家瑜珈　　　https://www.soelu.com

瑜珈教室、網路瑜珈網站、名人、運動選手的居家瑜珈課程如火如荼地展開。在家裡練習瑜珈的人變多。

★網路減重飲食
　課程 Tabegram

透過遠端指導減重的服務「Tabegram」順利地增加了不少使用者。省略輸入個人資訊這些繁瑣的步驟，直接用 LINE 將 Tabegram 新增為朋友就能立刻使用服務這點，也受到消費者喜愛。

https://tabegram.net

Planner's Voice

●之前都沒時間好好地保養肌膚，現在總算有機會嘗試了，讓人覺得非常開心。
●比起外在的美麗，更重視健康、體力、免疫力與其他「內在的美麗」。
●與別人見面的機會減少，所以比較不在意衣服或化妝這類潮流。

未來的可塑性
多花一點時間就能讓自己變漂亮的商品變得比省時商品更受歡迎，也有更多人想挑戰長期保養的美容療程，例如有更多人想要接受去除黑斑、縮小毛孔、拉長睫毛、矯正牙齒這類需要長期忍耐的療程。

▲讀者限定福利　可於 P.510 下載「價值觀趨勢收集範本」

品變得比省時商品更受到歡迎，也有更多人想挑戰長期保養的美容療程，例如有更多人想要接受去除黑斑、縮小毛孔、美睫、矯正牙齒這類需要長期忍耐的療程。

規劃師的意見（Planner's Voice）中，記載了「與別人見面的機會減少，所以比較不在意衣服或化妝這類潮流」這類內容，我們也連帶收集了一些具體的爆紅服務的案例。

⊕ 調查案例：妝髮領域

妝髮領域出現了「一成不變 → 挑戰」的變化。

由於可以在美容上花更多時間，所以有機會檢視一成不變的妝髮，也有機會分辨該去沙龍整理的部分與不需要去沙龍整理的部分。因為不需要與任何人見面，所以更有勇氣挑戰，也更想在家裡進行實驗，提升自己的化妝技巧。

具體的現象包含居家就能完成的個人化染髮服務，以及熱門的美容儀器租借服務，都得到消費者的青睞。YouTuber 的化妝影片蔚為話題，有許多人也試著自己剪瀏海。

在未來的可塑性方面，經過各種實驗之後，妝容似乎會朝不同的方向進化。許多消費者發現之前必須在店家接受的服務，如今也能在家裡完成，所以能自行打造專業妝髮的商品似乎會越來越多。

在規劃師的意見上，記載了「能在家裡進行以往到店家才能完成的專業妝髮的服務廣受好評」。具體來說，發現許多 YouTuber 的影片或是暢銷商品受到青睞。

―妝髮―
一成不變→挑戰

由於可以在美容花更多時間，所以有機會檢視一成不變的妝髮，也有機會分辨該去沙龍整理的部分與不需要去沙龍整理的部分。因為不需要與任何人見面，所以更有勇氣挑戰，也更想在家裡進行實驗，提升自己的化妝技巧

具體現象

★COLORIS

https://coloris.shop/

能在家自行染髮的服務「COLORIS」因為業績大幅成長而受到關注。

★FELISSIMO 的美容機器租借網站「BEAUTY PROJECT」

https://www.felissimo.co.jp/beauty/select/

★YouTuber 化妝影片

https://www.youtube.com/watch?v=OrZHuNtTNMg

「整形妝容的 MIYU」這位 YouTuber 上傳了石原聰美化妝技巧的影片之後掀起話題。這部影片的點閱率高達 544 萬次。
※資料更新至 2021 年 7 月 14 日

★YouTuber 自行剪瀏海的影片

https://www.youtube.com/watch?v=rBxIPuW8E1E

「nanako ななこ」這位 YouTuber 上傳的自行剪瀏海的影片引爆了話題。這部影片的點閱率高達 242 萬次。
※資料更新至 2021 年 7 月 14 日

Planner's Voice

● 在家就能完成專業妝髮的服務備受歡迎。

● 由於待在家裡的時間變長，許多人開始挑戰之前很難嘗試的妝容。

未來的可塑性
在經過各種實驗之後，妝容似乎會朝不同的方向進化。許多消費者發現之前必須在店家接受的服務，如今也能在家裡完成，所以能自行打造專業妝髮的商品似乎會越來越多。

◈ 調查案例：生活領域

生活領域出現了「合理化 → 為了精緻的生活而投資」的變化。因為待在家時間變長，所以更希望在家裡打造舒適的空間。

即使經濟前景仍不明朗，許多人都希望盡可能減少消費的氛圍之下，有些人還是希望多花一點金錢、時間與心思投資「居住環境」，這種洞察也不容錯過。

具體發生的現象包含為了打造更舒適的居住工作環境，站立桌（可站著使用的桌子）或是椅子的訂單爆增，想買都買不到的情況。至於網路環境也產生了一些變化。之前大部分的人都使用不需額外施工的 WiFi 路由器，或是直接使用手機熱點連上網路，但在疫情爆發之後，有許多人特地安裝光纖，打造更穩定的網路環境。鮮花、甜點、咖啡、繪畫這類「非生活必需品，卻能讓生活增色的商品」也有不少人開始訂閱相關服務，甚至許多人「享受居家露營」的樂趣。

若從未來的可塑性來看，「居家消費」自 2008 年雷曼兄弟事件爆發之後就開始普及，而且每發生一次天災就會得到關注，但是自從新冠疫情爆發之後，長時間待在家裡的生活型態變成新常態，所以這類消費應該會持續下去。雖然有一些是「將外面的消費換成居家消費的代替性需求」，但居家工作所需的家具都是「全新的需求」，所以消費金額也更加可觀。

在規劃師的意見上，記載了「原本只有特定人士重視的『精緻生活』變成每個人的新日常。有些人開始在家煮飯，或是買花裝飾家裡」這類內容。也列出了一些備受關注的商品與案例。

─生活 合理化─
為了精緻的生活而投資

正因為待在家的時間變長，所以更希望在家裡打造舒適的空間。即使經濟的前景仍不明朗，許多人都希望盡可能減少消費的氛圍之下，有些人還是希望多花一點金錢、時間與心思投資「居住環境」，這種洞察不容錯過。

具體現象

★家具的網路購物市場不斷成長

★550 日圓就能嘗試的鮮花訂閱服務「bloomee」

Assistia
公司代表：小林菜穗美
升降式桌子在北歐已有 90% 的企業採用。據說可緩解肩膀僵硬、腰痛的問題，還能提升注意力。為了打造更舒適的居住工作環境，站立桌（可站著使用的桌子）或是椅子的訂單爆增，想買都買不到的情況。

★繪畫訂閱服務「Casie」

鮮花、甜點、咖啡、繪畫這類「非生活必需品，卻能讓生活增色的商品」也有不少人開始訂閱相關的服務。

★光纖網路申請人數爆增

之前大部分的人都使用不需額外施工的 WiFi 路由器，或是直接使用手機熱點連上網路，但在疫情爆發之後，有許多人特地安裝光纖，打造更穩定的網路環境。

★露營備受歡迎

在家也能滿足「五感」的商品或服務再次獲得青睞。由於網路服務或快遞服務缺少感官方面的刺激，所以許多人希望打造更能刺激五感的居住環境。
比方說，音效極佳的家庭劇院，或是能享受滿室馨香的入浴劑、高級餐廳的外帶餐點，能在家裡種植物，在家裡烤肉、搭帳蓬的露營用品，在業績方面都有不錯的成長。

Planner's Voice

●原本只有特定人士重視的「精緻生活」變成每個人的新日常。有些人開始在家煮飯，或是買花裝飾家裡。

●更願意投資生活，提升生活品質。

●更願意花錢在全家能一起享受的物質。

未來的可塑性
「居家消費」自 2008 年雷曼兄弟事件爆發之後開始普及，而且每發生一次天災就會得到關注，但自從新冠疫情爆發之後，長時間待在家裡的生活型態變成新常態，所以這類消費應該會持續下去。雖然有一些是「將外面的消費換成居家消費的代替性需求」，但居家工作所需的家具都是「全新的需求」，所以消費金額也更加可觀。

　　找出這些「價值觀」與從價值觀衍生的「行動」，可進一步**釐清目標對象的價值觀與行動**。以美容為例，就是「擁有想在家完成以往在外面才能得到的專業服務這種價值觀的人」；在時尚方面，就是「不再關心那些為了特定場合而穿的服飾，而是想買自己穿起來舒服、順眼的衣服的人」；在飲食方面，則是「在疫情爆發之後，想要在家裡自己煮飯的人」。

⊕「規劃師的洞察調查」實踐方法

　　到目前為止，透過規劃師的洞察調查收集的都是女性的價值觀趨勢資料。有機會的話，請大家務必試著從自己從事的「業種」、「業態」，或是負責的「商品」與「目標對象區隔」找出價值觀，藉此統整這種調查的方法。

　　請試著詢問你身邊不斷思考商品的人，以及擅長收集資訊的人。比方說，讓對方看看本書的P.304、306、308內容，再問他們「我想試著製作食品業的版本，可以幫我列出一些在食品業有改變的價值觀嗎？」問得到10個人的意見就差不多了。

　　具體的詢問方式如下。

STEP1：「規劃師的洞察」郵件問卷

可自行修改下列的郵件內容。

===

目前正在統整在△△（例如：新冠疫情）的情況下，在「女性」消費者之中，特別顯著的消費趨勢。

為此，希望能收集以女性為目標對象，長期從事規劃業務的規劃師的看法。還請各位規劃師回答下列的問題。

想到什麼就寫什麼也沒關係，請各位在「○／○（星期○）17：30」之前回覆，非常感謝！

■問題

在△△（例：新冠疫情爆發）後，日本女性的意識型態、行為模式、消費習慣、生活型態產生了哪些變化呢？

請根據下列3項重點回答您的看法。（就算只有幾句話，或是只回答了其中幾點也沒關係）

①意識型態、行為模式的變化
②消費習慣的變化
③生活型態的變化

===

　　期限可設定為3天到1週左右，快速地收集資料。有範本能讓對方比較容易瞭解問題，也比較容易提供情報，所以可讓對方一邊看著本書的示範圖（價值觀趨勢收集範本），一邊回答題目。

　　除了詢問專家或是權威之外，也可以詢問一些近在身邊的人，例如，雖然只是玩票性質卻對這類主題有一定瞭解的人，或是對於**趨勢變化特別敏感的人。**我的團隊會同時向100位同為策略規劃師的夥伴發出問卷，再根據其中十幾位的回答進行分析。

STEP2：分組、分析

　　接著透過分組與分析來縮簡「價值觀」的範圍。

　　大家不用把分組想得太困難，建議使用「Post It」這類便條紙簡單地分類即可，不然也可以使用「miro」這套可以取代便條紙的網路服務。這套服務很容易操作，我很常使用（參考P.302）。分組的方法有很多種，在此推薦「KJ法」。

KJ法：將收集到的資訊寫在卡片或是便條紙，再將類似的資訊分在同一組，藉此整理與分析資訊的手法。

STEP3：針對已經發生的現象與案例進行案頭研究

　　最後是針對每個分完組的「價值觀」收集相關的現象（群眾的行動或是暢銷商品案例）。**收集資料時，千萬不要亂槍打鳥，而是要先決定框架再收集。**建議使用本書提供的範本（P.304）收集資料。

STEP **1**
規劃師的洞察

郵件問卷

■問題
在△△(例:新冠疫情爆發之後)
之後,日本女性的意識型態、
行為模式、消費習慣、生活型
態產生了哪些變化呢?

請根據下列 3 項重點回答您的
看法(就算只有幾句話,或是
只回答其中幾點也沒關係)。

① 意識型態、行為模式的變化
② 消費習慣的變化
③ 生活型態的變化

※郵件內文請參考 P.308

有範本能讓對方比較容
易瞭解問題,也比較容
易提供情報,所以可讓
對方一邊看著本書的示
範圖(價值觀趨勢收集
範本),一邊回答題目

STEP **2**
分組、分析

可考慮使用
「KJ 法」!

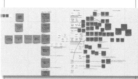

不用把分組想得太困難,
建議使用「Post It」這
類便條紙簡單地分類即
可,也可以使用「miro」
這套可以取代便條紙的
網路服務

STEP **3**
針對已經發生的現象
與案例

進行案頭研究

案頭研究
先決定框架再收集資料

⊕ 什麼是目標對象人物畫像?

　　完成「目標對象側寫」之後,可從目標對象團體之中挑出 1
人,建立單一目標對象的人物畫像。

　　人物畫像就是最符合商品或服務的理想顧客樣貌。

人物畫像與目標對象的差異在於，**目標對象是經過分類的顧客團體，人物畫像則是從目標對象之中篩選的單一人物樣貌，就性質而言，非常接近實際的顧客。**

在替目標對象側寫時，通常是針對目標對象區隔這種「團體」進行剖析，但是替人物畫像進行側寫時，則會將範圍縮減至「單一人物」再進行剖析。

◉目標對象與人物畫像的差異

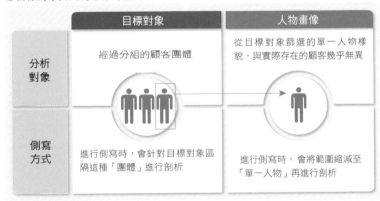

透過目標對象人物畫像取得的資訊

舉例來說，建立了「有車的20-49歲女性」這個大致的顧客區隔，也在經過側寫之後找到「喜歡時尚，但不太在意車內裝潢是否很時尚」這個價值觀。

雖然想將符合這種價值觀的人設定為目標對象，但為了進一步釐清「商品的設計該怎麼做？」、「商品文案該怎麼寫？」及「該在哪裡打廣告？」這些細節，就必須讓目標對象的樣貌更加清晰。

有車的 20-49 歲女性
喜歡時尚，但不太在意車內裝潢是否很時尚

目標對象整體

・商品的設計該怎麼做？
・商品文案該怎麼寫？
・該在哪裡打廣告？

在釐清這些細節時，具體想像某個「單一人物」是非常重要的技巧，如此一來，就能得到「Ａ小姐的話，應該不會使用這個，對這個沒興趣」、「Ａ小姐的話，應該比較喜歡這個」、「Ａ小姐的話，應該比較想要這個」、「Ａ小姐的話，應該會比較喜歡這樣做」、「Ａ小姐的話，這個應該沒辦法」這類結論。

有車的 20-49 歲女性
喜歡時尚，但不太在意車內裝潢是否很時尚

目標對象整體

Ａ 小姐

・Ａ小姐的話，應該不會使用這個，對這個沒興趣
・Ａ小姐的話，應該比較喜歡這個
・Ａ小姐的話，應該比較想要這個
・Ａ小姐的話，應該會比較喜歡這樣做
・Ａ小姐的話，這個應該沒辦法

可得到這類結論

在釐清細節時，具體想像某個「單一人物」是非常重要的技巧

人物畫像的重點在於「該人物的想法」與「該人物會採取哪些行動」，而不是「該人物的屬性」。

使用人物畫像進行分析時，要注意的是下列 4 個觀點，而不是人物本身的屬性。

利用人物畫像進行分析時，應該深入探討的 4 個觀點

✔ 目標對象有哪些煩惱／需求
✔ 目標對象的行為模式
✔ 目標對象的意識型態或情緒的變化
✔ 與目標對象的接觸點

目標對象有哪些煩惱？又有哪些需求？（煩惱／需求）。會以何種基準進行選擇？（行為模式、意識型態），我們與目標對象又有哪些接觸點？（P.293）一旦能釐清這些細節，就有機會找到替目標對象解決煩惱或需求的方案，也就能找到所謂的賣點。這些都是在打造暢銷商品時，可用來擬定決策的資訊。

人物畫像的優點在於，它能幫助我們具體想像某個實際存在的人物。

人物畫像分析祕訣：利用「Prototype for One」的構想描繪人物畫像

一般來說，人物畫像都是虛構的人物樣貌，但在本書介紹的調查方式之中，**人物畫像不會是「虛構的人物」，而是會設定成實際存在的人物**，因為這樣絕對比較容易想像。

其實要描繪虛構的人物畫像沒那麼簡單。正**因為是虛構，所以該人物樣貌很容易受到製造者或銷售者的想法影響**。一旦打造

了只反映自家公司（企業端）想法的人物畫像，而非符合顧客樣貌的人物畫像，就很難找到打動顧客的洞察（最純粹的煩惱與需求）。為了避免這類情況發生，才會建議大家在規劃策略的時候，將人物畫像設定為實際存在的人物，這樣也比較容易想像。

在確實地精簡目標對象與賣點的範圍之後，的確可將虛構的人物畫像當成說明企劃的簡報資料使用，但是在規劃策略時，最好先將具體且實際存在的人物畫像放在腦袋裡。

我隸屬的「電通B團隊（P.381-383）曾自創「Prototype for One」這個發掘創意的企劃手法。有興趣的讀者可參考由電通B團隊整理的《新概念大全》（KADOKAWA）。「Prototype for One」就是為了特別重要的某個人物發掘創意的企劃手法。

為瞭解決家人、親戚、情人、朋友、寵物、顧客以及身邊的某個人的煩惱而發明了某樣產品之後，結果該產品是大家都想要的商品——這種例子其實所在多有。

比方說，「KUMON」這個全世界知名的公文式教育，一開始是擔任高中數學老師的爸爸為了教兒子算數所開發的教材。

此外，HONDA的「本田小狼」（Super Cub）也是其中一例。HONDA創辦人本田宗一郎於二次世界大戰之後，為了讓騎著腳踏車載運貨物的老婆能更輕鬆爬上坡道，而將引擎裝在腳踏車上，這就是本田小狼的起源。

「Prototype for One」這種企劃手法的目標對象是實際存在的「某個人物」，而且這個人物近在身邊，所以隨時可以觀察「目標對象」的行為模式或習慣，也比較容易知道目標對象的潛在需求，以及遇到了哪些問題或課題。

「如果遇到這種煩惱，這樣做應該就能幫上忙」，從這種想法導出的解決方案當然與這個目標對象的故事密不可分。此外，**正因為是近在身邊的人，所以更有動力打造原型，也比較能一邊調查這位目標對象，一邊改善原型。**

●電通B團隊的「Prototype for One」

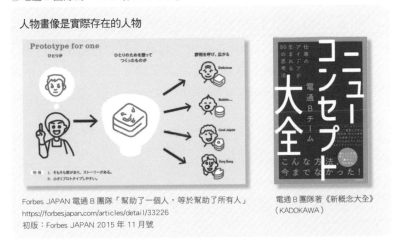

人物畫像是實際存在的人物

Forbes JAPAN 電通B團隊「幫助了一個人，等於幫助了所有人」
https://forbesjapan.com/articles/detail/33226
初版：Forbes JAPAN 2015年11月號

電通B團隊著《新概念大全》
（KADOKAWA）

人物畫像可以很多，但應以實際見過面的人為雛型

人物畫像可以不只1人。「目標對象是朋友A、同事B」，想像的對象超過2個人也沒關係，但盡可能是曾經實際見過面的人。

比方說，我在寫這本書的時候，就將「想從婚禮規劃師的立場重振婚禮會場業績的大學時代的朋友A」、「想在書市景氣不佳的情況下，打開書籍銷售量的編輯N」、「不知道該怎麼說明自家商品價值的新創企業經營者S」設定為人物畫像。

要注意的是，若人數太多，反而會剪不斷理還亂，所以每個區隔（相同條件的目標對象）不要超過2-3人。

如果很難根據身邊的人建立人物畫像，可從焦點團體訪談這類質化調查之中，選擇某位受訪者作為人物畫像的角色。或許這位受訪者比不上身邊的朋友，但至少是實際見過面，也曾經聊過天的人，相對來說比較容易想像。

◇ 收集人物畫像的補充資料

從實際存在的人物中選出人物畫像的人設之後，若想取得更細膩的參考資訊，可透過社群媒體搜尋與人物畫像形象相近的人物，再觀察這類人物的行為模式。若能事先累積這些人物的照片、貼文以及相關的資料，之後就能用來瞭解顧客。

想知道人物畫像的角色想要的生活型態、喜歡的潮流或是事物，可將「讀者群設定明確的時尚雜誌或其他媒體」當成備用的資料。

在此將描繪人物畫像的重點整理成右上角的圖。

◉描繪「人物畫像」的重點

✔ 以「Prototype for One」的構想將人物畫像設定為實際存在的人物，思考「該人物會如何思考」或「該人物會採取何種行動」。

✔ 人物畫像的對象可以很多個，但每個區隔（條件相同的目標對象）不要超過 2-3 人。

✔ 如果很難根據身邊的人建立人物畫像，可從焦點團體訪談這類質化調查中選擇某位受訪者作為人物畫像的對象。或許這位受訪者比不上身邊的朋友，但至少是實際見過面，也曾經聊過天的人，相對比較容易想像。

✔ 從實際存在的人物中選出人物畫像的對象之後，若想取得更細膩、更廣泛的參考資訊，可透過社群媒體搜尋與人物畫像形象相近的人物，再觀察這類人物的行為模式。

✔ 想知道人物畫像的對象想要的生活型態、喜歡的潮流或是事物，可使用讀者群設定明確的時尚雜誌。

縮減人物畫像的角色範圍，具象目標對象的「人物畫像具像化作業」，案例：VIGO MEDICAL 高壓氧製造器

到目前為止，從「大致的顧客區隔」這種目標對象團體中挑出形象鮮明的人物，建立人物畫像，也具象了目標對象的樣貌。

假設有團隊成員設定太多人物畫像的角色，或是每個區隔都選了4人以上，這時候就可以試著進行**「人物畫像具象化作業」**。

「人物畫像具象化作業」是讓整個團隊提供許多目標對象人物畫像，再根據這些資料精簡目標對象側寫資料的方法。

這項作業的流程請參考下一頁的說明。

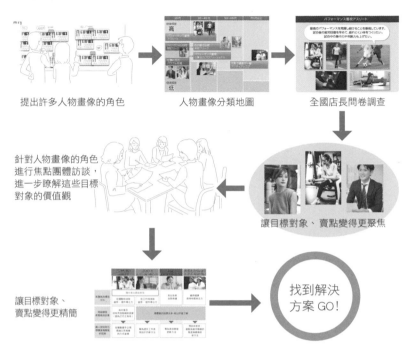

◉「人物畫像具象化作業」的整體流程

提出許多人物畫像的角色　　　　　人物畫像分類地圖　　　　　全國店長問卷調查

針對人物畫像的角色
進行焦點團體訪談，
進一步瞭解這些目標
對象的價值觀

讓目標對象、賣點變得更聚焦

讓目標對象、
賣點變得更精簡

找到解決
方案 GO！

　　接著讓我們透過高壓氧製造商「VIGO MEDICAL 株式會社」
的案例，瞭解這項作業的流程與實踐方法。

　　VIGO MEDICAL 是一間以「開發每個人在生病之前都能使用
的高壓氧」為信念的公司。

　　所謂的「高壓氧」就是比空氣中的氧氣濃度更高的氧氣。順
帶一提，空氣中的氧氣濃度為「21%」。在大自然之中，沒有這
種「高濃度」的氧氣，所以只能透過人工製造。

　　一般來說，吸收高壓氧具有下列效果：可促進血液循環，提
升體溫、免疫力、肌膚美白、減重（促進脂肪燃燒）、提升記憶

力、專注力、消除疲勞、預防與緩解宿醉症狀、預防疾病與失智、睡得更熟，還有許多令人期待的效果。

最為人所知的高壓氧裝置包含人工呼吸器、高壓氧艙、氧氣瓶。人工呼吸器限醫療使用，每瓶氧氣瓶只能使用2分鐘左右，所以通常只在爬山或運動時使用，可使用的情況極為有限。此外，體育館或整骨診所採用的「高壓氧艙」一台通常要價幾百萬元。

早在幾十年前，醫界與運動界就知道高壓氧對人體有各種好處，但民眾要於日常生活吸收高壓氧，門檻還是非常高。

因此，VIGO MEDICAL製造了世界最小、最輕（A4大小），一般家庭也能使用的高壓氧製造器。這是幫助使用者每天吸收20分鐘高壓氧，以獲得健康效果的商品。

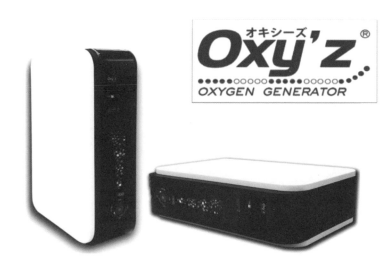

▲由 VIGO MEDICAL 製造與銷售的高壓氧製造器「Oxy'z」

既然 VIGO MEDICAL 開發了新商品，接下來就是要召開會議，決定這項新商品的目標對象。

⊕ 大量收集人物畫像的作業

VIGO MEDICAL 的高壓氧製造器是否該培養成任何顧客（人物畫像）都能購買的品牌呢？如果針對某個人（人物畫像）開發新商品的話，能不能讓更多人知道高壓氧的價值呢？

為了找出上述問題的人物畫像，團隊中的每一位成員都提供了目標對象的人物畫像。可於此時使用的範本請參考下一頁內容。

於是，使用右頁的範本找出了這兩種人物畫像。

> ✔ VIGO MEDICAL 現有的顧客
> ✔ 接下來希望增加的 VIGO MEDICAL 顧客
> 　（希望這類人購買）

● 收集人物畫像的範本

姓名：

突顯氣質的照片　　突顯氣質的照片

全身照片

行動　（※只有認為是特徵的才可以納入）
興趣
喜歡的雜誌、電影或書籍
喜歡的公仔、藝人
喜歡的時尚品牌
喜歡的餐廳
常去的店家、場所，常去玩的地方…等

基本的人口統計資訊

人物畫像的姓名、年齡
婚姻狀況、有無小孩
職業、學生時代的主修
年收入或可自由支配的資金…等

價值觀　重視的事物有哪些
擁有何種價值觀或思考邏輯
不做什麼
喜歡什麼、討厭什麼…等

▲讀者限定福利　可於 P.510 下載「收集人物畫像的範本」

在填寫這個範本時，可順便根據下列的觀點想像目標對象。

✔ 該人物是怎麼樣的人？

✔ 該人物會被哪些價值觀吸引？

✔ 在這些價值觀之中，VIGO MEDICAL 的商品符合哪些價值觀，不符合哪些價值觀？

　為了讓想像更豐富、更真實，最好是邊想像實際存在於周遭的人邊填寫，而不是想像虛構的人物。

以下是收集到的人物畫像表格。

行動	• 興趣是摘薰衣草以及製作薰衣草棒
	• 很喜歡在院子種花
	• 會種香草以及其他能吃的植物
	• 通常開車移動，擔心自己運動不足
	• 喜歡在 AEON 這類購物中心聰明地消費
	• 喜歡在購物頻道尋找新商品
	• 一直都在減重

基本的人口統計資料

NORIKO　60 幾歲
居住於埼玉
家庭主婦
兩個孩子都已獨立
可自由支配的金錢增加了

價值觀
• 喜歡與別人見面、聊天
• 希望自己隨時保持年輕的心情
• 很注重養生
• 希望外表比實際年齡年輕，所以常參考女兒的打扮或是美容資訊
• 會在化妝品與美容保養品上花錢，而且很努力保養
• 不會衝動消費，不管商品用了多久，都會很小心地使用

Targets

由於 10 個人各提供了 5 張人物畫像表格，所以總共收集到 50 張這種人物畫像表格。接下來要試著分類。

selling points

Chapter→ 5

◇ 製作人物畫像分類地圖

經過分類與整理的人物畫像就是下方的人物畫像分類地圖，以及各種分類的人物畫像說明表。

◉人物畫像分類地圖

◉人物畫像說明表

▲讀者限定福利　可於P.510下載「人物畫像分類地圖」與「人物畫像說明表」

⊕ 利用公司內部問卷調查聚焦人物畫像

對於在全國設有門市的企業，可利用人物畫像表格向全國門市的店長進行下列兩種問卷調查。有時候可**透過在現場面對顧客的員工的意見，得到一些新發現。**

請一邊看著人物畫像表格，一邊提出下列問題。

✔ 哪種人物畫像較接近實際光顧的顧客？

✔ 哪種人物畫像比較能提升業績？

如此一來，就能參考這類問卷調查，找出該重視的人物畫像。

縮減人物畫像的角色範圍之後，接下來要思考這些人會不會購買商品。如果這些人已經是顧客，就可以思考如何提升他們的忠誠度（對商品、品牌的信賴與喜愛）。如果這些人還不是顧客，可以一邊分析人物畫像，一邊思考該祭出哪些策略，讓這些人願意轉向我們。

⊕ 利用訪談聚焦與精緻化人物畫像

透過實際聚集與人物畫像角色條件接近的人，以焦點團體方式更深入地挖掘他們的價值觀，並提煉角色。

◉人物畫像聚焦表

重視表現的運動選手

- 希望能持續拿出最佳表現
- 希望能擁有在比賽之後迅速消除疲勞，不易疲勞的身體
- 希望提升比賽時的專注力與判斷力

投資自己 讓自己變得更好的美容愛好者

- 對自己的外表與內在有一定的想法與美學
- 對潮流敏感，喜歡嘗試新穎的事物
- 努力美白，讓自己變美麗、願意在必要的東西投資金錢與時間

重視表現 全力工作的專家

- 希望能在職場隨時拿出最佳表現
- 希望擁有快速消除疲勞，不易疲勞的身體
- 希望提升工作時的專注力與判斷力

最重視活力與健康 生活積極的銀髮族

- 希望隨時保持年輕
- 有閒有錢，願意在能夠讓自己保持活力的事物上投資
- 願意嘗試新的健康食品或健康器材
- 願意嘗試有口碑的商品，或是電視節目介紹的養生方法

◉人物畫像精緻化表

重視表現
全力工作的專業人士

希望在職場隨時拿出最佳表現
隨時努力提升自己
認為維持健康是基本常識

價值觀	・埋首於工作，過著工作與私生活沒有區分的生活 ・認為身體就是資本、非常重視養生與維持健康 ・對於能快速消除疲勞，打造不易疲勞的體質的事物有興趣 ・想要打造能提升職場的專注力、判斷力的環境 ・認為高品質與樸素是基本，希望優質的東西能夠用得長長久久	
生活行動的特徵	重視健康管理 會運動，也會投資家具，打造良好的睡眠環境	希望在既是職場又是私人空間的家裡享受生活 會在湘南的咖啡廳購買在地烘焙的咖啡豆 對於料理或室內裝潢非常有興趣 ……
喜歡的品牌與理由	**UNIQLO** 價格便宜、品質穩定 是基本服飾，也很耐穿	**unico** 喜歡時尚的室內裝潢 希望優質的東西可以用得長長久久 ……

▲讀者限定福利　可於P.510下載「人物畫像聚焦表」與「人物畫像精緻化表」

◈ 針對目標對象人物畫像思考賣點

接著，我們針對各種目標對象提出賣點。

◉ 依照人物畫像角色分類的賣點表

	重視表現的運動選手	重視表現全力工作的專業人士	投資自己，讓自己變更好的美容愛好者	最重視活力與健康生活積極的銀髮族
高壓氧的價值 賣點	隨時拿出最佳表現		美白效果 自我保健	維持健康 保持年輕與活力
	在運動時消除疲勞，提升專注力	在工作時消除疲勞，提升專注力		
阻礙購買高壓氧的因素	尚未普及 沒有其他阻礙的因素(因為已行之有年)	高壓氧的效果太多，所以不甚了解		
讓人物畫像角色想購買高壓氧的因素	在運動選手之間透過口耳相傳的方式宣傳	專為提升工作表現設計的新方法	專為美容開發的新方法	預防失智症，銀髮族維持積極的態度與健康的新方法

▲ 讀者限定福利　可於 P.510下載「依照人物畫像角色分類的賣點表」

在此介紹的方法，很適合使用於想要開發有別於過去暢銷商品的新商品，或是想要重塑商品或品牌知名度的時候，**用來擴大視野，進一步思考目標對象的可塑性。**

◈ 找出賣點

第5章的最後是實踐流程❸的部分，也就是利用流程❷的「人物畫像」（聚焦過後的目標對象）找出賣點。

●「市場」的概況分析
分析市場規模、預測市場的成長、新知、趨勢

●設定「目標對象（顧客）」與掌握顧客群的結構先快速分類顧客，再鎖定具體的目標對象

●提升「目標對象（顧客）」的解析度
利用目標對象側寫、人物畫像分析提升目標對象的個人特徵、價值觀、行為模式、情緒變化的解析度

流程❸
發現賣點

●利用「目標對象（顧客）」洞察與顧客旅程地圖找出「賣點」
找出藏在顧客內心深處的煩惱與欲望，再擬定打動顧客的策略

①市場、顧客
Customer

競合

　　在透過「發現洞察」的步驟找出顧客最深層、最純粹的煩惱與需求之後，再利用顧客旅程地圖擬定打動顧客的對策。

　　不論「洞察的分析」還是「顧客旅程地圖」，都會用到「人物畫像」。**可利用目標對象的「洞察」分析與「顧客旅程地圖」找出前述「人物畫像分析的4個觀點」。**

✔ 目標對象有哪些煩惱／需求（**洞察**）
✔ 目標對象的行為模式（**顧客旅程地圖**）
✔ 目標對象的意識型態或情緒的變化（**顧客旅程地圖**）
✔ 與目標對象的接觸點（**顧客旅程地圖**）

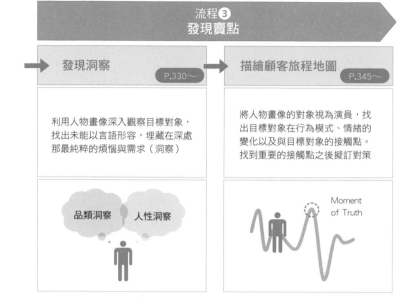

流程❸
發現賣點

發現洞察	描繪顧客旅程地圖
P.330〜	P.345〜
利用人物畫像深入觀察目標對象，找出未能以言語形容，埋藏在深處那最純粹的煩惱與需求（洞察）	將人物畫像的對象視為演員，找出目標對象在行為模式、情緒的變化以及與目標對象的接觸點。找到重要的接觸點之後擬訂對策
品類洞察　人性洞察	Moment of Truth

⊕「洞察」究竟是什麼？

「消費者洞察」是深入顧客本身無法以言語形容的領域（潛意識）所發掘的「本質」。為了打動顧客的心，必須進入顧客的心，傾聽顧客的心聲，找出顧客的動力，也就是深入觀察人類心中那塊最為渾沌不明的領域。

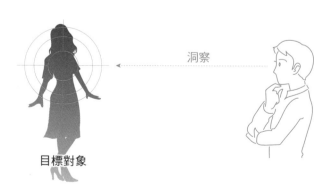

目標對象　←――― 洞察

　　曾有研究報告指出，顧客其實不太瞭解自己的行動，僅有 5%
的行為是憑著自己的意識，其餘 95% 的行為都是在潛意識下完
成。換句話說，人類的行動或是意識就像是冰山的一角，只有一
部分浮在水面上，而我們要做的就是洞察這些行動或意識，再找
出沉在水面下**無法以言語形容的部分**，也就是藏在「**最深處與最
純粹的煩惱與需求**」（下圖）。

浮在水面上的行動
與言語足以形容的
意識

洞察

沉在名為潛意識的
水面之下，未能化
為言語的本質

　　在此要利用人物畫像深入觀察目標對象，一步步勾勒目標對
象的洞察。

⊕「發現洞察」的範例：遲遲不來的電梯問題

　　為什麼需要發現洞察？因為沒發現洞察，就有可能無法對症
下藥。讓我們透過「遲遲不來的電梯」這個案例※說明這是怎麼一
回事。

※筆者根據《Are You Solving the Right Problems（哈佛商業評論論文）》（Thomas Wedell-
Wedellsborg著、DIAMOND社出版）編寫

你是某間辦公室大樓的房東，許多租客都向你抱怨「等待電梯的時間很長」。

當你找來大家集思廣益之後，得到了「換台電梯、更換更有力的馬達、升級驅動電梯的演算法」這類方案，但電梯的速度已經沒有提升的空間。

最後，這個問題的解決方案非常簡單，就只是在電梯旁邊安裝鏡子而已。

這個方法大幅減少了租客的抱怨，因為只要給租客一些看了會入迷的東西，這些租客就會忘了時間（在這個例子之中，租客會看自己看到入迷）。

讓我們套用發現洞察所使用的「行銷規劃的基本結構」來瞭解這個案例。

◯ 策略規劃的基本結構與發現洞察的方法

◉行銷規劃的基本結構

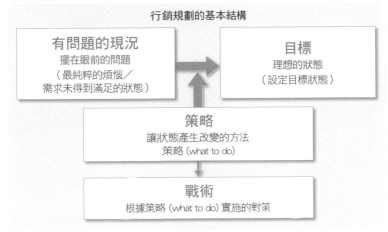

行銷規劃的基本結構

有問題的現況
擺在眼前的問題
（最純粹的煩惱／
需求未得到滿足的狀態）

目標
理想的狀態
（設定目標狀態）

策略
讓狀態產生改變的方法
策略（what to do）

戰術
根據策略（what to do）實施的對策

▲讀者限定福利　可於P.510下載「行銷規劃的基本結構」

　　由於問題（最純粹的煩惱／需求未得到滿足的狀態）已經擺在眼前，所以透過出問題的現況，設定希望情況產生哪些變化、以及設定理想的狀態，也就是最終的目標。要設定的是讓現況產生改變的策略（what to do）與戰術（根據策略實施的對策）。

　　在這個案例之中，擺在眼前的問題是「電梯一直不來，讓等電梯的人覺得很煩」，所以若要根據這個狀態設定目標，最理想的狀態就是「縮短等電梯的時間，減輕使用者的壓力」。如此一來，解決問題的對策就是「提升電梯的速度」，也就必須「開發速度更快的電梯」（下頁圖）。

　　可是，就算電梯的速度真的稍微快一點，很可能還是無法達成「減輕使用者壓力」這個目標，無法從根本解決問題。

因此，該進一步發掘目標對象的洞察。

一開始將洞察設定為「電梯很慢」這種表面的煩惱（表面的分析）
也沒關係，但這麼做很難打動顧客的心。

有問題的現況
（＝擺在眼前的問題）

電梯遲遲不來
讓人覺得很煩

目標
（＝理想的狀態）

讓等電梯的時間
一下子就過去

策略（what to do）
提升電梯的速度

電梯的速度已
無法提升……

戰術
開發更快的電梯

深入探討人物畫像，就能發現洞察。結果發現，最深層、最純粹的煩惱與需求是「覺得等電梯的時間很浪費，讓人覺得很煩躁（而不是電梯的速度）」，若根據這個洞察設定目標，就可以知道理想的狀態是「讓等電梯的時間一下子就過去」，也就能找到「讓使用者忘記等電梯的時間」的對策，也就是「在電梯旁邊裝一面鏡子」（右頁圖）。

一下子要進行如此深入的分析是很困難的，所以一開始可先將問題預設為「電梯遲遲不來，讓人覺得很煩」這種表面的煩惱（表面的分析）。此時的重點在於，別根據表面的煩惱擬定對策。一旦能深入探討洞察，**設定「有問題的現況」與「理想狀態」，就能找到達成理想狀態的方案（對策）。**

◉洞察起點規畫表

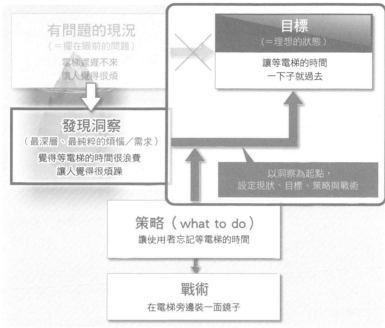

有問題的現況
（＝擺在眼前的問題）
電梯遲遲不來
讓人覺得很煩

發現洞察
（最深層、最純粹的煩惱／需求）
覺得等電梯的時間很浪費
讓人覺得很煩躁

目標
（＝理想的狀態）
讓等電梯的時間
一下子就過去

以洞察為起點，
設定現狀、目標、策略與戰術

策略（what to do）
讓使用者忘記等電梯的時間

戰術
在電梯旁邊裝一面鏡子

▲讀者限定福利　可於P.510下載「洞察起點規劃表」

◈「發現洞察」的範例：DOLLY WINK 10秒美睫 ※

接著讓我們透過本書多次介紹的KOJI本舖的DOLLY WINK假睫毛案例（於P.138~、P.269~、P.403、P.432~、P.442~介紹）思考發現洞察的流程。

根據「目標對象認為假睫毛很花俏，不自然」這個擺在眼前的問題設定目標之後，可以知道理想的狀態是「目標對象想使用看起來很自然的假睫毛」。如此一來，解決方案就是「消除假睫毛那些很花俏、很不自然的印象」，為此要「開發看起來很自然

※新·局部假睫毛

的假睫毛」（下圖）。不過，市面上已經有「看起來很自然的假
睫毛」，但這類產品還是沒有成為暢銷商品。

如果像這樣**根據表面的分析擬定對策，通常會擬出看似正
確，但每個人都想得到的策略，當然就無法催生暢銷商品。**

因此要進一步挖掘目標對象的洞察。

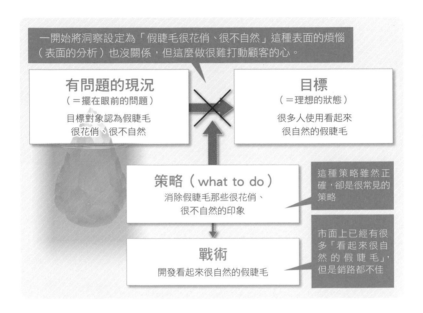

一開始將洞察設定為「假睫毛很花俏、很不自然」這種表面的煩惱
（表面的分析）也沒關係，但這麼做很難打動顧客的心。

有問題的現況
（＝擺在眼前的問題）
目標對象認為假睫毛
很花俏、很不自然

目標
（＝理想的狀態）
很多人使用看起來
很自然的假睫毛

策略（what to do）
消除假睫毛那些很花俏、
很不自然的印象

這種策略雖然正
確，卻是很常見的
策略

戰術
開發看起來很自然的假睫毛

市面上已經有很
多「看起來很自
然的假睫毛」，
但是銷路都不佳

深入探討人物畫像就能找到洞察。結果發現，最深層、最純
粹的煩惱／需求是「睫毛膏與美睫都很麻煩。如果有更方便的產
品就會想使用」。根據這個洞察設定目標之後，發現理想的狀態
是「讓目標對象知道現在的假睫毛已經進化，比睫毛膏或美睫還
方便」。因此可實施的對策就是「讓目標對象知道假睫毛與美睫
一樣自然，而且更便宜、更好用」，為了達到這個目標，才打算
開發「10秒美睫」這項產品（上圖）。

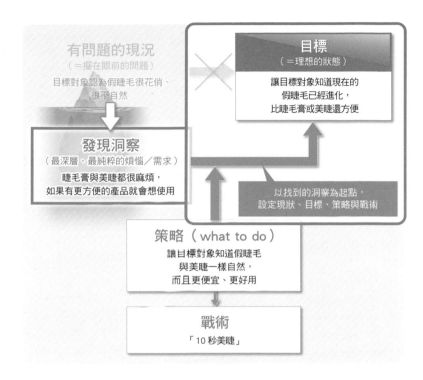

由此可知，打造暢銷商品的靈感源自洞察。根據洞察設定目標是非常重要的第一步，如果這一步沒踩穩，就無法看出真正的「問題」。

那麼到底該怎麼做才能發現洞察呢？在此為大家介紹發現洞察的方法。

⊕ 站在「品類洞察」與「人性洞察」的平衡點，找到「關鍵
　洞察」

　　如下圖所示，關鍵洞察的重點在於不偏向「品類洞察」或是
「人性洞察」（P.236也曾說明這點）。

　　當我們過於習慣從製造者、銷售者的角度看事情，長期負責
同一項商品或產品，想法或看法往往會不知不覺偏向品類洞察，
這也是我們要格外注意的部分。

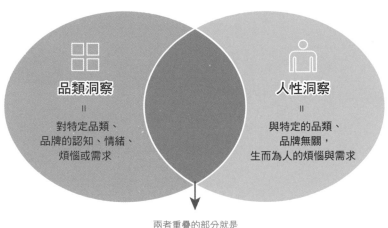

兩者重疊的部分就是
關鍵洞察

　　若以剛剛提到的 DOLLY WINK 為例，「假睫毛是過時的產
品，而且得花很多時間使用」的成見，或是「化妝本來就很麻煩
（睫毛膏或美睫也很麻煩）」的煩惱，都是化妝品或假睫毛的「
品類洞察」。

　　想「更有效率地使用時間」或「更加節儉」的需求則是「人
性洞察」。

　　在設計商品時，很容易不小心將全部的注意力放在「品類洞察」，**但其實那些能打動顧客的策略與戰術，往往具有普遍而近乎本質的人性洞察。**

◉關鍵洞察發現表
　例：DOLLY WINK「EASY LASH」

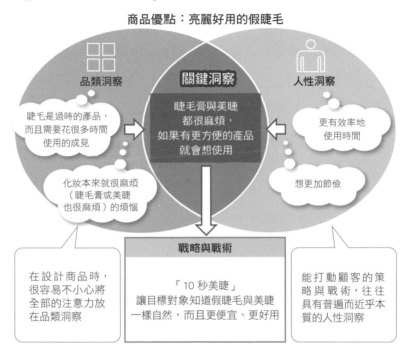

商品優點：亮麗好用的假睫毛

品類洞察

關鍵洞察

人性洞察

睫毛是過時的產品，而且需要花很多時間使用的成見

睫毛膏與美睫都很麻煩，如果有更方便的產品就會想使用

更有效率地使用時間

化妝本來就很麻煩（睫毛膏或美睫也很麻煩）的煩惱

想更加節儉

戰略與戰術

在設計商品時，很容易不小心將全部的注意力放在品類洞察

「10秒美睫」讓目標對象知道假睫毛與美睫一樣自然，而且更便宜、更好用

能打動顧客的策略與戰術，往往具有普遍而近乎本質的人性洞察

▲讀者限定福利　可於P.510下載「關鍵洞察發現表」

找到「人性洞察」的本質需求與行為經濟學

　　在尋找人性洞察時，若能挖掘出藏在「人類」內心深處的事物，就能找到牢不可破的關鍵洞察。

要找到人性洞察，建議從「人類最本質的需求」著手。最為人所知的方法包含馬斯洛的需求層次理論，或是德魯・艾瑞克・惠特曼的 Life Force 8（八大欲望）。在此為大家介紹史蒂文萊偲博士提出的 16 種人類的基本欲望，我也很常透過這 16 個人類的基本欲望進行分析（下圖）。

◉16 種人類本質欲望剖析表

力量	獨立	好奇心	認同
想支配他人	**想要自行完成一切**	**想獲得知識**	**想被別人認同**
（與影響力、指導力、統治力有關）	（獨立、自主、自行其道、獨處）	（探索心、上進心、鑽研、興趣、自我啟發）	（害怕被別人拒絕或批評、沒有自信、自尊心容易受傷）
秩序	**貯藏**	**自尊**	**理想**
想讓事物整齊劃一	**想收集東西**	**想要別人的讚美**	**想追求社會正義**
（希望一如往常地行動，重視規律、計畫、管理，心思非常慎密）	（節儉、吝嗇、收藏、佔有慾、物慾、存款）	（想遵守傳統的道德觀，忠誠、歸屬感）	（想讓社會變得更好，有正義感、使命感，想對社會有所貢獻）
交流	**家人**	**地位**	**競爭**
想與他人接觸	**想養育自己的小孩**	**想獲得名聲**	**想競爭**
（想與他人玩耍，渴望友情、同伴。善於社交，外向）	（對孩子的愛、居家的）	（想得到關注、飛黃騰達、擁有社會地位，想穿著名牌）	（想贏過別人，想報仇，有鬥志，很執著）
浪漫	**飲食**	**運動**	**安心**
渴望性與美麗的事物	**想吃東西**	**想讓身體活動**	**想讓心情平穩**
（戀愛、性慾、色慾、藝術、音樂、美感）	（進食、食慾、暴飲暴食、美食、肥胖、熱中減肥）	（喜歡運動、體育，喜歡活動身體）	（害怕不安，不想感到恐懼，害怕壓力、膽小）

來源：《我是誰？ Who am I？: the 16 basic desires that motivate our behavior and define our personality（繁中版）》（Steven Reiss 著・遠流）

此外，行為經濟學也能幫助我們發現洞察。在《觸發：26 種控制他人的行為經濟學方法》（楠本和矢著、East Press 出版）一書整理了許多足以代表行為經濟學的理論，以及行銷的切入點。

一旦開始尋找洞察，就會發現洞察多如天上繁星，所以我們必須從中找出能夠打動目標對象的洞察。**聚焦洞察的祕訣在於將資料或現象之中的「不協調之處（違和感）」作為起點。**

◉找出能打動目標對象的洞察
　　例：DOLLY WINK「EASY LASH」

產品優點：亮麗好用的假睫毛

品類洞察

關鍵洞察

人性洞察

如果假睫毛的膠水不好，肌膚會變糟

睫毛是過時的產品，而且需要花很多時間使用的成見

睫毛膏與美睫都很麻煩，如果有更方便的產品就會想使用

更有效率地使用時間

想得到學生時代的朋友認同

假睫毛看起來不自然

化妝本來就很麻煩（睫毛膏或美睫也很麻煩）的煩惱

想更節省

想與公司同事建立良好的關係

假睫毛的鑷子不好用

想收集可愛的化妝品

「打動顧客內心」作戰

「10 秒美睫」
讓目標對象知道假睫毛
與美睫一樣自然，
而且更便宜、更好用

◈ 以「不協調之處」為出發點，找到催生暢銷商品的洞察

能催生暢銷商品的洞察，往往藏在那些有別於常識或舊資料的事物之中，而這些事物總有一些讓人覺得「不協調」的地方。

在此要介紹一個幫助大家找到洞察的框架。就是電通的女性行銷團隊「GIRL'S GOOD LAB」以及以職業婦女為對象的 Sankeiliving 報社「City Living」共同開發的洞察探索框架（見右圖）。

實際應用上，有研究利用這個框架而發掘出女性真實的洞察，進而掌握女性的消費行為。

請大家先看看右頁的「真實與白日夢表」。左側的「白日夢」就是冰山露出水面的部分，其中都是一些常有的成見、常識與現象，另一邊的「真實」則都是反問「真的是這樣嗎？」的想法。以「不協調之處」為出發點，搜尋與大家習以為常的「白日夢」有落差的「真實」，就能找到催生暢銷商品的洞察。在思考有哪些事物得以佐證，或是有哪些消費會成形之後，再透過調查驗證這些洞察。

◈ 透過訪談驗證洞察的注意事項：假設要進行因素分析

接著要利用「洞察起點規劃表」與「真實與白日夢表」建立假設。就算只是初步的假設也沒關係，之後要透過這個假設找到目標對象的洞察（最深層、最純粹的煩惱或需求）。這個假設可透過質化調查驗證，也可以透過不斷地提出為什麼，不斷地深入探討，藉此提升洞察的精確度。

●真實與白日夢表

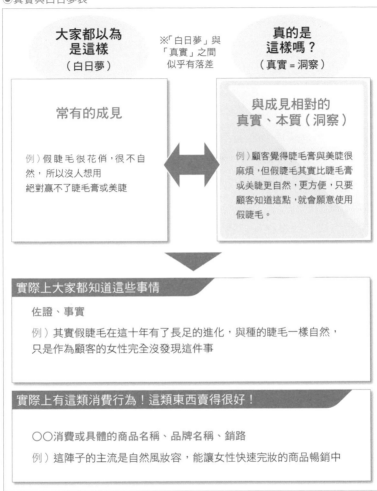

大家都以為是這樣
（白日夢）

※「白日夢」與「真實」之間似乎有落差

真的是這樣嗎？
（真實＝洞察）

常有的成見

例）假睫毛很花俏，很不自然，所以沒人想用
絕對贏不了睫毛膏或美睫

與成見相對的
真實、本質（洞察）

例）顧客覺得睫毛膏與美睫很麻煩，但假睫毛其實比睫毛膏或美睫更自然，更方便，只要顧客知道這點，就會願意使用假睫毛。

實際上大家都知道這些事情

佐證、事實

例）其實假睫毛在這十年有了長足的進化，與種的睫毛一樣自然，只是作為顧客的女性完全沒發現這件事

實際上有這類消費行為！這類東西賣得很好！

○○消費或具體的商品名稱、品牌名稱、銷路

例）這陣子的主流是自然風妝容，能讓女性快速完妝的商品暢銷中

▲讀者限定福利　可於 P.510 下載「真實與白日夢表」

　　找到目標對象洞察的假設之後，接著要透過調查驗證。**由於要分析的是那些藏在潛意識之中的洞察，所以建議採用訪談這類質化調查**（質化調查的部分請參考第 2 章 P.90-95）。

訪談時的注意事項就是，必須針對做為假設的洞察進行因素分析。

前面已經提過，想成功進行調查，就不要一開始就讓集眾多元素於一身，讓接近最終型態的原型攤在受訪者面前，而是要盡可能針對原型進行分解與整理（第3章P.151-153）。

同理可證，也不該以「太過花俏的假睫毛很難使用，但不會想讓眼睫毛變得更漂亮嗎？」這種方式詢問，因為就算受訪者回答「會」，也無從得知受訪者是針對「假睫毛很花俏」、「假睫毛很難用」還是「想讓睫毛變得漂亮」回答。

依照下列的方式，**將目標對象的煩惱與需求拆解成便於驗證的呈現方式，就有機會透過訪談找到目標對象的洞察。**

・假設「目標對象的煩惱就是睫毛膏很難用」
・假設「目標對象的需求就是希望快速完成睫毛妝」

也有將注意力全部放在目標對象行為模式的調查方法，但以這種大海撈針的方法尋找為數眾多的洞察時，往往會浪費許多時間與精力，所以不太建議使用這種方法。請大家使用本書介紹過的方法，自行精簡洞察的數量，再透過調查驗證這些洞察。

至於訪談的祕訣，請參考於第3章的P.134-165介紹的「以原型發現洞察的方法」，以及P173~「提升提問力的祕訣」。

◈ 何謂顧客旅程

找到目標對象最深層、最純粹的煩惱／需求（洞察）之後，可利用顧客旅程擬定打動顧客內心的策略。

顧客旅程就是目標對象從知道商品到購買商品的流程，而依照時間順序列出顧客在這段流程之中的行為模式與心情的變化，以及與商品、服務的接觸點的工具，就稱為「顧客旅程地圖」。

在顧客旅程之中，人物畫像（P.312~）就是演員，而我們要做的事情就是寫出這位演員在這趟旅程中的反應。

我們可以透過顧客旅程得知下列結果。

◉使用顧客旅程工具的意義

讓人物畫像成為演員之後，可以得到下列的結果

✔「目標對象」的行為模式

✔「目標對象」的意識型態、情緒變化

✔ 與「目標對象」的接觸點

接著可從中發現「Moment of Truth（MoT）」

進而擬出打動顧客內心的策略

使用顧客旅程這項工具的意義：即使顧客的購買流程變得很複雜，還是能打造美好的顧客體驗（價值），打動顧客的內心。

◈ 何謂 Moment of Truth（關鍵時刻）？

Moment of Truth（關鍵時刻，以下簡稱 MoT）**就是目標對象與特定商品或服務接觸，對商品或服務產生印象或改變印象的瞬間**。這原本是鬥牛的用語，但是 1990 年，北歐航空前 CEO 詹卡爾森在其著作《關鍵時刻——SAS（北歐航空）的服務策略為何成功？》（Diamond 社）提倡之後，便成為知名的行銷用語。卡爾森提到，北歐航空的員工接待顧客的平均時間只有 15 秒，而這 15 秒的體驗是最重要的瞬間，也是決定顧客滿意度的 MoT。

◉顧客旅程地圖表①

例）「低卡路里牛奶可可」負責人繪製：在汐留上班的 27 歲女性規劃師的顧客旅程

繪製顧客旅程的步驟

接下來要介紹繪製顧客旅程的流程。

某位飲料負責人將「在汐留上班的27歲女性規劃師」這種人物畫像當成顧客旅程的演員，利用顧客旅程地圖表這項工具繪製了人物畫像角色與自家商品「低卡路里牛奶可可」的接觸點。

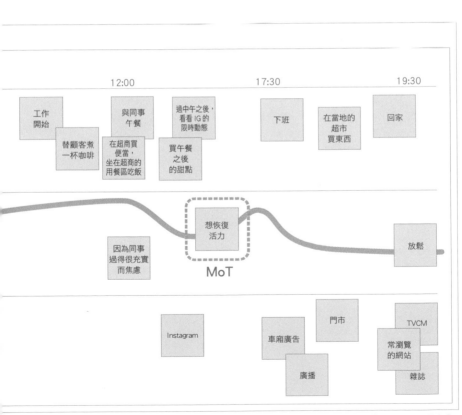

▲讀者限定福利　可於P.510下載「顧客旅程地圖表①」

這項商品預設為日常常喝的飲料，所以決定以顧客旅程表這項工具畫出「人物畫像一整天的行為」。這個顧客旅程的範例也會當成範本贈送。

STEP1

首先**依照時間順序，將人物畫像角色的行動（action）鉅細靡遺地寫在範本之中。**

STEP2

接著觀察**人物畫像角色的情緒與意識在上述的行動（action）之中產生哪些波動，再將這些波動畫成曲線。**

STEP3

根據人物畫像角色的行動與情緒**填入與商品或品牌的接觸點**（contact point）。

STEP4

找出人物畫像角色「想買」或「不想買」的**關鍵時刻＝「MoT」**。接著針對這些「MoT」擬定具體的對策。

除了像範例畫出一整天的流程之外，如果是購買頻率較低的商品，或是需要多花一點時間思考才會購買的商品，可以將時間軸拉長至1個月，甚至1年。比方說，考生選擇補習班的時候，通常得花1-2個月才能決定要去哪間補習班，所以可試著將時間軸拉長至2個月。

此外，也可以跳過時間軸的部分，先一邊思考「購買特定商品的流程」，一邊繪製顧客旅程，例如「從去餐廳到回家為止的

行動」、「離開家裡，去機場，抵達旅行地點的行動」，都是其中一個例子。

接下來，假設你是某間設計感十足的家具行負責人，打算以「在汐留上班的27歲女性規劃師」為對象，繪製「發現時尚的家具到購入為止」的顧客旅程（P.350-351 圖）。

致想要多
學的讀者 **Moment of Truth (MoT) 的衍生版：**
FMoT、SMoT、ZMoT

2004 年，P&G 提出了 First Moment of Truth（FMoT）與 Second Moment of Truth（SMoT）；2011 年，Google 提出了 Zero Moment of Truth（ZMoT）。

FMoT 指的是顧客在門市決定購買哪個商品的瞬間。P&G 的調查指出，「顧客在看到門市陳列的商品之後，大約3-7秒就會決定要購買哪個商品」，也假設「關鍵時刻（Moment of Truth）」落在這3-7秒之間。

SMoT 則是顧客在購入商品之後，透過實際使用商品的經驗判斷商品的優劣，決定是否持續購買（是否回購）的瞬間。SMoT 就是接在 FMoT 之後，第二個做出決策的瞬間。

ZMoT 則是「顧客在走進門市之前，就決定要購買」的意思。由於大部分的顧客先透過網路搜尋相關資訊，再決定是否購買，所以許多顧客都會根據搜尋到的口碑、評價或是社群媒體的留言決定是否購買商品。換言之，MoT（關鍵時刻）在顧客光顧門市之前，也就是在「First」之前的「Zero」階段就已經發生了。

●顧客旅程地圖表②

例）由家具行負責人繪製：在汐留上班的 27 歲女性規劃師的顧客旅程

期間	1 週				1 日
階段	遇見	搜尋	事前準備		來到門市

行動

在社群媒體看到喜歡的裝潢

透過標籤搜尋類似的商品

瀏覽口碑與評價

瀏覽該品牌的網站

調查門市的位置

確認放置家具的位置有多大

來到門市

詢問店員，商品的位置

確認家具的外觀

確認家具的觸感與手感

情緒・意識

這個好可愛，好想要！

説不定很適合自己的房間

好麻煩

好麻煩

MoT

找不到店員

MoT

親眼看到後，覺得這家具真的很可愛

接觸點（Contact Point）

社群媒體

Instagram

口碑與評價

常瀏覽的網站

品牌網站

門市

門市員工

STEP1

　　先盡可能鉅細靡遺地寫出人物畫像角色對商品起心動念到決定購買之間的動作。

　　接著替人物畫像角色的行動分類與分階段。此時也要順便慎入大致的期間。

STEP2～4 的流程與第一個「顧客旅程地圖表①」（低卡路里牛奶可可 P.346）相同。

　　讓人物畫像角色扮演顧客旅程的主角，藉此畫出顧客旅程，可幫助發現商品或服務新的「使用場景」，以及該多花心力注意

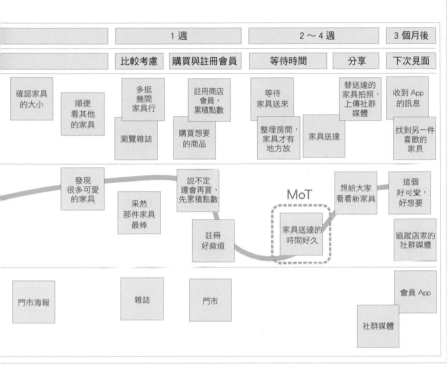

	1 週		2 ～ 4 週		3 個月後
	比較考慮	購買與註冊會員	等待時間	分享	下次見面

確認家具的大小

順便看其他的家具

多逛幾間家具行

瀏覽雜誌

註冊商店會員，累積點數

購買想要的商品

等待家具送來

整理房間，家具才有地方放

家具送達

替送達的家具拍照，上傳社群媒體

收到 App 的訊息

找到另一件喜歡的家具

發現很多可愛的家具

果然那件家具最棒

說不定還會再買，先累積點數

註冊好麻煩

MoT

家具送達的時間好久

想給大家看看新家具

這個好可愛，好想要

追蹤店家的社群媒體

門市海報

雜誌

門市

會員 App

社群媒體

▲讀者限定福利　可於 P.510 下載「顧客旅程地圖表②」

的「**應用場景**」。比方說，「Ziploc」保鮮袋品牌曾經透過活動告訴顧客，他們的產品不僅能用來保存食物，還很適合在旅行的時候使用。WONDA的「Morning Shot」也以「早晨專用」為號召。

其實就算以其他的人物畫像角色描繪顧客旅程，MoT 常常都是一樣的，**因為就算人物不同，MoT 通常不會有什麼大幅變動。總之若能先找到一個具體的人物，就能更具體地想像這位人物的行動。若能寫出越多行動，顧客旅程這項工具就更能發揮效果。**

⊕ 擬定策略、戰術的顧客旅程

找到人物畫像角色在行動與情緒上的變化，以及重要的接觸點（MoT）之後，可依照下列方式將這些資料整理成策略與戰術。接下來要掌握漏斗圖形的變遷，瞭解在進入下一個漏斗圖形的人與進入（轉換）下一個漏斗圖形之後的人，產生了哪些落差。

●顧客旅程表③

商品：「**機能性飲料 A**」

目標對象：在汐留上班的 27 歲女性規劃師				
漏斗	認知	感興趣	比較、考慮	購買
現狀	不知道、沒有印象	**********	**********	**********
策略／該做什麼（What to do）	提振精神、恢復活力、獲得全新的印象	**********	**********	**********
賣點（What to say）	利用味道清爽的維生素微碳酸飲料提振精神，恢復活力	**********	**********	**********
目標	打造能提振精神，恢復活力的新商品形象	**********	**********	**********
戰術／施策方向性	請來具有知名度的藝人，勾勒商品的世界觀	**********	**********	**********
Contact Point	● 電視廣告 ● WEB 影片廣告	●**********	●**********	●**********

▲讀者限定福利　可於 P.510 下載「顧客旅程③」

由此可知，**顧客旅程地圖也能找出「洞察」，設定「現狀」以及「目標」（理想狀態），還能不斷地思考讓這些變化化為可能的「策略與戰術」**。

這個範例僅供大家參考，顧客旅程地圖沒有固定的格式，請大家務必調整成自己覺得順手的格式。

此外，P.249曾介紹過行銷漏斗。雖然行銷漏斗最具代表性的階段分別是「認知 → 感興趣 → 比較、考慮 → 購買」，但不一定非得分成這4個階段。比方說，「認知與感興趣」有可能會在同一個階段發生，有時候顧客不需要「比較與考慮」，對商品也有所「理解」（下圖）。所以請大家自行將行銷漏斗改造成簡單好用的格式。

此外，**漏斗的內容會隨著業種而不同**（P.354-355圖）。比方說，若是房子或汽車這類要價不斐的商品，「比較與考慮」的階段通常會比較長，所以可將這個階段分解為「比較（搜尋）」、「看房子（試乘）」、「商談」這幾個階段。家電用品的「比較、考慮」階段則除了會透過網路搜尋之外，也會比較不同的門市或量販店有何差異。至於飲料或甜點這類去超商順手買的商品，則可以省略「考慮」這個階段。

有些業種則需要另外思考「購買」之後的階段，也就是「CRM（Customer Relation Management，顧客關係管理）。最具代表的例子就是「購買 → 回購 → 向上銷售、交叉銷售（顧客單價提

高）→ 成為忠實顧客」的階段。

　　比方說，化妝品就很重視「購買」之後的「回購」階段，至於才藝班或是補習班則很重視購買課程之後，學生是否「持續」上課，也很重視能否透過更多的教材與課程達成「顧客單價提高」這個目標，同時還希望透過「口耳相傳」的方式擦亮招牌。

　　除了顧客從認知到購買的行銷漏斗之外，為了管理現存顧客而在顧客「購買」之後進行的行銷活動稱為「雙重行銷漏斗」（P.250-251）。

　　雖然這些都只是提供大家參考的範例，而且行銷漏斗的各階段也無法只靠業種決定，但大家不妨在思考自己的行業該如何行銷時，參考這些內容。

●各業種的行銷漏斗範例 ※

獲得新顧客的行銷漏斗

具代表性的行銷漏斗	認知	感興趣	比較、考慮	
不動產、汽車	認知	感興趣	比較（搜尋） 看房子（試乘） 商談	
家電用品	認知	感興趣	比較（搜尋） 比較（店頭）	
零食、飲料	認知	感興趣		
化妝品	認知	感興趣	比較（搜尋） 試用	
才藝班、補習班	認知	感興趣	比較（搜尋） 體驗 個別討論	

※此圖是根據各業種電通策略規劃師的意見繪製的範例，僅供大家參考

　　最後，有個必須提醒的注意事項。在思考顧客旅程時，千萬別一開始就讓「認知的階段應該是……」這類想法占據整個腦袋。**第一步要從思考人物畫像角色的動作，找出MoT開始。因為若不針對個案進行研究，就無法得知是否要從「認知」這個階段開始。**

　　讓我們一邊讓人物畫像角色扮演顧客旅程的主角，一邊擬出足以打動目標對象以及打造暢銷商品的對策吧。

　　分析3C框架的Customer，就會知道該如何聚焦「目標對象」與「賣點」的範圍。

　　第6章、第7章也會繼續介紹Competitor（競爭者觀點）與Company（自家公司觀點）的分析。

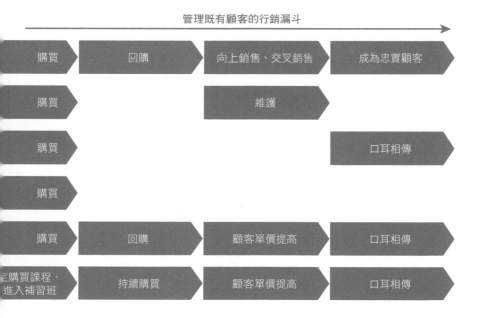

管理既有顧客的行銷漏斗

購買	回購	向上銷售、交叉銷售	成為忠實顧客
購買		維護	
購買			口耳相傳
購買			
購買	回購	顧客單價提高	口耳相傳
定購買課程、進入補習班	持續購買	顧客單價提高	口耳相傳

◇ 讀者限定福利！獨家開發的5大調查實用工具

第4、5章介紹的「計算工具」是限定送給本書讀者的禮物，總共有5種工具。

雖然希望大家都能瞭解本章介紹的概念，但如果沒辦法「輕鬆、簡單、密集」地實踐這些概念，就沒辦法持之以恆地使用本書介紹的這些方法，所以我開發了誰都能輕鬆使用的工具。雖然我是個連除法都很害怕的文組人，但還是自行開發了自己都很想一直使用的工具。

之前這些工具都是提供給電通的規劃師使用，而這次特別透過本書提供給公司以外的人使用。請大家瀏覽P.510介紹的網址，就能瀏覽「打造暢銷商品的5種工具」的頁面（皆為日文版）。

①百萬元轉換器（P.220~）

在行銷的世界裡，弄錯位數可不是能一笑置之的大錯，所以請務必使用這項工具，快速完成計算。

ヒットをつくる「調べ方」ツール

百万円変換器 （このページを直接ブックマークしていただければ、以降パスワード入力は必要ありません）

入力項目

表記の数値： `100` （半角入力）
単位を選択 `百万円 ▼`

`計算開始`

計算結果

実際の値： `100,000,000 円`
簡単化した表記： `1億円`

②去年同期比增減率計算機（P.222~）

　　除了本章介紹的數字之外，連難以計算的複雜數字也能瞬間算出來。

ヒットをつくる「調べ方」ツール
前年比増減率計算機　（このページを直接ブックマークしていただければ、以降パスワード入力は必要ありません）

入力項目　主検索条件を入力してください。

前年度：`100`　（半角入力）単位 `千人（円）`

今年度：`123`　（半角入力）単位 `千人（円）`

`計算開始`

計算結果

前年比 `123%` になった。

前年と比較して `23%` `増加` した。

③人口確認機

（P.254）

　　這問題雖然有點突然，但想問大家知道「關東地區的20幾歲女性」有多少人嗎？請大家回想看看。如果使用這項工具，就能快速算出答案，而且不需要進行人口的費米推論。

ヒットをつくる「調べ方」ツール
人口チェッカー　(出典：総務省統計局人口推計 2019年10月1日)
（このページを直接ブックマークしていただければ、以降パスワード入力は必要ありません）

検索条件　主検索条件を入力してください。

国籍・性別選択

国籍：`すべて`　性別：`女`

年齢

`20歳` ～ `29歳`

地域選択

☐ 全国

北海道： ☐ 北海道
東　北： ☐ 青森県 ☐ 岩手県 ☐ 宮城県 ☐ 秋田県 ☐ 山形県 ☐ 福島県
関　東： ☑ 茨城県 ☑ 栃木県 ☑ 群馬県 ☑ 埼玉県 ☑ 千葉県 ☑ 東京都 ☑ 神奈川県
中　部： ☐ 新潟県 ☐ 富山県 ☐ 石川県 ☐ 福井県 ☐ 山梨県 ☐ 長野県 ☐ 岐阜県 ☐ 静岡県 ☐ 愛知県
関　西： ☐ 三重県 ☐ 滋賀県 ☐ 京都府 ☐ 大阪府 ☐ 兵庫県 ☐ 奈良県 ☐ 和歌山県
中　国： ☐ 鳥取県 ☐ 島根県 ☐ 岡山県 ☐ 広島県 ☐ 山口県
四　国： ☐ 徳島県 ☐ 香川県 ☐ 愛媛県 ☐ 高知県
九　州： ☐ 福岡県 ☐ 佐賀県 ☐ 長崎県 ☐ 熊本県 ☐ 大分県 ☐ 宮崎県 ☐ 鹿児島県 ☐ 沖縄県

`検索開始`

人口チェック結果

検索に合致する人数は、約 `235万6000` 人です。

④目標對象結構與人口確認機（P.266~）

　　這是輸入調查所得的數字，就能換算成人口的工具。能幫助大家瞬間完成複雑的計算。

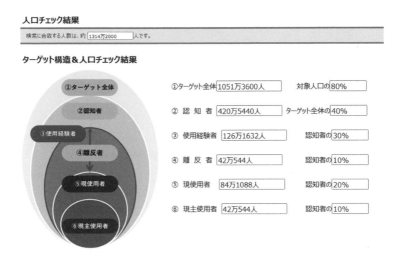

人口チェック結果

検索に合致する人数は、約 1314万2000 人です。

ターゲット構造＆人口チェック結果

①ターゲット全体	1051万3600人	対象人口の80%
②認知者	420万5440人	ターゲット全体の40%
③使用経験者	126万1632人	認知者の30%
④離反者	42万544人	認知者の10%
⑤現使用者	84万1088人	認知者の20%
⑥現主使用者	42万544人	認知者の10%

①ターゲット全体
②認知者
③使用経験者
④離反者
⑤現使用者
⑥現主使用者

⑤LAND分析與人口確認機（P.284~）

　　這是第二種輸入調查所得數字就能換算成人口的工具。能幫助大家快速找到瓶頸。

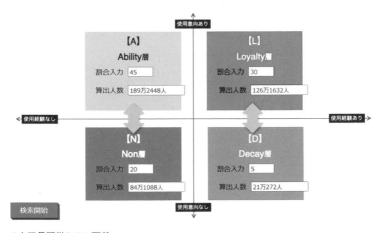

使用意向あり

【A】
Ability層
割合入力 45
算出人数 189万2448人

【L】
Loyalty層
割合入力 30
算出人数 126万1632人

使用経験なし

使用経験あり

【N】
Non層
割合入力 20
算出人数 84万1088人

【D】
Decay層
割合入力 5
算出人数 21万272人

使用意向なし

検索開始

▲5大工具可從P.510下載

▶▶ 專欄 ①

為什麼年輕人會利用主題標籤搜尋呢？

★利用主題標籤搜尋的理由

主題標籤就是在社群媒體貼文中，以半形井號「#」標註的關鍵字。現在的年輕人都會利用主題標籤搜尋資訊，箇中理由就是不想瀏覽多餘的資訊。

比方說，從很受年輕女性歡迎的攝影旅行雜誌《GENIC》衍生而來的主題標籤就是其中一例。一開始只有「#genic_mag」（mag=Magazine）、「#genic_travel」這類主題標籤，後來只要搜尋「#genic_」，就會跳出#genic_hawaii、#genic_kyoto這類附帶地名的主題標籤，而且還能看到許多屬於當地的時尚照片。有一些女性朋友告訴我「就算以#hawaii搜尋也找不到好看的夏威夷照片，但改以#genic_hawaii搜尋，就能找到想要的照片」。

直到2021年7月為止，#genic_mag的Instagram貼文數高達156萬篇，#genic_travel也有69萬篇之多。將「#genic_」當成字首的主題標籤是非常高明的手法，GENIC總編藤井利佳認為「如果將主題標籤反過來寫成「#hawaii_genic」或是「#travel_genic」，恐怕就無法造成流行了」。

▲《GENIC》雜誌

★各種主題標籤

比方說，準備舉辦婚禮的「#準新娘」（#プレ花嫁）主題標籤的照片貼文就多達720萬篇，超過了「#迪士尼樂園」（#ディズニーランド）的652萬篇。此外，主題標籤也很方便需要相同資訊的人彼此交換資訊，比方說，已經舉辦了婚禮的「#畢業新娘」（#卒花嫁）（183萬篇）或是在「Anniversaire」這個特定會場舉辦婚禮的「#Anniversaire新娘」（#アニ嫁）（10萬篇），在11月5日舉辦婚禮的人會使用的「#團隊1105」（チーム1105）都是其中一例。

10幾歲的學生會將自己正在讀書的樣子上傳至社群媒體，而且還會加上「#studygram」（1,293萬篇）、「#讀書帳號」（#勉強垢，225萬篇）這類主題標籤，而這類主題標籤也在全世界造成流行。這類主題標籤之所以會造成流行，其中一個原因是想看到可愛的文具用品，但許多人則是透過這類主題標籤維持讀書的動力，或是學習其他人的讀書方法，例如模仿別人寫筆記的方法，或是瞭解參考書的使用訣竅。

在宅經濟如此活絡的現代，許多高中生或大學生很習慣替自己在家費時費力製作咖啡廳等級的飲料拍照，再將照片上傳至社

群媒體。光是「#居家咖啡廳」（#おうちカフェ）的貼文就超過627萬篇。

▲ Instagram ID：#___nkanon 的「#おうちカフェ」

　　最近「讀完整套叢書」或是「觀賞系列電影」，進而得到成就感的興趣也成為一種流行。Instagram 的「#讀書筆記」（#読書ノート，17萬篇）或是讀書記錄帳號也越來越流行。

　　以「離家1英哩（約1.6公里）的範圍之內穿的衣服」為主題的標籤也得到不少關注，例如「#一英哩穿著」（#ワンマイルウェア，3萬篇）、「#一英哩穿搭」（#ワンマイルコーデ，3萬篇）都是其中之一。

▲宇田川惠美 Instagram ID：#emi_art.fashion 的「# 一英哩穿著」

　　由此可知，今後將是透過只有自己的小圈圈在使用的主題標籤搜尋資訊的時代。

　　直接問十幾二十歲的人「最近有什麼主題標籤很流行？」也是件很有趣的事情。也可以問他們最近有沒有比較關注的人，或是觀察這個年齡層的人都在貼文裡面加上哪些「主題標籤」，應該就可以找到有趣的主題標籤，其中說不定藏著打造暢銷商品的商機。

▶▶ 專欄②

［　掌握消費關鍵的「意見領袖（KOL）」　］

★什麼是意見領袖？

　　「意見領袖」（Key Opinion Leader，簡稱KOL）是對某種領域擁有非常深入的知識或資訊，在該領域的權威得到公認的人。

　　GIRL'S GOOD LAB的調查指出，在關東地區1,151位12-39歲的女性之中，有81.8%※在某些領域具有「#意見領袖氣質」。這份調查也指出，這些女性平均每個人擁有5.1個#（主題標籤），大部分都在多個領域擁有如同御宅族般的氣質（指熱衷於特定主題）。

　　此外，對於各領域的瞭解程度或喜愛程度也是因人而異。

※資料來源：「電通d-campX調查」內附的電通辣妹實驗室「第二次#女子標籤調查2017」
調查對象：住在關東地區的1,151位12-39歲女性／調查手法：借給這些女性專用的平板電腦，以網路表單進行調查／調查施測期間：2017年6月2-18日

類別數
少　多

瞭解程度
淺
深

#相機迷　#搞笑藝人迷　#生涯階段迷　#旅行迷　#ＤＩＹ迷

#遊戲迷　#漫畫迷　#動漫迷　#肌膚保養迷　#做麵包迷

#音樂迷　#電視連續劇迷　#男性偶像迷　#流行時尚迷

#歷史迷　#劇場迷　#美食迷　#料理迷　#電影迷　#家庭菜園迷　#戶外活動迷　#藝術迷

插畫家：BENITAKF

★對社群時代的意見領袖

如今已是透過社群媒體突顯個人特色的時代，每位社群時代的居民都在不同的領域有著鮮明的個性。

許多人會透過社群媒體收集資訊，也知道「誰是鑽研某個領域的權威」或是「誰的資訊最值得信賴」。換言之，這些**意見領袖擁有驅動所屬領域的關鍵**。

擁有相機資訊的人　　擁有時尚資訊的人　　擁有旅行資訊的人

★網紅與意見領袖的差異

企業準備進軍市場時，為了能更有效率地鼓動市場的消費，通常會與擁有廣大影響力的「網紅」合作。

那麼網紅與意見領袖有什麼不一樣呢？**網紅是透過追蹤者的「人數」衡量其影響力，但意見領袖則是透過資訊或知識的「豐富度」或「深度」衡量影響力。**

若依照Instergram的「追蹤人數」替網紅分級，上至追蹤人數超過 100 萬人的稱為「Super Star KOL」，下至追蹤人數介於1,000人至 1 萬人之間的「奈米網紅」（下圖）。

◉網紅與意見領袖的關係

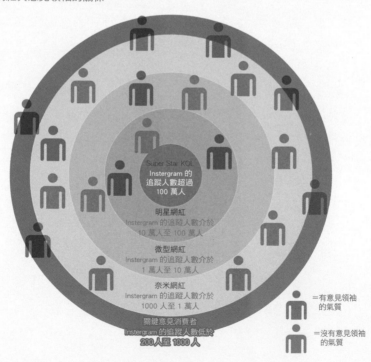

不管是追蹤人數眾多、影響力又廣又遠的網紅，還是追蹤人數不多的一般人，各個階層的意見領袖都有一定的人數。

所以**無法只根據追蹤人數測量貼文的曝光數，也無法測量購買商品的機率（轉換率）。**

比方說，比起「追蹤人數超過100萬人的名人」提供的高爾夫球用品資訊，「追蹤人數只有1萬人，但在高爾夫球領域擁有大批信徒，互動率極高的意見領袖」的貼文更能讓商品熱賣，以及讓消費者買單。

★意見領袖與網紅的範例

在此為大家介紹既是意見領袖又是網紅的人。

第一位要介紹的是與專欄①的GENIC一起介紹旅遊景點的專業旅行家AOI。之前她以Instagram為主要的平台，現在則是以專業旅行家的身份與GENIC合作，一起介紹旅遊景點的魅力，在攝影與旅行這兩個領域都得到許多關注。

第二個則是《用自己的名字拓展工作領域——專為「普通」人所寫的社群媒體教科書》（朝日新聞出版）的作者，同時也是專業部落客的德力基彥。他從日本部落格的草創時期就開始展開相關活動，也不斷地觀察社群媒體的發展，如今已在社群媒體的世界裡成為企業溝通專家，也擁有相當的影響力。

第三位是「Elies Book Consulting」的土井英司。他出版《怦然心動的人生整理魔法》在全世界銷售量高達1200萬本（近藤麻理惠著），也是其他商業書籍的幕後推手，同時出版商業書評電子雜誌「商業書籍馬拉松（以下簡稱BBM），是一位在「商業書籍」領域擁有深遠影響力的意見領袖。被BBM介紹的商業書籍無

一例外，都能闖入Amazon排行榜的前幾名。

　　列出這些經過精心挑選的意見領袖以及網紅，也是一件非常重要的工作。

▲【GENIC】的專業旅行家AOI　　Instagram ID：@tammychannn

【調查實踐篇④】

打造暢銷商品的「競爭者分析」

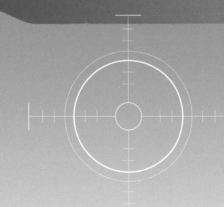

⊕ 競爭者在哪裡？先列出競爭者

第6章要介紹的是3C框架的競爭者（Competitor）分析。

為了找出商品的「目標對象」與「賣點」，絕對少不了分析競爭者。目的是這個環節分析自家產品與其他商品的差異，找出讓自家商品占有優勢的「目標對象」與「賣點」。**此時若能提供比競品更棒的內容、品質或更具優勢的價格，就能打造暢銷的商品或服務。**

為了與競爭者拉開「差距」，必須先徹底瞭解敵人。在調查競爭者的時候，必須完成下列4項步驟。

✔ 建立競爭者名單

競爭者會從哪裡出現？

該怎麼與這些競爭者作戰，又該以誰作為標竿呢？

有沒有可沿用的趨勢或是暢銷法則？

✔ 掌握競爭者的動向

競爭者締造了哪些成果？

透過門市與媒體的傳播活動分析

競爭者的「目標對象」與「賣點」是什麼？採用了哪些策略？

✔ 競爭者的評估

競爭者在市場上的評價如何？競爭者的顧客都是哪些族群？

✔ 掌握競爭者與自家公司的定位

→找到足以獲勝的「目標對象」與「賣點」

●建立競爭者名單
　競爭者會從哪裡出現？
　該怎麼與這些競爭者作戰，又該以誰作為標竿呢？
　有沒有可沿用的趨勢或是暢銷法則？

●掌握競爭者的動向
　競爭者締造了哪些成果？
　在門市與媒體的傳播活動
　「目標對象」、「賣點」是什麼？有哪些策略？

●競爭者的評估
　競爭者在市場上的評價如何？
　競爭者的顧客都是哪些族群？

●掌握競爭者與自家公司的定位
　→找到足以獲勝的「目標對象」與

① 市場、顧客 Customer

② 競爭者 Competitor 顯著競爭者

③ 自家公司 Company

② 競爭者 Competitor 潛在競爭者

　　分析競爭者的第一步就是「建立競爭者名單」。首先瞭解要「競爭」的是什麼，找出製作這份名單的標竿。

競爭者分析分為「品類內」與「品類外」兩個觀點

　　「品類（Category）」是一看就能知道是同類的「分類」。

　　換言之，「品類內」的競爭對手就是顯著競爭者，所以這類競爭者很容易發現。以「假睫毛」為例，其他公司生產的「假睫毛」商品就是同品類的競爭商品。

　　「品類」可以細分，也可以組合。比方說，柴犬與吉娃娃都屬於「狗」這一類，暹羅貓與美國短毛貓都屬於「貓」這類，但不管是貓是狗，都可歸類為「寵物」這個大類別。由此可知，品類通常都是呈階層結構。

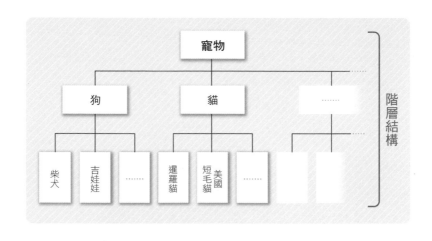

請大家先瀏覽下頁圖。

若是進一步細分「假睫毛」這個品類，就會發現「A公司的假睫毛」、「B公司的假睫毛」與「C公司的假睫毛」這些競爭者，若是往「假睫毛」這品類的上層移動，就會發現整個「眼妝」市場都是競爭者。如此一來，除了「假睫毛」之外，隸屬於「眼妝」類別的「睫毛膏」、「美睫」、「眼影」、「眼線筆」等等都算是競爭商品。

如果再往上移動一層，放眼整個「化妝品」市場的話，屬於「化妝品」類別的「口紅」、「粉底」、「化妝水」都算是競爭商品。

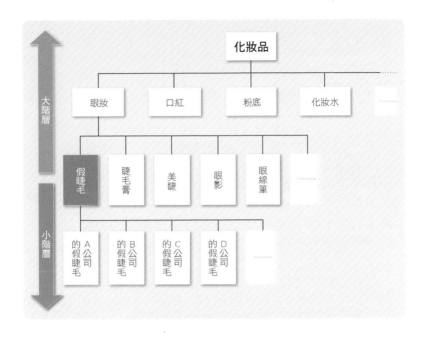

「品類外」的競爭者是潛在競爭者。為了找出潛在的競爭者，必須將視野拓寬至一眼就知道是同一品類之外，也就是著眼於那些乍看之下毫無關聯的品類。

比方說，如果希望假睫毛能像是雜貨一般，滿足「能盡情挑選，以及將房間裝飾得漂漂亮亮」的需求，那麼除了「化妝品」市場，雜貨這類「生活型態」市場的商品也算是競爭商品。

如果希望假睫毛能像是飾品，滿足「隨時換戴的樂趣」，那麼「服飾」市場的商品也算是競爭商品。

雖然不至於與整個業種競爭，但是若從「支持女性的企業」這個角度來看，幫助女性完成家事或是美白美容的「家電企業」也有可能成為競爭者。

所以在製作競爭者列表時，要先像這樣從「品類內」與「品類外」找出可能的競爭者。建議大家鉅細靡遺地列出所有可能的

競爭者，才不會半路殺出程咬金。

不過，不需要耗費相同的精力分析所有競爭者。**先設定作為「標竿」的競爭者，縮減分析對象的範圍，就能有效率地分析。**

⊕ 以「類似」與「理想」找出標竿

標竿原本是土地測量基準點的意思，但現在有不少領域都採用了這個技術用語。在經營與行銷的世界裡，**標竿有「用於分析與評估自家公司的比較對象，以及值得效法的優良案例」之意。**

標竿是要比較的對象，或是這類對象的成果，而分析這類對象就稱為「標竿學習」（benchmarking）。

作為標竿的對象可透過「類似」與「理想」這兩個觀點縮減範圍。

有些作為標竿的對象在商品的特徵、價格、規格、定位都與自家商品相似，很適合作為分析與評估自家產品所需的對象，或早就是競爭對手。這類標竿都是可以從**「類似」**這個觀點選出的標竿。

另一方面，有些作為標竿的對象則會讓人「想要製作那種商品」、「想要像那樣受消費者歡迎」，屬於令人憧憬，值得效法的範例，而且將來若是進入同一個市場，很有可能成為競爭對手。這類標竿就屬於以**「理想」**的觀點選出的標竿。

●找出競爭者的觀點

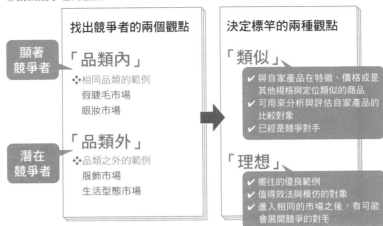

有些標竿只符合「類似」或「理想」其中一個觀點，有些標竿則同時符合這兩個觀點。

建立「品類內」競爭者列表的步驟

建立「品類內」競爭者列表的步驟與篩選標竿的方法很簡單，因為範圍是固定的。

如果你已經在業界待了一段時間，可試著將想得到的所有競爭者寫出來。整個團隊一起寫會更有效率。不需要花太多時間在這個步驟，差不多10分鐘即可。

之後可以收集《日經業界地圖》（P.201-202）這類整合產業資訊的書籍或資料，參考書中的同業競爭公司、競爭品牌的清單，或是在網路搜尋相關資訊，一邊比對剛剛建立的清單，一邊補充漏網之魚。

如果身邊有些同業的內行人、同業朋友，或是因為興趣、個人關係，十分瞭解該行業商品的人，也可以請教這些人的意見，一樣能快速製作需要的清單。**製作「品類內」競爭對手清單的祕訣在於快狠準。**

製作「品類內」競爭對手清單的步驟 ※不需要花太多時間，快速完成即可

①先花 10 分鐘寫出所有想得到的競爭者。

②取得相同行業的競爭公司、競爭品牌的清單，彌補剛剛建立的清單。

③利用「眼線筆 品牌」「化妝水 品牌」這類相同品類的關鍵詞搜尋與補充競爭對手。

④請教同業的內行人，詢問遵循①～③製作的列表是否有不足之處。

◎ 「品類內」競爭者的最佳標竿數量

接著要篩選出標竿。

最佳標竿的數量會隨著專案的性質或是業種而增減，但是在**「大階層的品類」與「小階層的品類」之中，作為標竿的數量皆不相同。**

以「假睫毛」上方階層的「眼妝整體市場」或「化妝品整體市場」這類別為例，**只需要「1 個類型挑出 1 個」符合「類似」或「理想」這兩個觀點的標竿即可。**

「類型」比「品類」更主觀，分類也更加模糊。以眼妝市場為例，就是從「有可能成為假睫毛的競爭產品，卻又不是假睫毛的產品（類似 or 理想）」這種類型挑出 1 個標竿。或者是從「以自由變化眼妝質感為賣點的品牌或商品（類似）」這種類型挑出 1

個標竿。如果是化妝品市場的話，則可以從「目前風頭最健的化妝品品牌（理想）」這個類型挑出1個標竿。簡單來說，就是從這類主觀的分類挑出標竿。在篩選競爭對手之際，**不需在乎符合類似與理想這類觀點的標竿在數量上是否平均，從大階層的品類找出3-5個競爭對手即可。**

小階層的品類也不需要挑出太多標竿。以「假睫毛」這個項目為例，**符合「類似」這項觀點的標竿只需要1-3個（最多不超過5個），符合「理想」這項觀點的標竿只需要1-2個，總計找到2-7個標竿即可。**

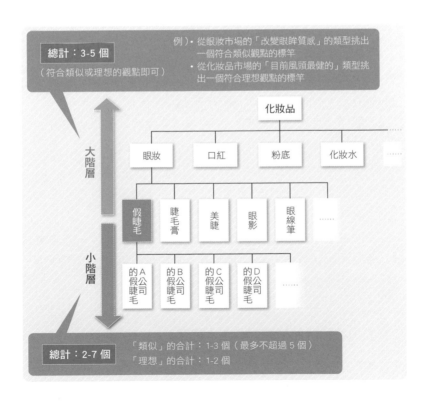

若是小階層的品類，可參考市占率排行榜來設定作為標竿的對象。

比方說，假設你的公司商品市占率為第3名。

符合「類似」觀點的標竿可以設定為與自家公司在排名上相近的，定位也相近的第4名、第5名的商品；而符合「理想」觀點的標竿則可以設定為市占率高於自家公司的業界龍頭，也就是市占率第1名、第2名的商品。如果自家公司的商品與第1名、第2名的商品差距不大，或許可將第1名與第2名的商品設定為同時符合「類似」與「理想」這兩個觀點的標竿。

假設自家商品的市占率為業界龍頭。

此時第2名、第3名的商品就是符合「類似」觀點的標竿，而符合「理想」觀點的標竿則是「品類外」的商品。

假設自家商品的市占率為業界第15名。

此時符合「類似」觀點的標竿有可能是排名與定位相近的第13名、第14名、第16名。

符合「理想」觀點的標竿則有可能是第10名與第11名，而不會是業界的前3名，因為排名與定位的差異過於懸殊。

由此可知，**可依照上述的方式一邊參考市占率，一邊思考業態、定位、規格是否有相似之處，再將符合「類似」與「理想」這兩個觀點的標竿縮減至適合分析的數量。**

◈ 打造暢銷商品的線索藏在「品類外」的競爭者之中

其實大部分的人在觀察競爭者時，**都只將注意力放在「同品類的類似標竿」或是「同品類的理想標竿」。**

　　這當然是非常必要與重要的資訊，但是將注意力轉向「品類外的類似標竿」或是「品類外的理想標竿」之後，常常可以找到打造暢銷商品的線索。

　　因為**分析「品類外」的暢銷商品，常常會出現令人驚豔的發現，也會找到立竿見影的新觀點。將注意力移到「品類外」可拓寬侷限於「相同品類之內」的視野。再者，每家公司都會觀察「相同品類之內」的競爭對手。**

　　若問為什麼我會發現這件事，是因為廣告業的行銷人員往往必須同時負責多個行業的行銷策略。將汽車製造商的優質案例移植到化妝品製造商上，進而打造出暢銷商品的情況也所在多有。

◈ 案例：TOYOTA汽車用品品牌「myCoCo」

　　在此介紹TOYOTA女性汽車用品品牌「myCoCo」（目前是購車時的選配商品）誕生背後的秘密。

　　TOYOTA將「20-49歲，喜歡時尚事物的女性」以及「網購使用者」設定為「大致的顧客區隔（P.238）」，此外，在競爭者中尋找標竿時，除了將注意力放在「相同品類內」的汽車用品業，還將注意力移向「品類外」的行業。後來發現，服飾業「UNIQLO（優衣庫）」的基本商品很受喜歡時尚事物的女性青睞。

　　從這項事實發現，在汽車用品業界之中，沒有類似UNIQLO的企業存在。「為什麼UNIQLO的基本商品會受女性歡迎呢？」以此為線索按圖索驥之後，發現「就算是對時尚潮流敏感的女性，也不見得連車內的汽車用品都要那麼時髦」，後來又從這項事實發現，女性真正想要的汽車用品不是充滿女性風格與時髦、

個性鮮明的設計，而是想要「能與自己現有的物品搭配，維持原有世界觀的簡樸設計」。簡單來說，找到了「想要的是能更舒服地開車的汽車用品」這種洞察（P.72、P.136-137、P.330-344）。

「若想打造汽車用品界的 UNIQLO，就得創造出暢銷商品吧？」發現這件事的 TOYOTA 以「每位女性都想要的百搭基本設計」這個概念，以「徹底設計女性在車中的動線，讓車內環境變得十分舒適的汽車用品」這個「賣點」開發了新商品。這項新商品也順利地被目標對象接受，一舉成為業績第 1 名、第 2 名的暢銷商品。

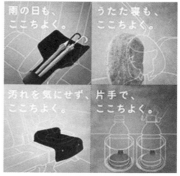

▲TOYOTA「myCoCo」的主視覺設計

從「暢銷商品案例」尋找品類外的競爭者

到底該怎麼做，才能找到「品類外的類似標竿」與「品類外的理想標竿」呢？

方法很簡單，**就只是盡可能調查與自身行業截然不同的業種，列出風頭正健的暢銷商品而已**。這種勢如破竹的商品或是暢銷商品都是「品類外」的競爭對手。

如果能從這類競爭對手身上找到暢銷商品的法則，而且還能套用在自家商品的話，就能快速找到理想的「目標對象」與「賣點」。

從眾多「暢銷商品案例」高效搜尋實用資料的3個習慣

在數量多如繁星的暢銷商品案例之中，有許多毫無關係的案例，如果收集了一堆這種案例，恐怕有怎麼都收集不完的感覺。想累積實用的「暢銷商品案例」，就應該培養下列習慣。

①平時就要多注意自己有興趣的領域（或是請教對某些領域有興趣的人）
②隨時更新資訊
③積極分享自己的資訊

不要等到有專案需要資訊才開始收集，而是要隨時張開自己的天線，從日常生活中慢慢累積資訊，而且臨時抱佛腳的方式也收集不到需要的資訊。

既然要從日常生活收集資訊，就該以自己有興趣的領域優先，才能持之以恆。以我自己為例，我對女性行銷策略很有興

趣，也對能因應多元化時代的包容性商品和行銷趨勢很有興趣。

假設突然有一天我必須負責「以大學生為對象的咖啡廳」，我會請教那些平常很關注「年輕人行銷手法」的人，或是平常對於「美食」很有興趣的人，最近有哪些值得關注的案例。

更新日常資訊的時間點就是出現新資訊的時候。資訊必須汰舊換新，但沒有「過了1年就要更新」這種明確的期限。要知道資訊是否過期，只需要思考是否被「新資訊」覆蓋。如果沒有最新的暢銷商品或相關案例出現，哪怕過了5年，手邊的資料還是「最新案例」。反之，若是變遷速度極快的行業，資訊有可能才過了1個月就過期了。

最後是不要孤芳自賞，盡可能分享自己收集到的資訊吧。或許有些人會覺得「好不容易才收集到的資訊，分享給別人不是很可惜嗎？」其實沒有這回事，因為**資訊會往樂於分享的人匯集。**

曾有位前輩告訴我「**分享資訊，專業人士就會提供相關的資訊**」。其實每當我在社群媒體、note平台或WEB報導分享我收集到的女性行銷手法，許多專業人士就會給我回饋，也能得到更多資訊。

與別人分享資訊可以得到回饋，也能從中發現新的觀點或問題。資訊不會越陳越香，所以請盡可能分享，打造新資訊主動匯流至身邊的良性循環。

「暢銷商品的案例」不一定會來自實用的資訊，而且越是調查，越會發現多不勝數，所以要如前述一般，養成「平時收集資訊」的習慣，有效率地收集資訊。

◈ 從收集到的暢銷商品案例找出法則

要從收集到的暢銷商品案例找出可沿用的法則，並於規劃行銷策略的時候應用，除了「**①大量收集與累積這世上發生的現象**」以及「**②整個團隊一起討論收集到的資訊**」，別無他法。

步驟①→②除了傾團隊之力進行，也可以邀請專家或內行人一起執行。在執行步驟②的時候，可試著邀請其他行業的人或是其他領域的人，因為如此一來可得到完全不同的觀點，也能有效地進行討論。

大家不需要把邀請專家、內行人或其他領域的人想得太困難。比方說，可以邀請自己或同事的朋友，或是在公司內部喜歡旅行或是料理的人。這種從個人的興趣邀請對特定領域有一定見解的人，算是比較容易的方法。

◈ 付費邀請內行人一起討論的方法

如果想透過付費服務邀請內行人的話，可使用「VISASQ」、「MIMIR」這類付費配對服務，請業者幫忙邀請。電通也有各種內行人的實驗工房，有許多企業也都會使用電通的這項服務。

如果使用的是第5章「Prototype for One」介紹的電通B團隊，肯定能創造許多美好的刺激。

電通B團隊的成員除了是廣告業（=A面）的員工，也擁有屬於自己的B面（個人的活動、興趣或是前一份工作）的員工，能提出截然不同的B方案，是一支「替代性方案」的團隊。

◉「電通實驗工房」的網站（日、英文版）

◉「電通B團隊」官方網站
　（日、英文版）

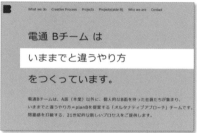

▲電通的實驗工房／電通 commentator's file
https://www.dentsu.co.jp/business/solution/

▲電通B團隊 https://bbbbb.team/

這個團隊的成員有些是行銷人員，有些是文案寫手，有些則是業務，擁有各形各色的本業（A面）。像我自己是A面是策略規劃師，但屬於個人的B面是職場多元化的負責人。

其他成員的B面有小說家、世界級DJ、和平運動家，在6個國家受教育的外國人、旅行家、美容家、攝影師、美食大師以及形形色色的B面，整個團隊有來自50-70個不同領域的負責人。各領域的調查員隨時追蹤自己擅長的領域，收集相關的資訊，也有利用這些人材開發商品與事業的套裝服務。

對某些領域的人是理所當然的事,對其他領域的人有可能是第一次聽聞的事。有時候看似毫不相關的領域會有共通之處。當來自不同領域的內行人紛紛提供資訊,通常能找到許多前所未有的發現。**像這樣讓不同領域的最新案例互相融合,就能開發前所未有的「替代性方案」。**

電通B團隊的服務雖然需要付費,但第5章介紹的「新概念大全」嚴選了50個B團隊收集的新概念,有機會的話,請大家在規劃師行銷策略時試用看看。

不斷地從各行業的相關人士或是內行人收集最新潮流的具體現象或案例,以及與他們討論這些現象與案例,打造暢銷商品的直覺就會越來越敏銳。如果能集眾人之力,從不同角度討論「為什麼會這樣?」就能集思廣益與深入分析。

在此為大家介紹兩個收集暢銷商品案例的模型,分別是「**①案例收集模型**」與「**②知覺轉移模型**」。

⊕ 案例收集類型①「案例收集模型」

第一個模型「案例收集模型」可用來填寫帶有圖片的案例介紹、最重要的重點、概要,以及挑選這個案例的理由或分析結果,算是比較入門的模型(下頁圖)。

為了方便大家直接編寫,本書以PowerPoint的格式提供這個模型。

●案例收集模型：第6章（進階版本）

標題	姓名
圖片／案例	重點 ・
	概要（事實） ・ ・ ・
	規劃師的觀點（解釋） ・ ・

這是可掌握潮流的「案例收集模型」。
與同伴一起收集能更快累積相關資訊。

▲讀者限定福利　可於P.510下載「案例收集模型（入門版本）」

電通女性行銷專業團隊「GIRL'S GOOD LAB」或是「電通B團隊」也會定期提出案例與交換意見。提出案例與分析案例都是以傳統的方式進行，也就是以「人力」收集與分析案例。

提出案例時，不需要過於工整地記錄，只需要在大家提出意見之後，最後更新並儲存這些資料。

◎ **使用案例收集模型分析暢銷商品的範例**

接著為大家介紹3個「GIRL'S GOOD LAB」收集的案例，以及相關的分析。

第一個案例是「專為視覺過敏症患者設計的綠色筆記本」。發現某位患有視覺過敏症的高中生在Twitter提到「想要製作綠色筆記本」之後，便開發了這項商品。

東急手創館與 LOFT 立刻採購了綠色筆記本，兩天

標題

專為視覺過敏症患者設計的綠色筆記本

圖片／案例

中村印刷所為了反映視覺過敏症患者的心聲，
開發了「水平筆記本」這本保護視力的筆記本，使用綠色的紙張。

B5 7mm 橫線　　B5 5mm 方格　　B7 空白
30 張　　　　　 30 張　　　　　 50 張

「視覺過敏」で白い紙は目が痛くなる、という方のツイートを拝見し、弊社の文具バイヤーが目に優しいグリーンの紙を使った「グリーンノート」を探してきてくれました。早ければこの週末から店頭で販売いたします（つづく

東急手創館
Twitter ID：
@TokyuHands

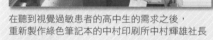

在聽到視覺過敏症患者的高中生的需求之後，
重新製作綠色筆記本的中村印刷所中村輝雄社長

重點

立刻滿足在社群媒體流傳的需求，
是最近最行得通的溝通方式

概要

● 在看到視覺過敏症患者的高中生「想要製作綠色筆記本」的推文之後，得到關注的產品。

● 東急手創館與 LOFT 採購綠色筆記本，KOKUYO 介紹了類似的產品。

● 中村印刷所在聽到這位高中生的需求後，重新製作了綠色筆記本。

● 除了患有視覺過敏症的人需要，綠色筆記本也還有提升專注力以及其他的效果，能夠滿足許多人的需求。

規劃師的觀點

● 得知有視覺過敏症患者以及這類患者的需求。

● 實現了「1 個人覺得好用 = 所有人覺得好用」這點。有可能成為新的經典商品。

● 在立刻回應貼文的社群媒體操作之下，開始擴散開來。

後，KOKUYO介紹了與這位高中生需求相近的產品，3天後，中村印刷所得知這位高中生的需求後，便立刻製作了綠色筆記本，也得到不少迴響。除了同樣因視覺過敏所苦的人會購買綠色筆記本，綠色筆記本也還有提升專注力以及其他的效果，能夠滿足許多人的需求。

這個案例的趣味之處在於大部分的人都不知道何謂視覺過敏症，而這類患者的需求浮上檯面，也實踐了「**1個人覺得好用＝所有人覺得好用**」這點。**針對在社群媒體上出現的需求做出立即的回應，是近來最行得通的傳播手法。**「看到推文後訊速做出反應，是符合社群媒體時代打造暢銷商品的方法。」而且這種手法也有可能在文具業之外的行業應用。

接下來要介紹第2個案例。這幾年，在10-29歲的族群之間吹起了一股復古風潮。富士膠捲推出的帶有鏡頭的膠捲相機「即可拍」，以及其他昭和時期至平成初期的流行得到不少關注。

舉例來說，以西元90年代的辣妹文化以及80年代的迪士尼樂園為主題，重現各時代文化的攝影社團「時光旅行女孩」也慢慢得到關注。此外，有部分年輕人很喜歡富士即可拍那種數位相機拍不出來的溫馨感。此外，能拍出底片特殊風味的富士膠卷「拍立得」相機也重新受到消費者歡迎。能拍攝Instagram那類正方形照片的富士膠捲Instax SQUARE SQ1方形拍立得相機也得到不少人的喜歡。

一般認為，數位原生世代早已習慣數位世界那種毫無生氣的質感與生冷感，所以**復古風特有的溫度，以及雖然不方便，卻讓人想在手上把玩的樂趣，才成為上述商品重新受到歡迎的理由。**

這些以溫度與不便作為魅力的復古商品，今後似乎會繼續受到歡迎，而這些例子或許也能在照片或攝影之外的業界應用。

標題

復古風產品重新受到年輕人的歡迎

圖片／案例

「去了 1988 年的迪士尼樂園」於平成年代出生的年輕人透過攝影重現
昭和復古風與經濟泡沫時期的「時光旅行女孩」社團

時光旅行女孩

Instagram ID：
@timetravelgirls
https://www.instagram.com/
timetravelgirls/

能拍出底片特殊風味的富士膠卷
「拍立得」相機也重新受到消費者歡迎

既復古又能拍出可愛照片的「即可拍」
也受到歡迎

insta SQUARE SQ1 拍立得相機

重點

復古風重新受到歡迎，
溫度與不便是其魅力

概要

- 在 10-29 歲的族群之間吹起了一股復古風潮。富士膠捲推出的帶有鏡頭的膠捲相機「即
可拍」，以及其他的昭和時期至平成初期的流行得到不少關注。

- 以西元 90 年代的辣妹文化以及 80 年代的迪士尼樂園為主題，**重現各時代文化的攝影
社團「時光旅行女孩」**也慢慢得到關注。資訊是從國會圖書館收集。

- 部分年輕人很喜歡**富士即可拍那種數位相機**拍不出的溫馨感以及現代沒有的復古質感。

- 此外，能拍出底片特殊風味的**富士膠卷「拍立得」**相機也重新受到消費者歡迎。

- 能拍攝 Instagram 那類正方形照片的富士膠捲 Instax SQUARE SQ1 方形拍立得相機也得
到不少人的喜歡。

規劃師的觀點

- 一般認為，數位原生世代早已習慣數位世界那種毫無生氣的質感與生冷感，所以**復古風**
特有的溫度，以及雖然不方便，卻讓人想在手上把玩的樂趣，才成為上述這些商品重新
受到歡迎的理由。

　　這類在可支配資金不多的十幾歲國高中學生或大學生之間掀起的潮流，也絕對不容忽視，因為他們在**新時代長大的年輕人，也是最能接受新價值觀的族群，研究這類潮流，有時能發現一些隱而未現的徵兆。**

　　接著介紹第 3 個案例。在時尚服飾業曾掀起一股根據骨骼線條、脂肪分布、關節粗細找出理想服飾的「骨骼診斷」風潮。

　　在美容業有根據個人膚色選擇化妝品的黃底肌／藍底肌診斷（判斷膚色為黃底還是藍底的個人膚色診斷），還有相關的諮詢或是透過 AI 分析顧客膚質、髮質，再建議商品的服務，這類以客製化為賣點的商品或服務也不斷增加。

　　想找到「適合自己的東西」是永不停歇的欲望。

　　從這個案例可以發現，**若能從不同的管道找到適合自己的商品，再搭配能憑直覺選擇的指標，就比較容易創造暢銷商品。**此外還發現**每個人都有客製化的欲望，也希望在客製化的過程得到建議**，更希望能得到滿足這類欲望的商品。**讓顧客知道找到更適合「自己」的商品，是非常重要的事情**，而這點也能在美容、流行服飾之外的行業應用。

　　像這樣收集「品類外」的「熱門案例」，就能快速找到「品類外的類似標竿」或是「品類外的理想標竿」。

標題

時尚服飾業界、美容業界空前的個人化熱潮

圖片／案例

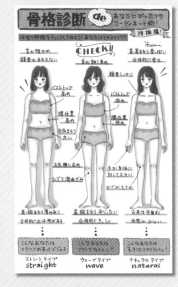

插圖：田口 hiromi

Instagram ID：@hiromimade

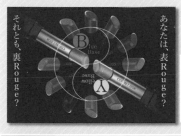

COFFRET D'OR 根據藍底肌與黃底肌這類膚色，開發與銷售了「COFFRET SKIN SYNCHRO ROUGE」這款口紅

重點

讓顧客知道讓找到更適合「自己」的商品
是非常重要的事情

概要

- 在時尚服飾業界曾掀起一股根據骨骼線條、脂肪分布、關節粗細找出理想服飾的「骨骼診斷」風潮。
- 在美容業界有根據個人膚色選擇化妝品的黃底肌／藍底肌診斷，還有相關的諮詢或是透過 AI 分析顧客膚質、髮質，再建議商品的服務，這類以客製化為賣點的商品或服務也不斷增加。
- 有許多客製化的服務誕生。想找到「適合自己的東西」是永不停歇的欲望。

規劃師的觀點

- 若能從不同的管道找到適合自己的商品，再搭配能憑直覺選擇的指標，就比較容易創造暢銷商品。
- 每個人都有客製化的欲望，也希望在客製化的過程得到建議，更希望能得到滿足這類欲望的商品。

⊕ 案例收集類型②「知覺轉移模型」

第2個模型是「知覺轉移模型」。

> 知覺：英文是「perception」，另有「理解」、「認知」這類意思。在行銷的世界指顧
> 客對商品或品牌的「認知」或是「理解方式」。利用某些機制改變顧客既有的「認
> 知」或「理解方式」稱為「知覺轉移」。在產品與資訊不斷增加的現代，與其努力增
> 加「曝光度」，不如讓顧客擁有理想的「認知（perception）」。

**知覺轉移就是利用某種「機制」，讓顧客對於商品的現有認
知產生變化。**這個模型會在「某種機制」的部分填寫「具有提案
性的商品」。這裡的「提案性」是指具有新意或新穎性。

暢銷商品的歷史也是突破口（突破問題的嶄新方案）的歷
史。**顛覆常識，改變既有看法，開發出「具有提案性的產品」之
際，暢銷商品就會應運而生，此時也會發生所謂的知覺轉移。**

這個範例可在找到「具有提案性的產品」，也就是暢銷商品
的案例之際使用。在該案例之中，發生了哪些「知覺轉移」的現
象，而這些現象又如何催生了暢銷商品，都可利用這個範例將箇
中機制或法則轉化為文字。

●知覺轉移模型：第6章

	商品類型		常識・既有的知覺		提案性・突破口・新知覺	
將		從		變成		的東西

知覺轉移

圖片／案例

▲讀者限定福利　可於 P.510 下載「知覺轉移模型」

在此介紹幾個將收集到的案例套入這個模型的例子。

發生知覺轉移現象的暢銷商品案例

UNIQLO 開發的「特級極輕羽絨外套」讓羽絨外套從只有戶外活動愛好者穿的服飾，變成居家活動者也能穿的服飾。

「JINS SCREEN」讓眼鏡從視力不好的人才會戴的東西，變成視力不錯的人也會戴的東西，也成為現代電腦生活的夥伴之一。

nepia 的「Whito」將小寶寶的尿布從只有 1 種款式變成「3 小時使用」與「12 小時使用」兩種款式。

「Face Mask LuLuLun」讓面膜從特殊保養用品變成每天都可使用的商品（參照下頁圖表）。

這些案例都將提案性（新意、新穎性）或突破口當作開發商品的線索（會發生何種知覺轉移的靈感）。

商品類型		常識‧既有的知覺		提案性‧突破口‧新知覺	
將羽絨外套	從	戶外活動愛好者才穿的外套	變成	居家活動者也能穿	的東西

圖片/案例　　　　　知覺轉移

▶UNIQLO 的特級極輕羽絨外套

商品類型		常識‧既有的知覺		提案性‧突破口‧新知覺	
眼鏡	從	視力不好的人才會戴的東西	變成	視力不錯的人也能戴	的東西

圖片/案例　　　　　知覺轉移

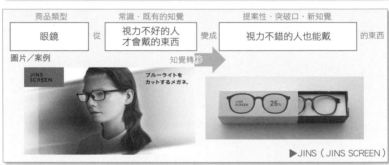

▶JINS（JINS SCREEN）

商品類型		常識‧既有的知覺		提案性‧突破口‧新知覺	
小寶寶的尿布	從	只有 1 種款式	變成	3 小時、12 小時使用	的東西

圖片/案例　　　　　知覺轉移

▶nepia「Whito」

商品類型		常識‧既有的知覺		提案性‧突破口‧新知覺	
面膜	從	特殊保養用品	變成	每天使用	的東西

圖片/案例　　　　　知覺轉移

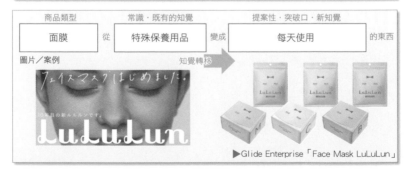

▶Glide Enterprise「Face Mask LuLuLun」

若知道該在目標對象之中掀起何種知覺轉移，就會知道該以什麼為賣點。

◈ 將提案性放入「單一商品」或「系列商品」所體現的價值

在思考提案性強烈的產品時有兩種方法，一種是如同特級極輕羽絨外套的例子，將提案性放入「單一商品」之中，另一種是如同 7premium 或是丸井的「樂穿鞋」系列的例子，將提案性放在「系列商品」所體現的價值之中。

在將提案性放入「單一商品」的情況下，比較有可能創造獨樹一幟的提案性。為了要讓商品在賣場脫穎而出，可試著讓各種顏色或款式都上架。

在將提案性放入「系列商品」所體現的價值時，不需要讓各項單一商品的特色太過強烈，而是要透過整條產品線的商品呈現與眾不同之處，讓這些商品在賣場引人注目。

在收集暢銷商品案例時，除了要一邊觀察案例屬於上述哪一種方法之外，也要尋找開發自家商品的靈感。

◈ 將品類外競爭者分成「類似」與「理想」兩類，無須一網打盡

收集到「品類外」的案例之後，可挑選符合「類似」與「理想」觀點的標竿。

在建立「相同品類內」的競爭者清單與挑選標竿時，需要網羅所有可能的對象，但是建立「品類外」的競爭者清單與挑選標竿時，就不需要這麼做。

有些不同業種的案例會有與自家公司相似之處，如果將這些案例巧妙地套用在自家公司所處的行業，就有可能打造暢銷商品的話，這種案例就該分類為符合「類似」觀點的標竿。另一方面，如果與自家商品完全不同，卻又是值得效法的案例，那麼就該分類為符合「理想」觀點的標竿。

無法分類為「類似」或「理想」的「品類外」競爭對手，可另外分類成「留待後續使用的案例」。

如果是能分類成「理想」或「類似」的「品類外」競爭者，那當然是多多益善，但如果收集太多這類資訊，導致不知道效果為何的話，那可就得不償失。在使用這類資訊快速提出「假設」之後，可讓創意化為具體的原型，再利用第3章介紹的原型驗證調查，一步步找出可使用的標竿。

接著為大家整理建立競爭者清單的重點。

●建立競爭者清單的重點（總結）

> ✔ 利用「相同品類內」與「品類外」這兩個觀點尋找競爭者
>
> ✔「品類（Category）」就是一看就能知道是同類的「分類」
>
> ✔ 利用「類似」與「理想」這兩個觀點篩選標竿
>
> ✔「相同品類內」的標竿可利用「領域」與「市占率」的觀點篩選
>
> ✔「品類外」的標竿可利用「案例收集模型」與「知覺轉移模型」這兩種模型尋找

⊕ 競爭者的動向可先收集結果再分析主要因素

競爭者清單製作完成之後，就可以進一步分析競爭者。比方說，分析競爭者的成果，或是門市與媒體的傳播活動方式，抑或是競爭者的「目標對象」與「賣點」是什麼。之後便可從這些分析結果進行逆向工程，掌握競爭者採用了哪些策略。

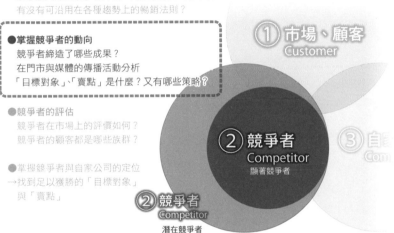

●建立競爭者名單
　競爭者會從哪裡出現？
　該怎麼與這些競爭者作戰，又該以誰作為標竿呢？
　有沒有可沿用在各種趨勢上的暢銷法則？

●掌握競爭者的動向
　競爭者締造了哪些成果？
　在門市與媒體的傳播活動分析
　「目標對象」、「賣點」是什麼？又有哪些策略？

●競爭者的評估
　競爭者在市場上的評價如何？
　競爭者的顧客都是哪些族群？

●掌握競爭者與自家公司的定位
→找到足以獲勝的「目標對象」
　　與「賣點」

① 市場、顧客 Customer

② 競爭者 Competitor 顯著競爭者

② 競爭者 Competitor 潛在競爭者

③ 自 Com

分析之際，可**先收集競爭者的「結果」**，再推測「主要因素」。

具體來說，可一邊思考下列3點，一邊進行分析。

① 競爭者締造了哪些結果（＝事實）
② 產生這個結果的主要因素是什麼？從結果逆推競爭者採用了何種策略（＝觀點）

③ 根據①②的資訊思考自家商品該如何對抗（=觀點）

　　①「競爭者締造了哪些結果」可透過「行銷市占率資料」、「網路」、「門市回饋」這類管道調查。可調查的場所以及注意事項請參考右圖。

　　透過這類管道即可得知①「競爭者締造了哪些結果」，之後就可以一步步寫出與這個事實連動的②「產生這個結果的主要因素是什麼？從結果逆推競爭者採用了何種策略」以及③「根據①②的資訊思考自家商品該如何對抗」的內容。

　　這部分沒有制式的模型，所以可利用 PowerPoint 幻燈片簡單整理照片與註解，作為團隊共享的資料使用。

　　缺少①～③其中1項的資訊可先分類成「不知道用途的資訊」（P.115-118），因為不知道在思考下一步的策略時，能夠發揮什麼作用。

◈ 瞭解競爭者評價的3個觀點

　　接著要分析的是競爭者的媒體形象、大眾形象與消費者族群，進一步分析這些屬於競爭者的社會形象。

事實

① 競爭者締造了哪些結果

行銷市占率資料
- 矢野經濟研究所這類具有市場公信力的資料（P.196）
- 業績 POS 資料分析

★重點與注意事項
- ✔產品的銷路如何？市占率有多少？業績排行榜的明細？與自家公司的距離有多少？

網路
- 競爭者的官方網站、官方社群媒體
- 競爭者的廣告

★重點與注意事項
- ✔調查之後，最直接瞭解的感受與感想
- ✔各種商品的「目標對象」是誰？
- ✔競爭產品的「賣點」為何？想要傳遞什麼訊息？
- ✔實際的「賣點」是什麼？是別出心裁的重點還是商品的強項？
- ✔競爭產品的「弱點」是什麼？

門市回饋
- 競爭者的門市與商品
- 競爭者的廣告

★重點與注意事項
- ✔使用商品之後，最直接的感受與感想
- ✔門市有哪些商品？陳列方式如何？（有無較吸睛的陳列方式）
- ✔都是哪些消費者在買？有哪些消費者拿在手上？
- ✔店員都如何説明商品？
- ✔哪種商品最搶眼？
- ✔哪種商品最引人注意？
- ✔有哪些部分強化了消費者對商品的滿意度？
- ✔有哪些部分強化了消費者對商品的不滿意度？

觀點

③「根據①②的資訊思考自家商品該如何對抗」

②「產生這個結果的主要因素是什麼？從結果逆推競爭者採用了何種策略？」

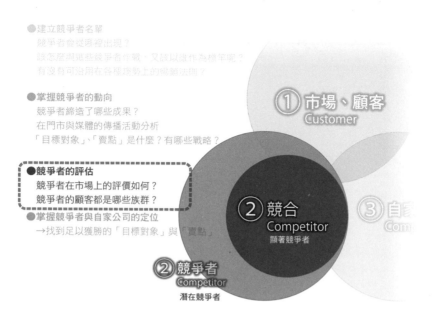

- ●建立競爭者名單
  競爭者會從哪裡出現？
  該怎麼與這些競爭者作戰，又該以誰作為標竿呢？
  有沒有可沿用在各種攻勢上的致勝法則？

- ●掌握競爭者的動向
  競爭者締造了哪些成果？
  在門市與媒體的傳播活動分析
  「目標對象」、「賣點」是什麼？有哪些戰略？

- ●競爭者的評估
  競爭者在市場上的評價如何？
  競爭者的顧客都是哪些族群？

- ●掌握競爭者與自家公司的定位
  →找到足以獲勝的「目標對象」與「賣點」

① 市場、顧客
Customer

② 競合
Competitor
顯著競爭者

③ 自家
Com

② 競爭者
Competitor
潛在競爭者

評價可從下列 3 個觀點分析。

◉分析競爭者評價的 3 個觀點

觀點①競爭者如何被描述？

觀點②競爭者如何被大眾認知？

觀點③競爭者的顧客是哪些人？

利用質與量分析大眾的聲音

　　觀點①是根據「大眾的聲音」瞭解競爭者評價的調查。**大眾
的聲音可從質與量進行分析**。

　　首先在量的部分,就是先掌握有無競爭者相關的話題,這類話題或是評價的件數有多少,掌握這部分的數量與規模。不管是負面的內容還是正面的內容都要掌握。

　　接著是質的部分,此時要先忽略數量。這部分要看看評價網站或社群媒體的相關內容,以及大眾媒體的報導,或是網紅對競爭者的看法。看看這些消費者或網友都寫了哪些內容,或是注意哪些部分。就算數量不多,但有些對競爭者的評價還是值得參考,所以此時先不用管數量的多寡。

　　最後要以「質 × 量」的觀點,觀察與競爭者的內容,以及這些內容的擴散程度。

◉觀點① 競爭者如何被描述?

觀察重點	
量	・有沒有與競爭者有關的話題? ・話題的件數有多少? ・負面內容與正面內容的數量以及規模
質	・透過評價網站與大眾媒體的內容、社群媒體的相關貼文、網紅的貼文,瞭解競爭者如何被描述 ・暫時不用理會數量的多寡
質 × 量	・競爭者如何被描述,話題的擴散程度

　　觀察的場所與觀察重點請參考下一頁。

●觀點① 競爭者如何被描述？

觀察的場所
- 競爭者在評價網站上的留言件數與內容
- 競爭者在社群媒體上的口碑、主題標籤的數量與內容
- 競爭者被網紅介紹的次數與內容
- 競爭者被大眾媒體報導的件數、內容、得獎次數與得獎內容

觀察重點
- 量與質的評價（競爭者的正面內容有多少？負面內容有多少？）
- 得到好評的部分是什麼？得到關注的部分是什麼？有哪些部分被傳播？（競爭者的強項為何？）
- 得到惡評的部分是什麼？不受關注的部分是什麼？難以被分享的部分是什麼？（競爭者有哪些失敗？）
- 得到好評、關注與分享的「主要因素」為何？
- 不受好評、關注與分享的「主要因素」為何？
- 被批評的部分是什麼？（哪個部分是弱項？）
- 學習→下一步
  ①競爭者做得好的部分→自家商品該如何應戰？
  ②競爭者做得不好的部分→自家商品有哪些機會？

透過訪談或問卷瞭解大眾對競爭者的認知

接著要介紹觀點②，就是「競爭者如何被大眾認知？」這部分雖然從觀點①「大眾的心聲」的分析也能略知一二，但**透過訪談或問卷，對自家商品以及足以作為標竿的競爭商品提出相同的問題，就能有效掌握自家商品與競爭商品的差異。**

問題範例如下。

✔ 能否形容對○○（企業名稱、品牌名稱或商品名稱）的看法？
✔ 你什麼時候會去○○（企業名稱、品牌名稱或商品名稱）的門市？（是否正在使用？是否常常喝？是否常常參加？）

以詢問3種飲料的品牌印象為例，有可能得到下圖的結果。**如此一來就能比較相同題目的結果，也能瞭解各家公司的社會形象，以及在社會形象上的差異。**

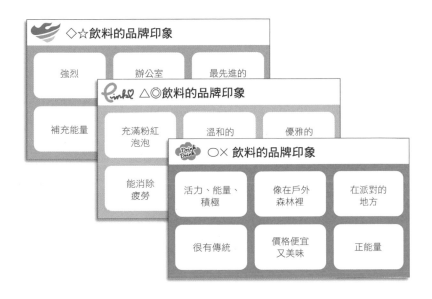

透過數量一窺「形象」或「場合（occasion，詳情請參考P.421）的差異，可使用P.171介紹的「Milltalk」的「聊天室」功能（可在幾個小時之內，收集到數百人的意見）。

◎ 剖析競爭者的顧客

一邊分析觀點①「競爭者如何被描述？」與觀點②「競爭者如何被大眾認知？」，一邊剖析最後的觀點③「競爭者的顧客是哪些人？」。

剖析競爭者的顧客時，可參考第5章的目標對象側寫方法，找到需要的觀點（P.290~）。接著思考競爭者的顧客是否是自家公司想要吸收的目標對象。

分析競爭者與自家公司的定位

本章的最後要分析競爭者與自家公司的定位，找出自家公司能贏過競爭者的「目標對象」與「賣點」。

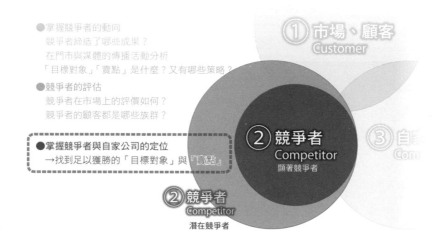

- 掌握競爭者的動向
  競爭者締造了哪些成果？
  在門市與媒體的傳播活動分析
  「目標對象」「賣點」是什麼？又有哪些策略？
- 競爭者的評估
  競爭者在市場上的評價如何？
  競爭者的顧客都是哪些族群？
- 掌握競爭者與自家公司的定位
  →找到足以獲勝的「目標對象」與「賣點」

① 市場、顧客
Customer

② 競爭者
Competitor
顯著競爭者

③ 自
Com

② 競爭者
Competitor
潛在競爭者

整理競爭者與自家公司定位的四象限圖

在整理多位競爭者與自家公司的定位時，也可以使用第5章介紹的四象限圖。

「負責的商品應該如何定位？」「想從哪個定位轉型為哪個定位？」一邊思考這類問題，一邊建立用於整理競爭者的兩條軸心，再收集資訊，就能用來尋找自家公司想要的定位。

比方說，DOLLY WINK 的 EASY LASH 就是比睫毛膏或美睫更方便，妝感完成度更高的新項目（下頁圖）。

●創造新項目，擴大假睫毛市場

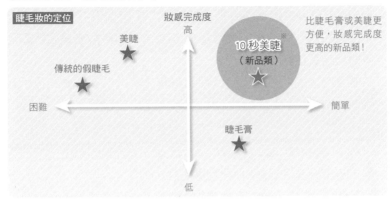

透過四象限圖整理競爭者與自家公司的定位，就能知道該如何定位自家公司，以及競爭者來自何處，也就能找到與競爭者抗衡的策略。

分析競爭者與自家公司定位的注意事項

利用四象限圖整理競爭者與自家公司的定位，也能幫助我們整理塞滿腦中的調查資料。

不過，有些事情要**請大家注意，就是「不要從製造者的角度整理」以及「不要從想開發的產品整理」**。

不管四象限圖畫得多麼漂亮，也不管與競爭者的差異有多明顯，只要這四象限圖不是以顧客的角度繪製，就無法瞭解顧客的洞察，這樣的整理就毫無意義可言了。

※新‧局部假睫毛

在建立整理資訊的定位軸時，一定要時時提醒自己「這些定位軸是否是從顧客的立場出發？」

與其將重點放在與競爭者形成差異，不如徹底聚焦在「顧客想要的產品是什麼？」。

站在顧客的立場建立定位軸才有意義。憑著製造者一己之私建立顧客不需要的定位軸是毫無意義可言的。

為了站在顧客的立場分析競爭者與自家公司的定位，請務必一步一腳印地實踐第5章介紹的顧客分析方法。

此外，第7章「自家公司能為顧客提供哪些價值」的自家公司分析也非常重要。我們將在下一章介紹分析自家公司的方法。

▶▶ 專欄①

利用調查技巧克服無意識偏見

★何謂無意識偏見？

不知道大家是否聽過「無意識偏見」這個詞？這個詞的英文是「unconscious bias」，是近年來備受注目的字眼，有許多企業也開始舉辦有關無意識偏見的培訓課程。

比方說，「對有小孩要帶的女性而言，需要負責任的工作人過沉重」或是「關西人一定能逗別人開心」都是所謂的成見。

雖然有些人真的如此覺得，但有些人卻不一定認同這類說法，所以這類成見有可能會忽略了這些人的心情。比方說，有些人在聽到「你有小孩要帶，出差就交給別人吧」會覺得「得救了，真是太感謝了」，有些人則會覺得「這是我的工作，請讓我負責到底」。當事人的心情只有當事人才會知道。

★行銷無法排除無意識偏見

替自家公司的商品或服務擬定行銷策略，是一種揣測他人的想法或行為，再進行規劃的過程，所以行銷的時候，無法排除無意識偏見。

長期負責相同的品牌或商品，以及進行目標對象調查之後，「這個商品的目標對象就是○○吧」的想法就會成為根深蒂固的成見，也很有可能因為先入為主的成見而對顧客意見充耳不聞。

換句話說，自己心中的假設可能都是自以為是的成見。如果置之不理，整個行銷活動可能就會基於偏頗的觀點進行，如此一來有可能做出刻板印象的廣告，甚至有可能遭受社會大眾抨擊。

其實無意識偏見並非罪惡，比方說，人在看到蛇的時候會本能地覺得「可怕、危險」，所以也有人認為，無意識偏見是生存所需的能力，而且在日常生活中，有許多「體貼」也來自所謂的成見。

我們該做的事情就是**察覺自己有無意識偏見**，然後擁有最低限度的知識與警覺，讓這些知識與警覺成為阻止負面事態發生的「煞車」，接著瞭解當事人想怎麼做，以及踩下名為溝通的「油門」，化解彼此的認知落差。

在決定行銷策略時，這種調查方式可幫助我們與顧客建立溝通管道，以及得到中立、客觀的觀點。

行銷很難排除無意識偏見，當事人的想法也無法只憑我們的想像改變，所以我們才需要**努力實踐「包容性行銷」**（P.54），**讓我們在規劃行銷策略的時候，有機會透過調查技巧傾聽各界的聲音**。

為什麼NETFLIX的廣告總是百發百中？※

▲在2020年10月11日之前播放的NETFLIX澀谷站廣告

　　在多元社會之中，充滿歧視的言論一下子就會傳播開來，飽受大眾抨擊。

　　在這股尊重「每個人都不一樣」的時代潮流中，過去那些被視而不見的歧視，如今都成為許多人的眼中釘，許多飽受批評的廣告也被要求進一步重視人權與多元性。在這樣的時代背景之下，在此要為大家介紹一個得到社會大眾關注的優質企業廣告。

★ NETFLIX的「出櫃日品牌活動」

　　由NETFLIX舉辦的「出櫃日品牌活動」，NETFLIX從自家的影片中挑出LGBTQ+角色最令人印象深刻的場景之後，直接將這些場景當成主視覺設計使用，並以「今天，有個場景希望大家觀

※首次廣告投放：Forbes JAPAN Online 2020年10月19日

賞」的文案，向社會大眾提出「每個人都能活出自我的世界究竟
是什麼樣貌？」這個問題。

下面是這個廣告的視覺設計與文案。

10.11 COMING OUT DAY
今天，有個場景希望大家觀賞

想愛上誰，又渴望哪種戀愛？
希望活出何種的自我？
每個人都不一樣。

這個場景告訴我們，
活出自我，活得像自己，
誰都無法否定這個渴望。

10月11日是出櫃日。

一起討論每個人都能敞開心胸，

認同各種性取向的世界吧。

每個人當然都不一樣。

如果認同這點的人越來越多，

就沒有人需要出櫃。

漸漸地，這一切就會成為稀鬆平常的日常話題。

讓我們一起邁向能理所當然地談論這些理所當然的時代。

NETFLIX

　　10月11日被譽為國際出櫃日（National Coming Out Day），是慶祝那些承認自身性取向的LBGTQ+得以出櫃的記念日，也是希望每個人都能更認識彼此的記念日。這個國際出櫃日是由1988年美國心理學者Robert Eichberg與洛杉磯LGBT活動家Jean O'Leary制定，目前在日本只有當事人之間知道這個記念日，但全世界的LGBTQ+社群都會在這天一同慶祝。

　　NETFLIX選在日本首次建立同性伴侶制度的澀谷區舉辦此行銷活動。

NETFLIX從7個原創作品之中挑出「今天，有個場景希望大家觀賞」的場景之後，利用七彩的色條與這些場景製作了平面廣告，並以澀谷站為中心，投放該平面廣告。10月11日出櫃日當天，朝日新聞也刊登了30欄的廣告。

一旦越來越多人瞭解「每個人不一樣」這件理所當然的事情，出櫃的不安與緊張便會消失，最終連出櫃這個形式都會消失。NETFLIX一邊勾勒這種未來，一邊提出「讓我們一起邁向能理所當然地談論這些理所當然的時代。」這樣的品牌理念（以簡單的一句話概括了企業、商品、服務、品牌的優點）。

★讓活動引起迴響的3個重點

NETFLIX這項活動得到多位LGBTQ+活動家、相關族群以及直同志（Straight Ally，積極支援LGBTQ+的人）分享，當然也得到許多媒體報導。就連碰巧看到廣告的人，也因為NETFLIX這個大型廣告而知道出櫃日，所以這個廣告也成為話題，在推特引起「NETFLIX的廣告太棒了」、「感動人心的廣告」這類迴響。

此外，「#讓我們一起邁向能理所當然地談論這些理所當然的時代」這句文案也成為主題標籤，許多人使用這個主題標籤討論與活動無關的LGBTQ+社群的話題（例如因為歧視言論遭受抨擊的地方政府或名人的意見）。

LGBTQ+族群以及其他族群的人也對這個語境超乎LGBTQ+的文案產生了共鳴。

NETFLIX 這項活動之所以能引起社會大眾的共鳴，主要的理由有3個。

1.掌握了時代潮流

2.企業活動與訊息的一致性

3.具有包容性的規劃流程

從「1.掌握了時代潮流」來看，社會大眾都知道LGBTQ+的存在，許多人也開始對LGBTQ+遇到的問題提出疑問。

電通曾經調查「LGBTQ+」這個詞彙的浸透率。在2015年調查時，這個詞彙的浸透率為37.6%，但在2020年的調查上升至80.1%，足足增加了42.5個百分點。由此可知，LGBTQ+這個詞彙在這幾年迅速普及。

另一方面，許多人也發現，日本還不是能讓人放心出櫃的環境。該族群有70.2%的人認為「日本還不是適合出櫃的環境」，此外該族群有55.1%認為「職場會排斥出櫃的人」。再者，非LGBTQ+族群有76.0%表示「想要更正確地認識LGBTQ+※」。

出櫃這件事是當事人的人生大事，有些人會選擇出櫃，有些人不會，而且這也不是局外人能夠鼓勵的事情。

※本專欄的調查資料來自電通Diversity Lab「LGBTQ+調查2018」
篩選調查：針對60,000位全國20-59歲的人進行網路調查於2018年10月26-29日實施
正式調查：針對6,229位（LGBT族群589人／非LGBTQ+族群5,640人）全國20-59歲的人進行網路調查
　　　　　於2018年10月26-29日實施

　　不過，總算有許多人體驗到，讓當事人可以自行「選擇」是否「出櫃」的環境比當事人是否出櫃更重要。也有許多人認為，該如何打造這樣的環境，是需要大家一起討論的課題，而在這股浪潮中，NETFLIX的活動讓那些急著討論的焦慮化為具體可見的文字。

★企業理念與活動的一致性，以及源自傾聽消費者的「認同感」

　　「2.企業活動與訊息的一致性」指的是只有該企業提出這種訊息才具說服力的意思。

　　這項活動是以7部NETFLIX原創影集為藍圖，而這7部影集分別是「FOLLOWERS」、「酷男的異想世界」、「酷男的異想世界　日本我來啦！」、「性愛自修室」、「勁爆女子監獄」、「怪奇物語」以及「魯保羅變裝皇后秀」。

　　NETFLIX有許多描述LGBTQ+以及其他多元性的影視內容，所以許多人才會認同NETFLIX，覺得「NETFLIX提出這種訊息是理所當然的事情」。重點在於，企業之前舉辦的各種活動是否與提出的訊息一致。

　　最後則是「3.具有包容性的規劃流程」

　　負責這個企畫的創意團隊在規劃之際，進行了非常仔細的「調查」。

　　該團隊的木下舞耶與矢部翔太提到：「雖然團隊成員都對LGBTQ+有一定的見解，但我們還是向自己的常識提出質疑，不懂的地方也請教了該族群的意見」。

　　替自家的商品或服務研擬行銷策略的行為，就是揣測別人的想法與行為再進行規劃。所以前文提過，行銷很難排除「這商品的目標對象就是○○吧」這種先入為主的成見（無意識偏見）。

　　正是因為如此，才需要在規劃行銷策略的時候，努力打造具有「包容性」的流程，製造更多傾聽各界聲音的機會，這點也可以在NETFLIX的這個案例看到。

　　不管是規模多麼龐大的企業，能建立良好溝通管道的企業往往會在規劃行銷策略的流程之中，植入一個反映各界意見的機制。哪怕這個機制的規模不大，只要能稍微聽到一些意見，也能帶來不錯的效果。

**　　用心傾聽當事人的意見，可說是非常重要的態度。**

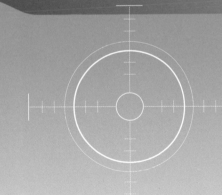

第7章

【調查實踐篇⑤】

打造暢銷商品的「自家公司分析」

⊕ 分析自家公司的意義

從第 7 章開始，要介紹 3 C 分析框架之中的自家公司（Company）分析。

為什麼要分析自家公司？其實是**為了清點自家公司的價值，進而淬鍊出競爭對手難以模仿的原創價值**。如果能找到讓這些原創價值最大化的「目標對象」與「賣點」，就能打造出暢銷商品或服務。

人往往最不瞭解的是自己，但觀察電視裡的藝人，不覺得徹底瞭解自己強項與定位的藝人才會紅嗎？有些模特兒很適合當演員，有些雖然不怎麼會演戲，卻很擅長在綜藝節目發揮口才，藉此受到觀眾歡迎。**只有發揮自己的強項，才能以槓桿原理打造暢銷商品。**

> 槓桿原理：英文是「Leverage」，指的是以微弱的力量抬起重物的物理現象，在商業世界裡有「以一點點的努力獲得巨大成果」的意思。

根據「市場、顧客」與「競爭者」的狀況，持續與競爭者拉開差距，提供顧客想要，而且競爭者難以模仿的商品，就一定能讓這項商品熱賣。為此，必須先檢驗自家公司的體質，清點自家公司有哪些商品與服務，進行「瞭解自我」的自我分析。

⊕ 調查自家公司時該做的事情

在調查您的公司時，需要做到以下4件事情：

✔ 掌握自家公司的現狀

瞭解目前的業績、市占率、各目標（KGI、KPI）的達成度

✔ 清點自家公司的資產、內在價值與存在意義的定義

現狀的「目標對象」、「賣點」

網頁、商品、服務的試用

回顧公司歷史、暢銷與滯銷商品的分類

✔ 自家公司的評價

自我搜尋（口碑或是在社群媒體、傳統媒體的觀感）

顧客問卷、座談會（瞭解消費者如何使用自家商品，對自家商品有哪些瞭解）

✔ 自家公司獨一無二的強項

掌握自家公司的弱點，以及受這些弱點牽制的地方

→找到足以獲勝的「目標對象」與「賣點」

◈ 掌握自家公司的現狀

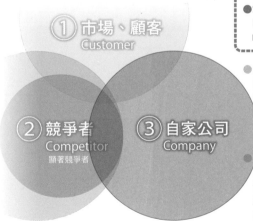

● 掌握自家公司的現狀
瞭解目前的業績、市占率、各目標（KGI、KPI）的達成度

● 清點自家公司的資產、內在價值與存在意義的定義
現狀的「目標對象」、「賣點」
網頁、商品、服務的試用
回顧公司歷史、暢銷與滯銷商品的分類

● 自家公司的評價
自我搜尋（口碑或是在社群媒體、傳統媒體的觀感）
顧客問卷、座談會（瞭解消費者如何使用自家商品，對自家商品有哪些瞭解）

● 自家公司獨一無二的強項
掌握自家公司的弱點，以及受這些弱點牽制的地方
→找到足以獲勝的「目標對象」與「賣點」

① 市場、顧客 Customer

② 競爭者 Competitor 顯著競爭者

③ 自家公司 Company

分析自家公司的時候，第一步該從「**掌握現狀**」開始。例如先掌握已經進入市場的商品或服務的業績與市占率。簡單來說，就是瞭解自家公司的商品與服務在市場創造了多少業績，以及與競爭商品進行比較，瞭解彼此的優缺點。

接著是確認各目標目前的達成度，瞭解接下來的目的與目標，思考理想的商品、服務與策略。

「KPI」與「KGI」這兩種指標能幫助我們量化「目標」的結果，以數字說明這個結果是優是劣。

> KPI：Key Performance Indicator（關鍵績效指標）的縮寫，指中途的目標。
> KGI：Key Goal Indicator（關鍵目標指標）的縮寫，指最終目標。

設定「KPI」與「KGI」的方法與調查技巧不同，需要其他的經驗與技巧，所以本書就不進一步介紹，但相關的概念將會在第8章說明（P.457-460）。

◎ 清點自家公司的資產、內在價值與存在意義的定義

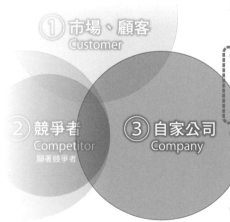

①市場、顧客
Customer

②競爭者
Competitor
顯著競爭者

③自家公司
Company

●掌握自家公司的現狀
瞭解目前的業績、市占率、各目標（KGI、KPI）的達成度

●清點自家公司的資產、內在價值與存在意義的定義
現狀的「目標對象」、「賣點」
網頁、商品、服務的試用
回顧公司歷史、暢銷與滯銷商品的分類

●自家公司的評價
自我搜尋（口碑或是在社群媒體、傳統媒體的觀感）
顧客問卷、座談會（瞭解消費者如何使用自家商品，對自家商品有哪些瞭解）

●自家公司獨一無二的強項
掌握自家公司的弱點，以及受這些弱點牽制的地方
→找到足以獲勝的「目標對象」與「賣點」

接著是清點自家公司的資產，然後找出自家公司以及自家公司的商品、服務的內在價值與存在意義。如果你是負責推廣客戶商品的廣告公司，或是顧問公司的規劃師，就要以「自家公司」的觀點調查客戶的一切。

第一步是確認現在的「目標對象」與「賣點」。尤其在還沒找到「目標對象」與「賣點」的時候，要先根據現狀推測「目標對象」與「賣點」。由於之後還會修正，所以這部分的推測不需要太過精準。

接著是複習自家公司的網頁內容。即使是廣告業的行銷人員，只要負責新的商品或企業，一定會先確認網頁的內容。或許有些人會覺得「這不是廢話嗎？」但請大家記得「當局者迷」這個道理，請務必檢視網頁的內容。

網頁通常會充滿著有關自家公司的資訊，也能夠確認目前上了哪些廣告。是否能根據自家公司發出的訊息，推測這些訊息在顧客的心目中形成什麼印象？此外，能否根據「市場、顧客」與「競爭者」的資訊，瞭解自家公司的「強項」與「弱項」呢？要想分析這些部分，就**必須檢視自家公司的網頁**。

親自體驗商品與服務

接著是自行體驗自家公司的商品與服務。就算有些產品或服務難以取得，也盡可能親自體驗。

如果是自家公司的商品，或許會覺得已經很多消費者在使用，但正因為是自家公司的產品，所以常常可以免費拿到，也可透過員工價購得，所以通常不會有什麼機會到門市購買。「明明負責的是化妝品，自己卻不使用化妝品」、「明明是大人，卻負

責兒童玩具」這類雖然是自己負責的商品，但目標對象不是自己的情況其實很常見。

另外一種情況則是員工不相信自家商品的價值。比方說，某家公司以「記得每天喝！」為號召推出了健康飲料，但就算是免費提供，也沒有半個員工在喝。

如果沒人相信商品的價值，當然得盡快重新檢視商品，但如果不是這種情況，就有必要親自使用看看，**因為自己沒在用的商品，一定無法全盤瞭解。**

此外，**在使用商品或服務時，一定要多跑幾趟提供該商品或服務的場所，也就是進行實地調查的意思。**

我們這些廣告業的行銷人員一定會試用自己負責的商品。有時候客戶會直接提供試用品，但我們更常直接造訪門市，以顧客的身分自掏腰包試用負責的商品與服務。

比方說，負責洗衣精這種商品的話，就會把家裡的洗衣精換成這個牌子，也會購買競爭商品進行比較。如果負責的是化妝品，就會換成這種化妝品。在負責假睫毛的時候，我也停止使用美睫服務，換成負責的假睫毛。如果負責的是遊戲App，就會先課金，徹底地玩一玩這個遊戲，而且往往會不知不覺地成為該商品的擁護者。

實際試用之後，才能站在使用者的角度找到顧客覺得滿意或不滿意的部分。

實際跑一趟門市，就能知道自家商品在顧客眼中的模樣，也會知道自家商品是否比競爭商品更加搶眼，抑或被埋沒在一堆商品之中。

　　從對商品沒興趣，到成為擁護者與回頭客，完整地體驗一次這一連串的心態轉變歷程，就能找到讓目標對象改變心意的觸發點，也能找到打造暢銷商品的賣點。

　　實際使用之後，就會知道自家商品或服務會因為哪些用途或是使用場合受到顧客的青睞，也能知道該怎麼做，才能緊緊抓住這類機會，不至於錯失這類機會。

> **場合**：英文是 occasion，也是 TPO（依照時間、場所、場合選擇適當的服裝或說話方式的意思，是由 Time、Place、Occasion 這 3 個單字的首字所組合）的 O，指的是場合或場面。雖然在意思上與「用途」相近，但其實不是同一個意思，因為有時場合的部分改變，但用途卻不變，也有可能出現相反的情況。

在門市實地調查的重點

　　在門市進行實地調查的重點與第 6 章「競爭者」（P.397）的內容一樣，在此僅列出主要的重點。

・使用商品之後，最直接的感受與感想
・門市有哪些商品？陳列方式如何？（有無較吸晴的陳列方式）
・都是哪些消費者在買？有哪些消費者拿在手上？
・店員都如何說明商品？
・哪種商品最搶眼？
・哪種商品最引人注意？
・有哪些部分強化了消費者對商品的滿意度？
・有哪些部分強化了消費者對商品的不滿意度？

⊕ 爬梳自家公司、商品、服務的歷史

清點公司的資產最後就是瞭解自家公司、商品與服務的「歷史」，同時也要回顧成功與失敗。成功的部分包含開發了哪些暢銷商品，或是引起了哪些話題，失敗的部分則是滯銷的商品，或是未引起話題的行銷策略。

爬梳歷史的理由在於瞭解其他公司沒有的優勢源自何處，也就是瞭解自家公司真正的價值與存在意義。自家公司或是商品、服務的「內在價值」與「存在意義」將是強而有力的「賣點」。

⊕ 重新定義內在價值與存在意義，打造暢銷商品

為了重塑商品或服務的品牌，或是打造新商品而擬定新策略的時候，很常因為想要搭上流行的順風車而慘遭滑鐵盧。

其中最大的理由是「該企業或品牌沒有投入市場的理由」。

自家公司該基於何種理由，投入哪個市場呢？為了找到這個問題的答案，**必須先檢視自家公司、商品與服務的「原點」，找到內在價值，再根據內在價值找出「該挑戰的目標」。**

在分析「自家公司」之際，最重要的就是「內在價值、存在意義的定義」。為了讓大家更能具體想像這是怎麼一回事，接下來將透過3個案例解說。

案例① snow peak（戶外用品綜合製造商）
案例② 湖池屋（各類零食製造商）
案例③ KOJI本舖（老字號化妝品製造商）的「DOLLY WINK」

案例① snow peak（戶外用品綜合製造商）※

　　「snow peak」是位於新潟縣燕三條的戶外用品綜合製造商。許多露營愛好者都知道這家廠商的商品擁有出類拔萃的品質，也知道這家廠商專門生產高端的戶外商品，而這家廠商也因80年代的汽車露營熱潮而急速成長。

　　snow peak的山井太社長（現在已是董事長）從很早以前就決定，只要公司的營業額比汽車露營風潮當時的巔峰還多30億日圓，就要思考下一步該怎麼幫助公司進一步成長。所謂下一步就是以露營愛好者之外的族群為目標對象，為公司事業另闢蹊徑。

　　之所以會如此決定，是因為當時的露營愛好者僅占日本人口的6-7%，非露營愛好者的族群遠遠大於露營愛好者的族群。在當時，snow peak 將目標設定為「讓露營人口上升至全日本人口的20%」，但就算真的達到這個目標，snow peak 仍然無法接觸其餘80% 的人。

　　為了讓snow peak 成長，必須藉由露營這項戶外活動的力量，也必須從事露營以外的事業，讓80%的非露營人口成為顧客。

※由筆者根據《スノーピーク「樂しいまま！」成長を続ける經營》（山井太著・日經BP）及《スノーピーク「好きなことだけ！」を仕事にする經營》（山井太著・日經BP）二書的內容撰寫

那麼，snow peak能為非露營人口提供什麼價值呢？在2011年營業額達32億日圓的snow peak為了發掘這個內在價值，重新思考snow peak的事業本質以及藏在本質之中的意義。

◈ snow peak提供的內在價值為何？

一直以來，snow peak都希望透過露營這項戶外活動與大自然以及人們連結。進一步探討這項目標的本質之後，發現snow peak提供的內在價值為「人性的恢復」。

snow peak所說的「人性的恢復」是指找回人類與生俱來，卻被現代文明生活一步步摧殘的野性直覺，讓身體與心靈都能因此煥然一新的意思。

與現代的文明社會比較之下，露營的確是更接近原始生活，所以就算生活非常忙碌，只要能露營一次，就能單純地感受一整天的時間如何流動，甚至能感受到地球的自轉，也能實實在在地接收到「我真的生活在如此廣闊的世界」的感受，以及睡在地球表面的感覺。

早期的人類本來就是以天為被，以地為席而生，所以才要透過戶外活動回到遠古時期的自己，回到那個「誠實的人類」。露營可讓精神煥然一新，也能讓人回到文明社會之後，活出真正的自我，以及活得精神奕奕。

一直以來，snow peak都只針對露營愛好者提供「人性的恢復」這個價值，所以只有露營愛好者的身心得到療癒，以及找回最初的人性。snow peak希望向非露營人口推廣這個價值，所以進行了一項挑戰。那就是在人生的每個場面提供「人性的恢復」這個價值。

◈ 提供「人性的恢復」內在價值的各項業務開發

snow peak 將內在價值定義為「人性的恢復」之後,將那些與大自然以及人們的連結統稱為「野遊」,並且提出「讓野遊成為人生的一部分」這個企業理念。

接著針對都會人口展開「都市戶外」(urban outdoor)這項事業,透過 snow peak 的商品與大自然以及人們連結,讓都會人口找回最初的自我。

都市戶外這項事業進行了許多嘗試,其中成長最為顯著的是讓辦公室與戶外結合的「CAMPING OFFICE」服務。CAMPING OFFICE 有兩大嘗試,其中之一是在辦公大樓的綠地搭帳蓬或遮雨棚,讓上班族在裡面開會,另一個則是讓 snow peak 的露營用具被當成辦公家具使用。

▲讓辦公室與戶外結合的「CAMPING OFFICE」

都市戶外這項事業為了將觸腳延伸至住宅，不斷地與建商、工務店、大樓管理公司合作，讓戶外活動得以進入日常生活。

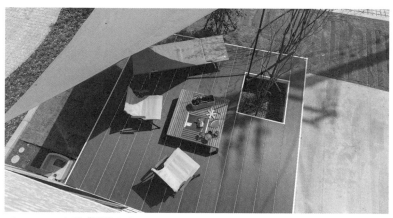

▲snow peak 的「野遊之家」

之後又與規模以及業種截然不同的「SUNTORY 天然水」合作，因為 snow peak 與 SUNTORY 天然水在面對大自然的態度上非常相似，也對彼此很有共鳴。SUNTORY 的企業理念是「與水共生」，希望透過水感受自然的循環，這與 snow peak 的「人性的恢復」不謀而合，所以雙方才有了「天然水 SPARKLING」這項合作。

「SUNTORY 南阿爾卑斯 SPAR-
KLING」（2018 年合作商品，
目前已停止銷售）
▶

在戶外用品之外占有高市占率的是服飾市場。所以 snow peak 決定開發能在露營的時候穿，也能在都會區穿出帥氣的服飾。創立這項服飾品牌的是第三代社長山井梨沙。

就任第三代社長的山井梨沙 ▶

如果 snow peak 畫地自限，認為自己「充其量不過是戶外用品製造商」的話，或許就會做出「放棄住宅市場」、「放棄服飾市場」這類結論，但是當 snow peak 將內在價值定義為「人性的恢復」，就搖身一變，成為在露營場、都市、各種生活場景與各個角落提供商品與服務，幫助顧客找回本我的企業。

snow peak 在 2011 年的營業額只有 32 億，但是到了 2020 年之後，擴大至 168 億，也因此受到各界關注。

100 億這個數字是露營人口與非露營人口都知道 snow peak 這個品牌才有的規模。snow peak 的山井梨沙提到：「如果覺得自家公司只是戶用品製造商的話，或許只能成長到 50 億日圓的規模吧。」其實讓露營的力量在非露營場景發揮的新事業也不斷成長，也間接證實了 snow peak 提供的「人性的恢復」這個價值在露營之外的場景完全普及。

⊕ 案例② 湖池屋（各類零食製造商）※

盡管湖池屋在洋芋片市場擁有 59 年的歷史，但在市占率上，遠遠不及市占率高達 7 成的對手「卡樂比」（Calbee），所以身陷十分嚴峻的經營環境。

此外，洋芋片在門市低價出售的現象已成為洋芋片市場的常態，而且商品也已經同質化。

從大股東日清食品控股公司入駐湖池屋的佐藤章社長為了改革湖池屋，對湖池屋發布了「希望打造足以象徵新生的湖池屋的全新洋芋片」的命令。

⊕ 湖池屋的內在價值為何？

為了在開發新商品之際，從眾多競爭商品中找出湖池屋的優勢與內在價值，行銷本部行銷部部長野間和香奈訪問了董事、工廠作業員這些知道湖池屋早期模樣的人，也從訪談之中得到了開發新商品的靈感。

湖池屋是於 1962 年開發銷售海苔鹽風味洋芋片，以及在 1967 年成功量產洋片的「元祖」製造商。除了「只使用 100% 國產馬鈴薯」這點，湖池屋對於製造過程也相當堅持，認為自家洋芋片的味道絕對不會輸給任何人。在回到創業的原點之後才發現，「湖池屋品質」正是湖池的內在價值。

※筆者根據下列 3 篇報導撰寫

· Diamond Online「湖池屋賭上公司命運開發『pride potato』度過危機，再次爆紅的理由」（2021 年 3 月 21 日）https://diamond.jp/articles/-/263313
· Diamond Online「湖池屋賭上尊嚴的洋芋片有何創新之處？」（2021 年 3 月 21 日）https://diamond.jp/articles/-/263313
· 週刊現代「賣翻！湖池屋的「pride potato」「在賣不好的時代熱賣」的方法」（《週刊現代》2017 年 3 月 11 日）https://gendai.ismedia.jp/articles/-/51115？imp=0

元祖

100% 日本產

▲這 59 年以來，只使用日本產
馬鈴薯製作洋芋片

◀日本首間量產洋芋片的公司

⊕ 體現湖池屋優勢的商品開發流程

　　這項新開發的商品是湖池屋脫胎換骨的象徵，也充分體現了
100%使用日本產馬鈴薯製作，在素材與製作方式沒有半點妥協的
優勢。為了將這項商品打造成老字號的湖池屋重振製造業精神，
以及擦亮日本首次成功量產洋芋片這塊金字招牌，所以特地將這
項商品命名為「KOIKEYA PRIDE POTATO」。

包裝的背面放上了料理人的照片。湖池屋品質的理念之一就是講究味道，透過料理手法發揮素材原有的美味，而不是一味追求效率。

為了強調「明明只是洋芋片，品質卻如此之高」這項特徵，湖池屋請來「明明只是女高中生，卻是不折不扣的唱將」拍攝電視廣告，也成功引起話題。身穿制服，單手拿著洋芋片的女高中生以其撼動人心的歌唱實力用力唱出「100% 使用日本產的馬鈴薯」。

◈「湖池屋 pride potato」大熱賣

結果，盡管這項賭上公司命運的商品準備了充足的分量，卻在開始銷售的短短 1 週之內，賣出了整整 1 個月的分量。在全年業績 20 億日圓就算是暢銷商品的世道裡，僅半年就突破 20 億日圓。

由於湖池屋在製作過程的每個步驟都有自己的堅持，所以其他公司很難模仿這項商品。從「透過飲食讓生活變得豐裕」這個想法出發，透過商品傳遞美味以及撼動內心的價值，回歸公司原本的理念，追求內在價值，擺脫削價競爭，可說是湖池屋勝出的原因之一。

2020 年，為了讓消費者更容易辨識商品，特地將這項商品的名稱改成片假名。如今這項商品也成為長銷商品，持續受到消費者的喜愛。

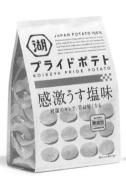

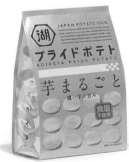
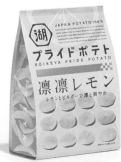

◈ 案例③ KOJI 本舖（老字號化妝品製造商）的「DOLLY WINK」

　　如第 3 章所述，在假睫毛市場不斷縮小的情況下，2018 年當時的 KOJI 本舖覺得「假睫毛的業績已無法繼續成長」，也曾想過乾脆放棄「假睫毛」市場，轉攻市場規模比假睫毛大 6 倍的「眼線筆」，重振自家的品牌知名度以及業績。

假睫毛已經走到盡頭，
連通路都覺得假睫毛
已經落伍了。

　　不過，KOJI 本舖與 DOLLY WINK 專案團隊立刻停下腳步思考「真的要進軍眼線筆市場嗎？」這個問題。

　　進軍眼線筆市場的理由到底是什麼？「是因為眼線筆是正在成長的市場？」還是「眼線筆比較流行？」如果只是因為這麼膚淺的理由，也很難重新擦亮招牌吧？

　　注意到這點的 KOJI 本舖決定檢視 DOLLY WINK 的「原點」，**找出品牌的內在價值，再從內在價值找出「應該挑戰的目標」。**

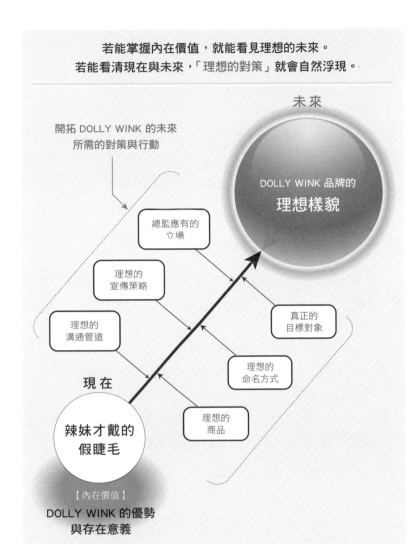

若能掌握內在價值，就能看見理想的未來。
若能看清現在與未來，「理想的對策」就會自然浮現。

未 來

開拓 DOLLY WINK 的未來
所需的對策與行動

DOLLY WINK 品牌的
理想樣貌

總監應有的
立場

理想的
宣傳策略

真正的
目標對象

理想的
溝通管道

理想的
命名方式

現 在

理想的
商品

**辣妹才戴的
假睫毛**

【內在價值】
DOLLY WINK 的優勢
與存在意義

KOJI 本舖的原點

如第 3 章所述，KOJI 本舖的原點是於昭和 22 年，日本首次銷售的假睫毛。當時的 KOJI 本舖參考淺草舞孃將自己的頭髮剪成假睫毛的做法，開發了「KOJI 特製假睫毛」第 1 號。這項商品不是

端正儀容的化妝品，而是一項幫助每個人輕鬆使用「美麗魔法」的道具。

　　KOJI本舖不是在2009年的辣妹風潮興起之後才開始製造假睫毛，而是從二次世界大戰之後就開始了。1960年代，崔姬※與迷你裙這股時尚風潮興起之後，假睫毛也於日本國內外普及。而KOJI本舖賭上自行開發的假睫毛更是以公釐為單位，精心製作的商品，品質也遠遠領先其他對手。

◈ DOLLY WINK品牌的原點

　　這項產品的品質得到「辣妹」族群的認同。身為DOLLY WINK製作人，益若翼以高超的化妝技術得到各界信賴，因「假睫毛非KOJI本舖莫屬」的信念，決定擔任產品製作人。「辣妹妝容」能讓懂得化妝的人變得可愛，而提倡「努力就能變得可愛」的益若翼也因為這個定位而引起許多人的共鳴，間接開創了「誰都能變得可愛」的時代。

◈ 重新定義KOJI本舖的內在價值與設定目標

　　KOJI本舖根據找到的「原點」，將自身的內在價值重新定義為「讓任何人都能變可愛的驚奇特技成為具體的商品」之後，得出結論就是，KOJI本舖內在價值的優勢在於技術與品質都遠勝於競爭者的「假睫毛」。

※崔姬（Twiggy）：於1960年代風靡整個時代，來自英國倫敦的模特兒與女演員，在全世界掀起了迷你裙與短髮的風潮。即使到了現代，仍是受大眾喜愛的復古風象徵人物。

▲DOLLY WINK 製作人益若翼
這是開發「10 秒美睫（新‧局部假睫毛）的現場情況

日本首創的特殊技術

▲日本有史以來第一個商品化的假睫毛「KOJI 特製假睫毛」第 1 號

承上述，KOJI 本舖將目標設定為「讓假睫毛市場復活」，希望再次掀起「假睫毛風潮」。

KOJI 本舖的內在價值

讓任何人都能變可愛的驚奇特技成為具體的商品

優勢為「假睫毛」

↓

設定的目標

讓假睫毛市場復活

現代的潮流是「素顏自然風妝容」，當紅的關鍵字則是「母胎美女」、「天生麗質」，而 DOLLY WINK 則認為自家的假睫毛應該隨著這股潮流調整，以全新的方法提倡「誰都能變得可愛」的理念，抹去「濃妝豔抹」與「辣妹」的成見。

◈ 體現內在價值的品牌宣言與商品開發

於是，KOJI 本舖將自家的內在價值定義為下一頁全新的品牌宣言。

不管是誰，都能變得可愛。
堅信這點的DOLLY WINK
要以讓全世界為之驚豔的技術力
實現每位女孩的夢想。
歷經 10 年累積的實力，
如今將再次展現
讓我們透過驚奇的眼妝體驗
帶妳走進全新的世界。

DOLLY WINK 品牌製作人益若翼也根據 KOJI 本舖的品牌宣言，發表了自己的想法。

我一直相信，每一位女孩都能變得可愛。
讓每個人找到適合自己的妝容
以及讓每個人都能化出這種妝容的
就是DOLLY WINK！
可愛的形式有很多種，
「希望每個人都能找到最適合自己的妝容」
DOLLY WINK將透過這個信念
為大家獻上符合時代與潮流的化妝品。

益若つばさ

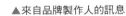

▲來自品牌製作人的訊息

前面已經提過，DOLLY WINK 的確重塑了自己的品牌，成功再造假睫毛的風潮。

以上就是所有要介紹的案例。

閉著眼睛跟風，是無法打造出暢銷商品的。先回到原點，找出品牌得以茁壯至此的「內在價值」以及「應該挑戰的目標」，才有機會找到理想的「目標對象」以及具有優勢的「賣點」。

⊕「原點」藏在歷史與員工之間

無論任何企業或品牌，「原點」一定藏在企業或品牌的「歷史」之中，所以先爬梳企業的歷史，以及品牌的沿革，就能有效找出原點。

沒放在官網的企業沿革的小故事，常常是發掘「內在價值」的線索，**所以請教老員工、從事企劃與開發商品、服務的人，以及其他與企業、商品、服務有淵源的人，往往會有意外的發現。**

◉歷史年表範本

	創業期				成長期							
	1999	2000	2001	2002	2003	2004	2005	2006	2007	2008	2009	2010
【名】企業　history												
TARGET												
ACTION・PRODUCT												

調查企業成立之際以及商品、服務開發時的故事，或是商品與服務暢銷時的報導，也有助於找到原點。建議大家將找到的資料整理成年表，從中找出內在價值。

・企業（或品牌）自認的成功與失敗（暢銷商品、滯銷商品）
・想保留的部分與想捨棄的部分
・在社會大眾眼中的形象與評價

　　以上述這些內容回顧歷史，就有機會找到內在價值

全盛期			安定期				
2011	2012	2013	2014	2015	2016	2017	2018

▲讀者限定福利　可於 P.510 下載「歷史年表範本」

接著為大家整理從清點自家公司的資產，到重新定義內在價值的步驟。

●步驟總結

①確認現狀的「目標對象」與「賣點」
如果還沒找到目標對象與賣點，可以根據現狀推測，再寫下推測結果

②複習網頁的內容
確認自家公司傳遞了哪些訊息、塑造了哪些形象，以及根據「市場、顧客」與「競爭者」的資訊·瞭解自家公司與競爭者的「優勢與劣勢」

③親自體驗商品與服務
親自前往提供商品或服務的場所進行實地調查
實際試用之後，就能知道顧客滿意與不滿意的部分，也能知道自家商品在顧客眼中的樣子，還能瞭解顧客購買商品的契機

④掌握自家公司、商品與服務的「歷史」，回顧成功與失敗
瞭解自家公司特有的優勢，也就是內在價值與存在意義
成功：暢銷商品、成功掀起話題的策略
失敗：滯銷商品、未能引起話題的策略

※④是最重要的部分，因為能找到強而有力的賣點

透過自我搜尋瞭解自家公司的強項與弱項

完成「清點自家公司的資產，重新定義內在價值與存在意義」這個步驟之後，接著要分析**「自家公司的評價」**。

具體來說是透過「自我搜尋」的方式，搜尋自家公司的評價，瞭解社會大眾如何看待自家公司及商品、服務的**「賣點」**。

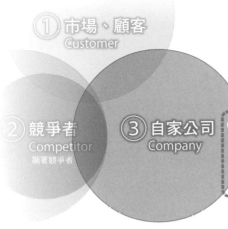

① 市場、顧客
Customer

② 競爭者
Competitor
顯著競爭者

③ 自家公司
Company

●掌握自家公司的現狀
瞭解目前的業績、市占率、各目標（KGI、KPI）的達成度
●清點自家公司的資產、內在價值與存在意義的定義
現狀的「目標對象」、「賣點」
網頁、商品、服務的試用
回顧公司歷史、暢銷與滯銷商品的分類

●自家公司的評價
自我搜尋（口碑或是在社群媒體、傳統媒體的觀感）
顧客問卷、座談會（瞭解消費者如何使用自家商品，對自家商品有哪些瞭解）

●自家公司獨一無二的強項
掌握自家公司的弱點，以及受這些弱點牽制的地方
→找到足以獲勝的「目標對象」與「賣點」

　　透過自我搜尋調查自家公司的「口碑」以及「在社群媒體的形象」，再分析「自家公司特有的強項與弱項」。

　　自我搜尋時的觀點與第6章競爭者分析中「從大眾的心聲」瞭解自家公司評價的調查方式（P.398-400）相同，**一樣要從質與量兩個觀點分析自我搜尋的結果。**

　　量的部分，要掌握「有沒有與自家公司有關的話題」、「與自家公司有關的話題有多少」，而且不管是負面或正面的內容，都要掌握數量與規模。

　　接著是質的部分，此時要先忽略數量。這部分要看看「評價網站或社群媒體的相關內容」，以及媒體的報導，或是網紅對自家公司的看法，看看這些消費者或網友都寫了哪些內容。最後再綜合評估質與量這兩個部分的結果，瞭解自家公司的網路形象，以及這些內容的擴散程度。

●自家公司的社會形象

確認項目	
量	・有無與自家公司有關的話題 ・與自家公司有關的話題有多少 ・不管是負面還是正面的內容，都要掌握數量與規模
質	・評價網站或社群媒體的相關內容，或是網紅對自家公司的看法 ・先忽略數量
質 × 量	・瞭解自家公司的網路形象，以及這些內容的擴散程度

◈ 透過自我搜尋確認的場所與觀點

要確認的場所與觀點請參考右圖。

試著分析 KOJI 本舖 EASY LASH 的銷售狀況之後，發現比起「EASY LASH」這個商品名稱以及其他的促銷內容，文案的「#10秒美睫※」最廣為人知，社會大眾都記住「#10秒美睫」這個主題標籤。

這應該是因為最能彰顯商品價值、最能打動嫁接睫毛與睫毛膏的使用者，以及最容易擴散的概念。也是這項商品能以超越傳統假睫毛的姿態，被社會大眾接受的緣故。

由此可知，「#10秒美睫」這個文案是強而有力的賣點，也是非常珍貴的資產。如果之後將此文案做為「賣點」，繼續開發其他商品，或許仍有勝算。可透過上述的分析流程決定後續策略。

※新・局部假睫毛

◉自家公司的社會形象

確認的場所

- 顧客與通路有無反應，又有哪些反應
- 評價網站的評價數量與內容
- 在社群媒體的口碑、主題標籤的數量與內容
- 被網紅介紹的次數與內容
- 被媒體報導的次數與內容，得獎的次數與內容

在口耳相傳的過程中，以及被媒體報導的時候，分析「哪個部分最受關注？」「哪個部分不受關注？」就能找到「瞭解自家公司特有的優勢與弱勢」的線索。

確認重點

- 量與質的評價（正面的內容多？還是負面的內容多？）
- 受青睞的部分、受關注的部分，被分享的部分是什麼？（優勢是什麼？）
- 不受青睞的部分、不受關注的部分，不被分享的部分是什麼？（在哪個部分做得不好？）
- 得到青睞、關注與分享的「主要因素」是什麼？
- 未能得到青睞、關注與分享的「主要因素」是什麼？
- 被評判的部分是什麼？（劣勢是什麼？）
- 學習→下一步
①做得好的部分 → 之後該如何應用在其他商品？
②做得不好的部分 → 該如何改善？

　　KOJI本舖在2021年6月24日推出了「10秒美睫」的進化版。除了10秒就能戴好這個優勢不變，還讓假睫毛的品質足以與接美睫媲美。因此這項商品的名稱就是「10秒美睫＋※DOLLY WINK SALON EYE LASH」。

　　在口耳相傳的過程中，以及被媒體報導的時候，分析「哪個部分最受關注？」、「哪個部分不受關注？」這些部分，就能找到「瞭解自家公司特有的優勢與弱勢」的線索。

※尺寸恰到好處的新款假睫毛

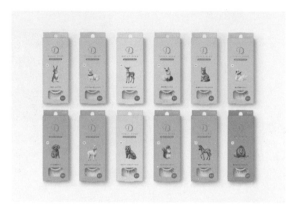

▲ DOLLY WINK SALON EYE LASH「10 秒美睫＋（尺寸恰到好處的新款假睫毛）」

◈ 該利用顧客問卷調查與座談會提出的5個問題

　　容我重申一次，不要抱著「姑且問問看」的心態進行顧客問卷調查與舉辦座談會。請務必遵守「建立假設，找出要釐清的事情之後再詢問顧客」這個順序。

　　接下來要介紹5個在顧客問卷調查或座談會向自家顧客提出的問題，幫助大家收集「有助於瞭解現狀」的資訊，以及找出「自家公司特有的強項與弱項」。在此已經幫大家整理了這5個問題，有機會請務必試用看看。

●透過顧客問卷調查或訪談瞭解自家公司的評價

> **向自家顧客提出的 5 個問題**
>
> 問題①老實說，對商品或服務有哪些看法？
>
> 問題②覺得商品有哪些優點？為什麼使用這項商品？
>
> 　　（找出商品的賣點）
>
> 問題③商品有哪些地方需要改善？為什麼？
>
> 問題④覺得與其他公司的商品有什麼不同？為什麼？
>
> 問題⑤請在這時候試著使用商品，同時提出任何覺得有問題的部分

透過自家公司強項與弱項，鎖定致勝「目標對象」與「賣點」

①市場、顧客
Customer

②競爭者
Competitor
顯著競爭者

③自家公司
Company

●掌握自家公司的現狀
瞭解目前的業績、市占率、各目標（KGI、KPI）的達成度

●清點自家公司的資產、內在價值與存在意義的定義
現狀的「目標對象」、「賣點」
網頁、商品、服務的試用
回顧公司歷史、暢銷與滯銷商品的分類

●自家公司的評價
自我搜尋（口碑或是在社群媒體、傳統媒體的觀感）
顧客問卷、座談會（瞭解消費者如何使用自家商品，對自家商品有哪些瞭解）

●自家公司獨一無二的強項
掌握自家公司的弱點，以及受這些弱點牽制的地方
→ 找到足以獲勝的「目標對象」與「賣點」

　　到目前為止，掌握了自家公司的現狀，清點了自家公司的資產，也定義了內在價值與存在意義，還進行了自家公司的評估。

　　其中**最為重要的就是定義自家公司的「內在價值與存在意義」**。源自自身歷史與根基的價值或強項，絕對是其他公司所缺乏的部分。讓我們清點這些強項，一起找出帶來勝利的「目標對象」與「賣點」吧。

　　在分析自家公司的過程中，有可能會發現自家公司的「弱項」，如果是能克服的弱點，可以試著克服。

　　不過，**與強項互為表裡的「弱項」不一定非得克服不可**。比方說，強項是「便宜好用」，弱項是「附加價值與格調較高的商品很難賣」的時候，此時的強項與弱項就可說是一體兩面。

　　如果遇到這種情況，請試著瞭解弱項造成的「限制」，以及思考相關的對策。如果以上面這個例子來看，就是先瞭解難以進軍高附加價值市場這個事實，以及決定不要與這個市場的競爭者對抗。

　　在找到自家公司商品或服務的「賣點」之後，有時會因為禁止誇大藥效的藥事法（確保藥品、醫療器材的品質、效果、安全性的法律），而無法當成宣傳的文案使用。在經過各種考量之後，自然會知道宣傳的文案該寫到什麼程度才不會犯法，如果能先累積這類資訊，再與團隊分享，「賣點」的相關討論也會變得比較順暢。

　　以上就是為了「擬定銷售策略」所需的市場、顧客（Customer）、競爭者（Competitor）、自家公司（Company）的所有調查技巧。大家覺得精彩嗎？是不是覺得比較容易找到「目標對象」與「賣點」了呢？大家不用急著把每一項技巧用過一遍，只要從好像可以派上用場的技巧開始使用即可。

◈ 將1982年發表的3C分析應用在現代

3C分析是在約40年前提出的概念。雖然在這40年間，社會的樣貌有了顯著的改變，但3C分析卻仍歷久彌新，也間接證實3C分析是深入本質的思考框架。

不過，在使用3C分析框架時，有一些需要注意的部分。

大前研一於1982年出版了《The Mind of the Strategist：The Art of Japanese Business》這本著作之後，在32年後的2014年又出版了《Strategic Mind 2014年新版》（大前研一著‧NextPublishing），並在這本書提到3C分析框架的實用性，以及今後該如何使用這個3C分析框架，所以本書打算為大家介紹這段內容。

大前研一提到：「在打算有所舉動時，透過3C分析框架的3個C，瞭解顧客的真正需求、分析競爭者的實力，以及剖析自家公司對這件事擁有哪些能力與特徵，是非常重要的一環。」但是他也提出下列使用3C分析框架的風險。

「在本書出版之後的數十年，我很少提及這3個C。原因是一旦我說3個C時，越優秀的學生就越想套用這3個C來思考，如此一來，儘管我一直要求這些學生用心、用腦思考，他們還是會被這個有如標語般的3個C困住。框架的危險之處在於『不經思考，只為了得到答案而使用』。這會讓人變得一遇到問題，就只想利用某種框架立刻找到答案。」

換句話說，框架雖然是拓寬視野的工具，但只要弄錯使用方法，反而會讓視野變得更狹隘。**請大家不要困在框架之中，要動腦思考真正的問題在哪裡，以及真正的解決方案又在何處，也要時時提醒自己「框架只是一種幫助思考的工具而已」。**

進一步，大前研一曾提到，在現代**「3C變得更加流動」**這點，也要請讀者多多留意。

比方說，Google的「顧客」會是誰？有可能是在搜尋資料的「我」，但「我」沒有付錢給Google，Google也沒有從「我」身上賺到一毛錢，而是透過幾億個像「我」這種提供流量的人賺取廣告費用。

如此一來，「競爭者」與「顧客」的定義就與1982年一成不變的競爭對手與顧客不同，想必大家應該也已經察覺這一點。

再者，Amazon的傑夫·貝佐斯曾想過大家都使用Apple產品的話，就在Apple產品安裝Amazon Kindle，然後透過Apple的終端設備賣書。此時，Apple對Amazon來說，是「競爭對手」、「夥伴」還是「顧客」呢？恐怕很難定義兩者之間的關係。

大前研一如此說道。

「這3個C的樣貌隨時都在改變，所以從重新思考真正的「顧客」與「競爭對手」究竟是誰這點來看，這3個C或許顯得更加重要。另一方面，若囿於早期的3C概念，執著於早期定義的顧客或競爭者，反而有可能會遇到視野變得非常狹隘的風險。」

　　建議大家將目標放在透過 3C 分析框架拓寬視野，盡情地使用這個框架。

第8章

【調查實踐篇⑥】

長銷調查

◇ 讓進入市場的商品持續銷售的調查

這一章要介紹「當商品進入市場之後，消費者如何看待該商品，之前的行銷策略效果如何」，驗證這些「結果」並藉此擬定接下來的策略。這些內容看似枯燥，卻是非常重要的環節。

其實廣告業的行銷人員很常看到「推出商品或廣告之後，就沒有下一步」，完全不做任何驗證的例子。

如果不做任何驗證的話，商品就可能失去賣得更好的機會。若問有什麼簡單易懂的例子，那就是在出版業常常看到換個標題或封面，就變成暢銷書籍的例子。只是稍微修正一下「目標對象」與「賣點」就大賣的例子並不罕見。

就算推出的商品如願熱賣，也不應該沒有任何後續追蹤，因為暢銷商品只要一跟不上時代，就很有可能滯銷。在社會氛圍、大眾的關注標的與興趣都瞬息萬變的現代，**必須預測時代後兩步、三步的變化，不斷地微調整「目標對象」與「賣點」，否則商品一下子就會被淘汰。**

如果「目標對象」或「賣點」的設定失準，就必須予以修正，就算沒有失準，也應該繼續尋找讓銷路成長的機會，而這些都需要調查才做得到。

因此第8章將為大家介紹目的C：讓進入市場的商品一直暢銷的「長銷調查」。可以選擇容易持之以恆的調查方式，有些驗證效果的方法也不需要多花錢。

依 3 種目的分類
打造暢銷商品的調查技巧

目的 A

轉換成銷售創意的形式
「開發暢銷商品的調查」

第 3 章

目的 B

擬定銷售戰略
「策略調查」

第 4、5、6、7 章

目的 C

讓進入市場的商品一直暢銷
「長銷調查」

第 8 章

瞭解驗證效果的重要性

為了幫助大家瞭解驗證效果的重要性，在此透過大學入學考試的例子說明。

時間是某一年的暑假之前，高三考生鈴木收到大學模擬考試的結果。

鈴木「考上第一志願的機率只有 30%，屬於等級 D 的程度。但是做為備胎的大學卻有 90% 以上的機率考上，屬於等級 A 的程度。看來我國語考得還可以，但數學考得不怎麼樣，但怎麼會這樣就掉到等級 D 啊，而且偏差值也下滑。不過，再怎麼糾結也沒用，就把這個模擬考成績放在心裡，繼續用功讀書吧。」

　　鈴木將模擬考試卷放進碎紙機，繼續解決剛剛寫到一半的考古題。

　　同樣是高三考生，學力與鈴木差不多的大橋也在暑假前收到同一份模擬考結果。**大橋「考上第一志願的機率只有30%，屬於等級D，而備胎的大學則有90%以上的機率考上，屬於等級A。考上第一志願的機率居然會是等級D啊……」**

　　大橋與鈴木想的事情都一樣，但是大橋立刻翻開弱點筆記本，找出在模擬考答錯的問題。

　　大橋：「到底是哪幾題答錯了啊？哪一科我比較弱呢？」

　　接著自己想了想答錯的題目以及解答，然後將心得寫在筆記本裡面。

　　完成這個部分之後，大橋又繼續分析在這次的模擬考中，哪些部分能輕鬆答對，也擬定後續的讀書計畫，希望這種拿高分的方式能在比較弱的科目應用。

　　大橋：「我在現代文的閱讀理解拿了不錯的分數，這種讀現代文的方法說不定也可以拿來讀長篇英文。我很擅長背誦古文的單字，說不定能以相同的方法背誦日本史」。

在暑假開始之後，兩個人的學習成果就拉開差距，結局如大家所預測，大橋考上了第一志願，鈴木則沒有考上第一志願。

◈ 讓這兩位考生走上不同命運的觀點是什麼？

這個故事是在大學入學考試補習班擔任講師的朋友告訴我的，他說有許多考生都有相同的情況。

很多考生跟鈴木一樣，對於「國語考得不錯，數學考得不怎麼樣」的模擬考結果沒有什麼感覺，也有不少考生覺得「模擬考本來就沒什麼用」，但根據補習班業者的說法，**在準備考試時，「複習模擬考」的學習效率比猛做考古題來得更好。**

這是因為模擬考是各補習班耗費大把心力、金錢與時間濃縮各科精華的結晶。在準備考試的時候，大部分的考生都會陷入不斷「輸入」知識的狀態，但是正式考試的時候，需要能夠「輸出」所學的能力，所以**透過模擬考培養「輸出」的能力，瞭解自己在「輸出」這一塊的強項與弱項，接著擬定合適的讀書計畫，正是在考試分出勝負的關鍵。**

讓鈴木與大橋走上不同命運的關鍵有兩點，**一是知道複習模擬考的重要性，二是分析模擬考結果的觀點。**

◈ 準備考試與銷售商品的共通之處

準備考試與銷售商品可說是有著異曲同工之妙。

就算能取得需要的資料，也擬定了縝密的策略，沒有實際推出商品，往往不會知道賣得好不好。各家公司都會絞盡腦汁讓商品進入充滿競爭的市場，透過商品試水溫以及分析結果，再迅速擬定下一步，而這些都是打造暢銷商品所需的流程。

儘管在這部分這麼用心，但「推出商品或廣告之後，就沒有下一步」的例子卻不少見。

當然，這些公司也不是什麼都沒想，但多數都只做了非常粗糙的分析，就像剛剛的鈴木只做了「國語還行，數學不太好」這類分析。沒有充份分析結果，就無法擬定下一步。

要想得到擬定後續策略的資訊，有一些重點需要確認。

若以上述考生比喻，**商品賣得好或不好在於是否瞭解驗證效果的重要性，以及能否具備驗證效果的分析觀點。**

若說大學入學考試與做生意有什麼共通之處的話，就是很容易因為眼前的成果忽喜忽憂，但為了能一步一腳印地「成長」，就必須放眼未來，**驗證每一次的結果，藉此擬定後續的策略。這種綜覽全局而非單點思考的視野非常重要。**

◈ **商品進入市場之後該如何分析「結果」？**

會想讓商品「進入市場」或是「賣賣看」的時候，通常得生產一定的數量，也一定要銷售。

但是，如果資金、資源這類成本以及時間、生產系統這類條件都允許的話，**可在正式量產與銷售商品之前，先在一些特定的地方少量販賣，也就是所謂的「試銷」**（Test Marketing）。

要在商品進入市場之後調查「結果」，**必須調查下列3項重點，分別是①「在商場締造多少成果？」②「社會大眾有何反應？」③「策略是否適當」**。以下為大家整理了這3項重點內容，接著就讓我們一起瞭解這3項重點。

①生意績效分析
- 目標達成度分析（業績資料分析、轉換率分析）

②反應分析
- 顧客與通路有無反應，有哪些反應
- 評價網站的評價數量與內容
- 在社群媒體的口碑、主題標籤的數量與內容
- 被網紅介紹的次數與內容
- 被媒體報導的次數與內容，得獎的次數與內容

③策略強度驗證分析
- 分析「目標對象」的動向（是否打中預期的目標對象？目標對象的設定是否正確？）
- 「賣點」的強度分析（是否如預期讓顧客瞭解商品的價值？賣點的設定是否正確？）
- 策略成果分析
- 認知率、理解度以及理解的內容（顧客如何認識與理解商品）

⊕「①生意績效分析」可利用「最終目標」與「中間目標」的達成度衡量

在商業的世界裡，「成果（績效）」就是針對所追求的「目標」實現多好的「結果」的意思。

目標可分成「最終目標」與「中間目標」兩種，通常會以量化的方式衡量。

舉例來說，某個服飾品牌將「最終目標」訂為「業績1億日圓」，而達成此目標所需的每個環節的目標就是「中間目標」。具體來說，「新增顧客數」、「回購數」、「平均客單價」、「顧客滿意度」的達成率，都會影響「業績1億日圓」這個最終目標是否能夠達成。

最終目標稱為「KGI」，也就是Key Goal Indicator（關鍵目標指標）的縮寫，中間目標則稱為「KPI」，是Key Performance Indicator（關鍵績效指標）的縮寫。

設定KGI與KPI的方法不同於本書主題的調查技巧，所以本書不會介紹得太仔細，但大致上就是下列內容。

最常用來設定最終目標的是「業績」或「利潤」，有時候則是「市占率」、「訂單數」或「轉換率」。

> **轉換率（CV）**：網路業界的用語，指透過網站獲得的最終成果。由於商品、服務與策略的目標都不同，所以需要的轉換率也不同，但是「購買商品」、「會員註冊」、「索取資料」、「詢問問題」、「要求報價」及「App下載次數」這些行為，都有可能設定為轉換率。

另一方面，最常用來設定中間目標的包括「新增顧客數」、「回購數」、「平均客單價」、「顧客滿意度」、「訂購率」、「轉換率」、「PV（頁面瀏覽量）」、「下載次數」、「商談次數」、「個人營業額」、「拜訪客戶次數」、「願意幫忙銷售商品的門市數量」，以及其他指標。

◉「①生意績效分析」可利用「最終目標」與「中間目標」的達成度衡量

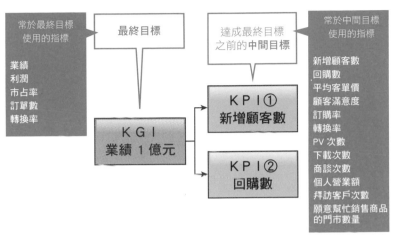

常於最終目標 使用的指標	最終目標	達成最終目標 之前的中間目標	常於中間目標 使用的指標
業績 利潤 市占率 訂單數 轉換率	KGI 業績 1 億元	KPI① 新增顧客數 KPI② 回購數	新增顧客數 回購數 平均客單價 顧客滿意度 訂購率 轉換率 PV 次數 下載次數 商談次數 個人營業額 拜訪客戶次數 願意幫忙銷售商品 的門市數量

　　KGI 與 KPI 也有很多指標，但一定要搭配數字（提升○%、○次數）設定。

　　在思考 KPI 的時候，很建議將第 5 章 P.250-251 說明的雙重行銷漏斗的指標當成 KPI 的指標使用。

◉雙重行銷漏斗

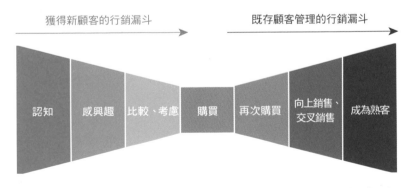

獲得新顧客的行銷漏斗　　　　既存顧客管理的行銷漏斗

| 認知 | 感興趣 | 比較、考慮 | 購買 | 再次購買 | 向上銷售、交叉銷售 | 成為熟客 |

▲讀者限定福利 可於 P.510 下載「雙重行銷漏斗」

通常會在需要快速掌握現況，提升策略執行效率的時候，或是比較相同指標的競爭狀況時，使用這類常見的指標驗證效果。

不過請大家注意的是，若只將重心放在這類常見的指標，恐怕只會看到數字而忽略內容，無法知道顧客是基於什麼內容才購買商品。

若想知道顧客是因為哪些內容才購買商品，主要會在「③策略強度驗證分析」這個部分進行驗證，不過，若能連①的部分都設定具原創性的KPI，就更有機會創造暢銷商品，**因為要避免與競爭對手正面對抗，提升競爭優勢的話，就必須擬定有別於其他公司的獨特策略，而此時就需要設定具原創性的KPI，才能衡量這類由自家公司自創的策略。**舉例來說，可試著針對「讓人精神為之一振的碳酸飲料」設定「商品理解率」這種具原創性又具體的KPI。

「最終目標」與「中間目標」確定之後，可透過下列的觀點針對目標確認「結果」。

◉「①生意績效分析」的確認項目

✔ 目標的達成度（結果是理想還是不理想？）

✔ 達成了什麼？做得好的部分又是什麼？

✔ 沒達成了什麼？做得不好的部分又是什麼？

✔ 達成的「主要因素」是什麼？

✔ 沒達成的「主要因素」是什麼？

✔ 學習→下一步

　①做得好的部分→之後該如何應用在其他商品？

　②做得不好的部分→該如何改善？

◆「②反應分析」可透過質與量的觀點分析

所謂反應分析是指分析顧客對於商品、服務與行銷策略的反應，而這項分析可告訴我們行銷策略的效果是好是壞，也能幫助我們決定後續的策略，提供這類非常重要的線索。

顧客或通路的反應能仿照第6章競爭者的「分析大眾的聲音」（P.398-400）與第7章自家公司的「自我搜尋」（P.440-413），從質與量這兩個觀點進行分析。

在量的部分，可先瞭解顧客或通路有沒有反應，反應的次數有多少？並掌握正面與負面內容的數量與規模。

其次是先忽略數量，從質的觀點分析評價網站或社群媒體的內容，以及媒體報導或網紅的意見。最後則是從質與量的觀點分析有哪些內容被分享。

●驗證效果的反應分析

	確認項目
量	• 先確認有沒有反應？ • 反應的件數有多少？ • 負面內容與正面內容的數量以及規模
質	• 透過評價網站與媒體的內容、社群媒體的相關貼文、網紅的貼文，瞭解自家公司在外的形象 • 暫時不用理會數量的多寡
質 × 量	• 瞭解自家公司在外的形象，以及被分享的話題

就算有話題被分享，如果話題的內容無助於達成①的KPI，就可以分類成「做得不好的部分」或是「需要改善的部分」。如P.119的「機能性飲料A」廣告，「擔任廣告代言人的偶像很可愛」這類內容，就有足夠的「量」被分享。

不過，在決定「質」的內容中，若完全沒有提升商品認知率的內容（KPI是認知率）、讓顧客購買商品的內容（KPI是試購率），以及強調商品價值的內容（KPI是對商品的理解度），也無助於業績成長的話，就能判斷行銷策略未能奏效。

反之，就算有顧客反應內容的品質很高，卻只在少數族群之間造成話題，無法達到「量」的目標（KPI），也無助於商品的業績成長，同時代表行銷策略的影響力不足，行銷策略未能奏效。

確認的場所與重點與第7章的自我搜尋相同，請大家參考右圖即可。

如第7章所述，KOJI本舖的EASY LASH最終發現「#10秒美睫※」這個文案是擴散性極強的賣點。

此外EASY LASH也出現了一些製造商意料之外的媒體報導。疫情爆發之後，許多女性都開始戴口罩，所以有不少媒體製作了「假睫毛眼妝流行中」的專題報導。

若商品能搭上符合大眾需求的順風車，找到全新的「目標對象」與「賣點」，就能增加自己的勝算。

請大家務必進行反應分析，並且應用分析的結果。

※新・局部假睫毛

◉「②反應分析」的確認場所與確認重點

確認的場所

- 顧客與通路有無反應，有哪些反應
- 評價網站的評價數量與內容
- 在社群媒體的口碑、主題標籤的數量與內容
- 被網紅介紹的次數與內容
- 被媒體報導的次數與內容，得獎的次數與內容

確認重點

- 量與質的評價（對自家公司而言，正面的內容多？還是負面的內容多？）
- 受青睞的部分、受關注的部分，被分享的部分是什麼？（優勢是什麼？）
- 不受青睞的部分、不受關注的部分，不被分享的部分是什麼？（在哪個部分做得不好？）
- 得到青睞、關注與分享的「主要因素」是什麼？
- 未能得到青睞、關注與分享的「主要因素」是什麼？
- 被評判的部分是什麼？（劣勢是什麼？）
- 學習→下一步
    - ①做得好的部分→之後該如何應用在其他商品？
    - ②做得不好的部分→該如何改善？

※內容與第 7 章「自家公司」的自我搜尋（P.443）相同

「③策略強度驗證分析」可直接詢問

執行讓商品或服務爆紅的策略（打動顧客內心的策略）之後，得到什麼結果呢？衡量策略強度的分析也是判斷策略優劣，以及規劃下一步的重要資訊。

可直接對設定的策略驗證效果。確認的場所與重點請參考下一頁內容。

◉「③策略強度驗證分析」的確認場所與確認重點

確認場所

• 分析「目標對象」的動向（是否打中預期的目標對象？目標對象的設定是否正確？）

•「賣點」的強度分析（是否如預期讓顧客瞭解商品的價值？賣點的設定是否正確？）

• 策略成果分析

• 認知率、理解度以及理解的內容（顧客如何認識與理解商品）

確認重點

• 執行策略後的結果是否一如預期，或是未達理想？

• 達成了哪些預期的結果，做得好的部分是什麼？

• 沒達成哪些預期的結果？做得不好的部分是什麼？

• 達成預期結果的「主要因素」是什麼？

• 沒達成預期結果的「主要因素」是什麼？

• 學習→下一步

　①做得好的部分 → 之後該如何應用在其他商品？

　②做得不好的部分 → 該如何改善？

驗證方法可使用下列這兩種簡單好用的方法。

✔ A/B測試

✔ Asking調查

⊕ A/B 測試

A/B測試是網路行銷常見的手法之一，**主要是用來檢驗「哪邊的成果更顯著」的方法。**有時候檢驗的對象不只是 2 種模式，而是 3 種模式。

其實 A/B 測試有很多學問，但本書主要介紹與檢驗「計畫 A」與「計畫 B」這類方向截然不同的模式何者比較有的方法。

比方說，同一件商品在不同的門市，與不同內容的POP※放在一起，檢驗POP的效果，或是同一件商品放在同一個門市，然後第一週讓顧客試吃，第二週附帶贈品，驗證這兩種銷售方式的效果，藉此從中得到判斷哪種策略或戰術較有效果的線索。

此外，假設「設定這種賣點應該會奏效」的策略有兩種呈現方式時，可在不同的門市呈現這兩種方式，再透過A/B測試即時驗證效果，從中找出最佳方向。

ASKING調查的提問方式

所謂ASKING調查就是透過訪談、問卷調查、網路調查收集ASKING資料（向社會大眾提問所得的答案）。之所以會選擇ASKING調查，是因為要驗證行銷策略的效果，有時直接詢問顧客會更快釐清想知道的事情。

至於該怎麼提出哪些問題呢？在介紹這類內容之前，請大家先瞭解ASKING調查的基本提問形式。

★問題的種類分成MA、SA、MAMT、SAMT、FA

在進行問卷調查時，有時會以「SA」或「MAMT」這類標籤分類分析結果。在此為大家介紹這類問卷調查的提問形式的基礎知識。

在問卷調查的題目與回答格式之中，有一種是由主辦者設定選項，再由受訪者選擇的形式，而這種問答格式又有「SA（單一選項／Single Answer）」、「MA（複選／Multiple Answer）」，而這兩種格式都簡稱為「SA」與「MA」。

※POP：在販售場所設置的廣告工具，寫著商品名稱、價格、賣點、文案的廣告，中文譯為賣場廣告（PointofPurchase）

若希望受訪者從多個選項選出其中一個時，可使用SA（單一選項）這種問答格式。比方說，提出「7-11」、「全家」、「萊爾富」這3個選項，以及「請從中選出最常去的便利超商」的問題，請受訪者從中選擇1個答案的形式就是SA（單一選項）。

此外，提出「請問您對商品A的滿意度為何？」的問題，再請受訪者從「很滿意、還算滿意、無所謂、不太滿意、很不滿意」這5個選項選出一個，也屬於SA的格式。

若希望受訪者從眾多選項之中挑出幾個答案，可使用MA（複選）格式。比方說，提出幾家便利超商作為選項，再提出「請回答所有（或是幾間）你平常會去的便利超商」問題，請受訪者從選項之中挑出幾個答案，就屬於MA格式。

若想使用進階一點的提問方式，可在使用MA這種格式時，限制受訪者選擇的個數。比方說「最多只能選擇3個答案」這種格式就是其中一種，而這種格式又稱為「3MA」。

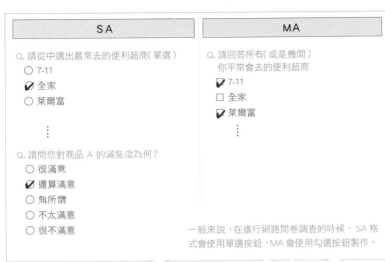

一般來說，在進行網路問卷調查的時候，SA 格式會使用單選按鈕，MA 會使用勾選按鈕製作。

有時 SA 也會以下拉式選單的方式製作

　　有時也會使用下頁圖的矩陣，同時使用 MA 與 SA 的格式。比方說，「請回答所有你平常會去的便利超商。再從裡面挑出一個你最常去的便利商品」這類問題，就會使用這種方式製作。選項的部分，則會列出幾間便利超商。

MA 與 SA 混合的矩陣

Q. 請回答所有你平常會去的便利超商，再從裡面挑出一個你最常去的便利商品

	平常會去的便利超商	最常去的便利超商
1.7-11	✔	✔
2. 全家	☐	◯
3. 萊爾富	✔	◯
⋮	☐	◯

回答的方向　　　　　　　　　　　　　題目

選項

此外，也有矩陣格式提問，透過同一個選項將多個問題整理成 1 個問題的方法。假設是 SA 的問答格式，就稱為「SAMT（單一選項矩陣）」，MA 的問答格式則稱為「MAMT（複選矩陣）」。

SAMT

Q. 請回答對各種商品的滿意度（單選）

選項

回答的方向	1.很滿意	2.還算滿意	3.無所謂	4.不太滿意	5.很不滿意
商品 A	◯	✔	◯	◯	◯
商品 B	◯	◯	✔	◯	◯
商品 C	◯	◯	◯	◯	✔
商品 D	✔	◯	◯	◯	◯
⋮	◯	◯	◯	◯	◯

題目

MAMT

Q. 請問您對下列這些便利超商的印象（可複選）

選項

回答的方向	最先進的	最親切的	品項最齊全的	....	以上皆非
1.7-11	✔	✔	☐	☐	☐
2. 全家	☐	☐	☐	☐	✔
3. 萊爾富	☐	✔	✔	☐	☐
⋮	☐	☐	☐	☐	☐

題目

接著要介紹的是讓受訪者以文章自由回答的提問方式。這種有別於前述讓受訪者選擇的提問方式稱為「FA（Free Answer／自由回答）」，有時也稱為「OA（Open Answer／開放式回答）」。

FA
Q. 請問您對超商 A 的印象是什麼？（自由回答）
覺得超商 A 最近在便當上非常用心，便當比以前好吃，好像也雇用了更多不同個性的員工。

◇ ASKING調查的題目

以上就是ASKING調查的基本提問格式，接下來要介紹有哪些具體的題目。

首先，從根據條件篩選出調查對象（篩選調查的細節請參考第5章P.255-257）開始介紹。

接著利用篩選調查收集下列受訪者，藉此設定正式調查的人數分配（P.103-104）

- 聽過「商品A」，也是正在使用的消費者（曾在最近1年購買商品的消費者）
- 沒聽過「商品A」，或是聽過但沒用過的消費者（不曾在最近1年購買商品的消費者）

●篩選調查

Q. 請問您聽過下列的商品嗎?請從中選擇對應的選項(SAMT)

		聽過的人		沒聽過的人	
回答的方向	·瞭解商品	·只聽過名字		·沒聽過	選項
·商品A	✔	○		○	
·商品B	○	○		✔	
·商品C	✔	○		○	
⋮					

題目

　　→這種篩選調查可分析自家公司的「商品A」與其他競爭商品在同一個時間點的認知度。

　　而且還能將瞭解「商品A」的人與不瞭解的人分成不同的顧客區隔,也能透過這種顧客區隔※建立構面(P.101-102),進一步統計資料(「商品B」與「商品C」也能如此統計資料)

　　雖然也可以只利用商品名稱提問,但很多人是透過商品外觀來識別商品,所以**若能在題目旁邊附上商品包裝的照片,將可以得到更精準的答案。**

※顧客區隔的內容已在第2章(P.90)介紹過,簡單來說,就是依照某種基準分類的族群。建立區隔又稱為「區隔化」,有時也會簡稱為「○○區隔」

Q. 請問下列各種商品的使用頻率為何？請從選項中選出適當的答案（SAMT）

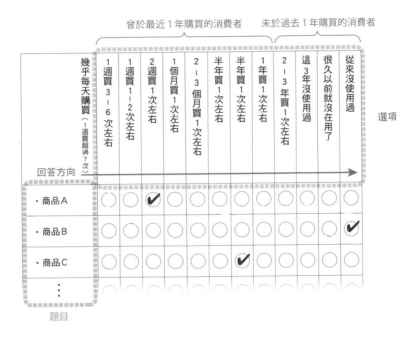

→這種格式可分析「商品A」的使用頻率。

而且**還可依照「商品A」的使用頻率將受訪者分成「重度使用者」、「輕度使用者」、「非使用者」這些區隔，或是統計相關的資料**（「商品B」與「商品C」也能如此統計資料）。

接下來要介紹的是**「正式調查」**。

●**正式調查**

Q. 請問在買「商品類別（例如：紅茶、粉底或是其他的商品項目）」的時候，最先想到的5種商品（FA）

1.
2.
3.
4.
5.

　　→這種提問方式可知道消費者會想到哪些商品或品牌，也能知道其中是否包含自家公司的商品。這種消費者想到的商品或品牌稱為「喚起集合（Evoked Set）」。

> 喚起集合（Evoked Set）：消費大眾在購買商品時，第一時間想到的品牌或商品名稱。比方說，許多人在聽到罐裝啤酒的時候，第一時間會想到「ASAHI Super Dry」、「Sapporo 黑標」、「KIRIN 一番搾」、「The Premium Malt」及「EBISU」這些品牌，而這些品牌就是所謂的喚起集合。如果自家品牌或產品不在這個喚起集合之內，代表知名度不夠，或是被顧客排除在選項之外。一般認為，喚起集合之中的品牌數量約為 3-5 個，不會超過一隻手能數完的數量。

Q. 你曾看過這部影片嗎？請從中選出適當的選項（就本書這個例
子，是讓受訪者觀看產品的電視廣告，但也可以是在YouTube
公開的廣告或是促銷影片。甚至是文案或商品本身）（SA）

- ☑ 1．曾經看過
- ◯ 2．好像看過
- ◯ 3．沒看過

　　→這種提問方式能知道廣告這類行銷策略觸及了哪些顧客區
隔，被哪些顧客區隔認識，能進一步分析「目標對象」的認知
度。此外，還能**以廣告觸及者與非廣告觸及者為構面，進一步分
析訪問資料**。

Q. 請教您對剛剛的影片有什麼印象？請試著選出適當的選項
（SAMT）

回答方向 →	就是這麼感覺	大概有這種感覺	不知道	不太有這種感覺	完全沒有這種感覺	選項
・覺得不錯	◯	◯	☑	◯	◯	
・想要購買	◯	☑	◯	◯	◯	

題目

→這種提問方式可分析顧客對於行銷策略的感覺以及購買意願，
可分析行銷策略是否打中「目標對象」。

Q. 請針對前一題「覺得不錯」的部分，說明您的選擇（FA）

→這種提問方式可分析顧客對商品產生好感或是排斥商品的理由。排斥的理由通常很難應用（細節請參考 P.494 的 TOP10），建議大家將分析重點放在產生好感的理由。商品的哪一點受到青睞，商品的強項為何？哪個「賣點」打中了哪些「目標對象」？這種提問方式可具體分析這類內容。

Q. 請針對前一題「想要購買」的部分，說明您的選擇（FA）

→這種提問方式可分析顧客想要購買與不想購買商品的理由。不想購買的理由通常很難應用，建議大家將分析重點放在想要購買商品的理由。這種提問方式也能具體分析商品的哪個部分受到青睞，商品的強項為何？哪個「賣點」打中了哪些「目標對象」？這種內容。

Q. 請針對剛剛的影片選出適當的選項（SAMT）

回答方向	就是這麼感覺	大概有這種感覺	不知道	不太有這種感覺	完全沒有這種感覺
· 喜歡藝人	◯	✔	◯	◯	◯
· 喜歡配樂	✔	◯	◯	◯	◯
· 喜歡 ** 世界觀	◯	✔	◯	◯	◯
· 對 ** 有共鳴	◯	◯	◯	✔	◯
· （其他的廣告或是行銷目的）	◯	✔	◯	◯	◯
⋮					

選項

題目

→表側的部分可以是行銷策略規劃的「賣點」或目標對象。這種提問方式可分析影片在「目標對象」心中的印象，以及訊息是否如預期地打中目標對象。

Q. 您是否瞭解剛剛的影片所要傳達的意思？請從下列的選項選出
適當的答案（SAMT）

回答的方向	完全理解	稍微理解	說不上理解不理解	有點不理解	完全無法理解	選項 →
・知道商品 A 要傳達的是 ** 意思	✔	◯	◯	◯	◯	
・知道商品 A 要傳達的是 ** 意思	◯	◯	◯	✔	◯	
・（其他的廣告或是行銷目的）	◯	✔	◯	◯	◯	
⋮ 題目						

**→表側的部分可以是行銷策略規劃的「賣點」或目標對象。這種
提問方式可分析影片在「目標對象」心中的印象，以及訊息是否
如預期地打中目標對象。**

　　之所以常透過SAMT的單一選項矩陣提問，是因為「受訪者
遇到MA這類複選題的時候，勾選的選項非常少」（詳情請參考
P.489-492），這種情況尤其常在網路的量化調查出現。所以建議
大家盡量採用SAMT（單一選項矩陣）這種讓受訪者逐一思考題
目再回答的方法。

　　調查結果的分析可一邊參考P.464「③策略強度驗證分析」的
確認場所與確認重點，一邊找出自己心目中當下的最佳解答。**得
出初步的結論之後，再與大家集思廣益分析這個結論，應該就能
找到意想不到的新發現。**

▶▶ 專欄

座談會問卷調查

大家應該都遇過在某些活動結束後，立刻被要求回答問卷的情況，例如在座談會結束後，主辦方請來賓填寫問卷就是其中一例。假設你的商品是「座談會」或是「演講」，那麼「座談會問卷調查」絕對也是一種驗證效果的方法。這類當場驗證效果的問卷調查只需要以下列的方式進行即可。

Q. 請問在這次的研修課程之中，你覺得哪些內容最實用呢？

（MA）

- □ 第一部分：＊＊＊＊＊＊＊＊
- □ 第一部分：＊＊＊＊＊＊＊＊
- □ 第一部分：＊＊＊＊＊＊＊＊＊
- □ 第一部分：＊＊＊＊＊＊＊＊＊
- □ 第二部分：＊＊＊＊＊＊＊＊
- □ 第二部分：＊＊＊＊＊＊＊＊
- □ 第二部分：＊＊＊＊＊＊＊＊
- □ 第三部分：＊＊＊＊＊＊＊＊

請在此填寫座談會內容

Q. 請問在本次的培訓課程中，您覺得哪些內容比較難以理解呢？

（MA）

- □ 第一部分：＊＊＊＊＊＊＊＊
- □ 第一部分：＊＊＊＊＊＊＊＊
- □ 第一部分：＊＊＊＊＊＊＊＊
- □ 第一部分：＊＊＊＊＊＊＊＊

請在此填寫座談會內容

- □ 第二部分：＊＊＊＊＊＊＊＊
- □ 第二部分：＊＊＊＊＊＊＊＊
- □ 第二部分：＊＊＊＊＊＊＊＊
- □ 第三部分：＊＊＊＊＊＊＊＊

Q. 請問今後想聽到哪些課程內容呢？（MA）

- □ ＊＊＊＊＊＊＊＊
- □ ＊＊＊＊＊＊＊＊
- □ ＊＊＊＊＊＊＊＊
- □ ＊＊＊＊＊＊＊＊
- □ ＊＊＊＊＊＊＊＊

> 請在此寫出正在
> 規劃的內容的原型

　　若使利用Zoom這套軟體進行網路座談會的話，就能使用該軟體的投票功能快速收集上述問題的答案。如此一來就能徹底瞭解哪些內容較吸引人，也有助於製作後續的商品。

　　如果時間允許的話，也可以順便調查下列的內容，以備不時之需。

Q. 請問對這次的培訓課程有何感想？（FA）

Q. 請問在這次研究課程中有什麼發現？感想？或是哪些部分令你印象深刻？（FA）

Q. 你覺得有哪些部分能應用於自己的業務？（FA）

此外，若是大學的課程，可追加下列題目。請大家務必參考看看。

Q. 相較於其他講師，〇〇〇（在此填入講師姓名）有沒有什麼不成熟的部分（缺點或是需要改善的）？請盡可能舉列（FA）

Q. 相較於其他講師，〇〇〇（←講師姓名）的優點是什麼？如果有的話請列出來（FA）

Q. 從各位學生的立場來看，希望〇〇〇（←講師姓名）能有哪些附加價值（例如服務、講義或其他），有的話請列出來（FA）

第9章

調查受挫再讀的章節

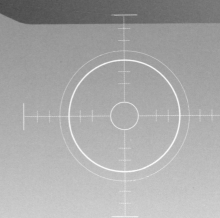

到日前為止，本書介紹了誰都能輕鬆使用的「打造暢銷商品的調查方法」。

最後一章要介紹的是在調查之際「常見的挫折」，以及這些挫折的原因與對策。如果各位在進行調查時遇到困難，不妨複習本章的內容。

⊕ 調查時常見的煩惱及失敗模式TOP12

在進行調查時，常見的挫折到底是什麼呢？為了知道這類常見的煩惱與失敗，我還真的調查了一遍。首先要發表的是前12名常見的失敗模式！（參考右頁）

或許有些人也有過類似的經驗，對吧？接著讓我們一起瞭解這些失敗模式的原因與解決對策。

⊕ 失敗模式TOP1
基於「因為不知道，所以先調查再說」的想法做調查，卻不知該調查什麼

這種失敗模式的原因就是在調查之前沒有先建立假設。沒有建立假設就收集資料，只會收集到一堆數字卻白忙一場。只從這些資料找到1個新發現的情況也很常見。

這真的是非常常見的失敗，**要避免這類情況發生，就必須對調查具有正確的心態**。請務必將「以亂槍打鳥的方式進行調查，常常是徒勞無功」這句話放在心裡（P.62-65）。至於具體該怎麼做，請參考第2章P.66~ 的說明。

Q · 請問進行調查時，常遇到哪些困難呢？

TOP 1	基於「因為不知道，所以先調查再説」的想法做調查，卻不知該調查什麼	58.5%
TOP 2	平均值與實際感受有偏差（平均值比感覺到的過高或過低）	47.6%
TOP 3	進行問卷調查時，只有前面幾題選項被勾選	46.6%
TOP 4	無法透過調查得到新發現，總是收集到理所當然的資料（明明不用調查也知道，卻不小心調查了一遍）	39.1%
TOP 5	看數據不知道為何是這些數字？只能揣測消費大眾的想法	36.3%
TOP 6	請受訪者「選出幾個適當的選項（MA）」，結果所有項目都是比想像還低的數字，全低於 20%	28.6%
TOP 7	透過調查得知大眾心聲之後，很難判斷是小眾還是主流意見	26.9%
TOP 8	調查後仍完全不知道目標對象的理想樣貌	26.2%
TOP 9	明明知道收集到的資料一定有用處，卻不知如何使用	25.4%
TOP 10	問受訪者對商品有什麼問題，得到的答案都是已知缺點	24.2%
TOP 11	請受訪者説出想要哪種商品，卻只得到無聊的回答	23.7%
TOP 12	國家或智庫這類具公信力的機關和我做了相同的調查，白白浪費時間金錢	14.8%

※電通自主調查：針對全國 20-59 歲男女在職者 250 名進行施測
（調查期間：2021 年 6 月 26 日至 7 月 3 日）網路調查

⊕ 失敗模式TOP2
平均值與實際感受有偏差（平均值比感覺到的過高或過低）

這應該是只將注意力放在「平均值」這個代表值所導致。

代表值就是代表某個族群的「常態」、「標準」或「正中央」的數值。其實代表值的種類有很多，「平均值」不過是其中一個。

此外，「平均值」很容易受到資料之中的「極端值」影響，假設資料中有極大或極小的值，平均值就會失真。

舉例來說，某間門市在這 3 天內分別來了 10 人、30 人、18 人，平均為19 人，結果第 4 天卻莫名其妙地來了 1,000 人（極端值），導致平均值大幅上升至 264 人。這時候絕不能就此做出「第 5 天之後的客人少於264 人，所以來客數很低」這種結論。

⊕ 必認識「平均值」、「中位數」與「眾數」等代表值

不會被這類極端值影響的代表值為「中位數」與「眾數」。讓我們一起瞭解「平均值」、「中位數」與「眾數」這 3 個代表值的使用方法。

「平均值」是最常見的代表值，也就是加總所有資料的值，再除以資料筆數的值。

「中位數」是所有資料按照由小至大的順序排列之後，位於正中央的值。

「眾數」則是在資料之中，出現最多次的資料。

這3種代表值的優缺點請參考下圖。

◉3 種代表的特徵與優缺點

	特徵	優點	缺點
平均值 （mean）	最常見的代表值 又稱為「算術平均數」 加總所有資料的值，再以資料 筆數除之	可將所有值 納入考慮	容易被極端值（極大 或極小的值）影響， 會因此大幅失準
中位數 （median）	所有資料依序由小至大的順序排 列之後，位於正中央的值。假設 資料為奇數，就是位於正中央的 值；假設資料為偶數，就是正中 央的兩個值相加除以 2 的平均值	不易受極端值 影響	無法將所有值納入 考慮
眾數 （mode）	在數據中出現次數最多的值	不易受極端值 影響	只有在資料夠多的 時候才能使用

　　比方說，下一頁圖表是日本厚生勞動省每年發表的「國民生活基礎調查」的平均所得金額。平均值552萬日圓，中位數是437萬日圓。雖然這張圖表沒直接寫出眾數，但根據圖表判斷的話，應該介於200-300萬日圓之間。

●各收入階層家戶數的分布圖

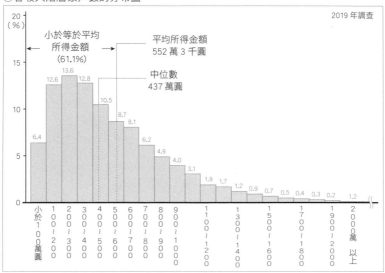

來源：日本厚生勞動省「國民生活基礎調查 2019 年」

　　從圖中可以發現，就算都是代表值，「平均值」、「中位數」與「眾數」都有自己的特徵。平均值之所以會高於其他兩個值，在於受到2,000 萬以上的資料影響。

　　從圖中也可以發現，所得金額低於平均值的人約有6成。不會被極端值影響的中位數落在437 萬這個點，如果是中位數的話，似乎就能拿自己的收入進行比較。大部分的人（眾數）都落在200至300 萬圓這個區間。

　　除了透過平均值解讀資料，也試著使用中位數與眾數，就能從不同的角度解讀資料。

◈ **透過分布方式瞭解「平均值」、「中位數」與「眾數」的大小關係**

平均值、中位數與眾數也有一致的時候。

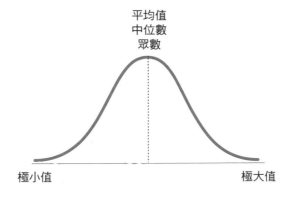

平均值
中位數
眾數

極小值　　　　　　　　　　　極大值

另一方面，若是前述的平均所得金額這種平均值被極端值影響的例子，平均值就會是這3個代表值之中最大的值，而眾數會是最小的值。

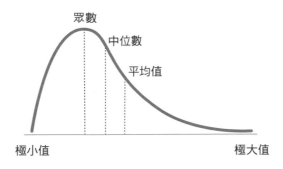

眾數
中位數
平均值

極小值　　　　　　　　　　　極大值

反之，若是平均值被極小值影響的例子，平均值就會是最小的值，眾數則是最大的值。

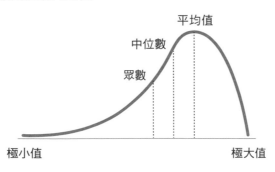

平均值
中位數
眾數

極小值　　　　　　　　　　　極大值

⊕ 失敗模式TOP3

進行問卷調查時，只有前面幾題選項被勾選

這種失敗模式的原因在於**選項的順序影響了受訪者的回答。**為了避免這類情況方式，需要根據不同的受訪者隨機調整選項的順序。**若是網路調查，可使用「隨機排序（Randomize）」這種技術解決問題。**

⊕ 失敗模式TOP4

無法透過調查得到新發現，總是收集到理所當然的資料
（明明不用調查也知道，卻不小心調查了一遍）

這種失敗模式的原因在於**「未釐清該調查的事情」以及「未以正確的方式使用調查技巧」。**

明明是不用調查也知道的事情，卻不小心特別調查一遍的例子其實比想像中來得多。比方說，想要開發新的化妝水，卻抱著「總之先問問消費者平常常用的保養品是什麼」心態進行調查就是其中一例。因為再怎麼問，大概只會得到「在塗完化妝水與精華液之後，再抹乳液」這種答案，而這些答案實在太過理所當然，根本不知道用途為何。

重點在於不要抱著「總之先調查再說」這種心態。若不先釐清「為了什麼調查，想要調查什麼」、「建立了何種假說，想要釐清什麼」這些問題就進行調查，就只會收集到一大堆無用卻徒增干擾的資料。

具體該怎麼解決這個問題，可依照TOP1的建議，參考第2章P.66~的內容。

失敗模式 TOP5

看數據不知道為何是這些數字？只能揣測消費大眾的想法

這個失敗模式的原因應該是**在進行調查時，過於依賴「量化調查」**。量化調查的確能以明確的數值掌握整體資料，並且從客觀的角度解釋資料，但無法瞭解這些數字背後的「理由」，所以只能得到表面的資訊與解釋。如果企圖透過推測或臆測的方式補充未知的資訊，一旦推測與臆測有誤，就有可能會造成難以挽回的失敗。

若想取得難以量化的「情緒」或「心理」方面的資料，以及想知道事實背後的理由，就必須進行「質化調查」。

這部分請參考第 2 章的 P.90-95 的說明。

失敗模式 TOP6

請受訪者「選出幾個適當的選項（MA）」，結果所有項目都是比想像還低的數字，全低 20%

這種失敗模式的原因在於**「選出幾個適當的選項」這種複選（MA）的題目本身就有勾選數偏低的問題**。

要避免這類問題發生，可使用 5 點或 7 點的李克特量表※這種方式提出單一選項（SA）（P.465-466）的題目。一題一題問當然沒問題，**但如果題目很多，建議整理成矩陣（SAMT）的格式。**

※李克特量表（Likert Scale）：此量表是由美國社會心理學者 Rensis Likert 開發。舉例來說「很喜歡／有點喜歡／不知道／不太喜歡／很不喜歡」就是李克特量表的一種，而這是將肯定的反應與否定的反應放在天秤兩端，再將兩種反應之間的部分拆成 5 段或 7 段的提問方式。有時候會省略正中央的「不知道」，只讓受訪者選擇喜歡或不喜歡。許多人會把李克特量表與 SD 法混為一談，但其實是兩種不一樣的提問方式（SD 法的部分請參考第 5 章 P.248-249）。

◉以 MA（複選）的方式提問

Q.請勾選下列所有與時尚服飾有關的意識或行為

☐ 一定會添購每一季的流行服飾

☑ 曾經買過與時尚雜誌介紹的完全一樣的商品

☐ 曾經接受還沒傳入日本的外國時尚潮流

☐ 常常被別人請教有關時尚的事情

☐ 曾經幫朋友打扮

☐ 曾經在街上應媒體邀約拍攝街頭時尚照

☐ 曾將自己的穿搭上傳至社群媒體（Facebook、Instagram、部落格）或穿搭教學網站

☐ 會刻意挑選男性喜歡的衣服

☐ 會刻意挑選女性喜歡的衣服

☐ 不在意別人的眼光，只挑選自己喜歡的衣服

☐ 曾在品牌店購買人形模特兒或店員身上的整套打扮

☑ 討厭跟別人撞衫

☐ 一知道哪些服飾流行，就會忍不住購買

☐ 比起流行，更在意質感與舒適度

☐ 很關心每一季的時尚潮流

☐ 喜歡在巴黎時裝週或紐約時裝週亮相的名牌服飾

☐ 喜歡隨自己的心意改造服飾

☐ 常買快時尚品牌（UNIQLO、ZARA、GAP、Honeys 這類品牌）的衣服

☐ 會買個性鮮明的時尚小物（鞋子或包包這類配件）

☐ 不買不好搭的服飾

☐ 會參考外國名人的時尚打扮

☑ 會透過 Instagram 這類社群媒體汲取時尚資訊或化妝的潮流

☐ 曾與戀人或好友穿著相同的打扮出門

☐ 喜歡或曾經在萬聖節這類活動或派對打扮成動漫人物或是穿上制服，進行所謂的角色扮演

☐ 想要舉辦或是已經辦過有著裝規定（例如統一穿白色衣服）的女子聚會

☐ 常穿略帶男孩子氣質或中性的服飾

◉以 SAMT（單一選項矩陣）的李克特量表提問

Q.以下所有與時尚服飾有關的意識或行為，你的符合程度為何？

	回答方向	非常符合	符合	有點符合	不知道	不太符合	不符合	非常不符合
1	一定會添購每一季的流行服飾			✔				
2	曾經買過與時尚雜誌介紹的完全一樣的商品	✔						
3	曾經接受還沒傳入日本的外國時尚潮流						✔	
4	常常被別人請教有關時尚的事情					✔		
5	曾經幫朋友打扮					✔		
6	曾經在街上應媒體邀請拍攝街頭時尚照						✔	
7	曾將自己的穿搭上傳至社群媒體（Facebook、Instagram、部落格）或穿搭教學網站					✔		
8	會刻意挑選男性喜歡的衣服			✔				
9	會刻意挑選女性喜歡的衣服		✔					
10	不在意別人的眼光，只挑選自己喜歡的衣服			✔				
11	曾在品牌店購買人形模特兒或店員身上的整套打扮		✔					
12	討厭跟別人撞衫	✔						
13	一知道哪些服飾流行，就會忍不住購買			✔				
14	比起流行，更在意質感與舒適度				✔			
15	很關心每一季的時尚潮流				✔			
16	喜歡在巴黎時裝週或紐約時裝週亮相的名牌服飾							✔
17	喜歡隨自己的心意改造服飾					✔		
18	常買快時尚品牌（UNIQLO、ZARA、GAP、Honeys 這類品牌）的衣服					✔		
19	會買個性鮮明的時尚小物（鞋子或包包這類配件）							✔
20	不買不好搭的服飾				✔			
21	會參考外國名人的時尚打扮							✔
22	會透過 Instagram 這類社群媒體汲取時尚資訊或化妝的潮流	✔						
23	曾與戀人或好友穿著相同的打扮出門			✔				
24	喜歡或曾經在萬聖節這類活動或派對打扮成動漫人物或是穿上制服，進行所謂的角色扮演		✔					
25	想要舉辦或是已經辦過有著裝規定（例如統一穿白色衣服）的女子聚會		✔					
26	常穿略帶男孩子氣質或中性的服飾				✔			

◉以 MA（複選）提問的情況

Q.請從下列商品包裝中，選出所有喜歡的款式

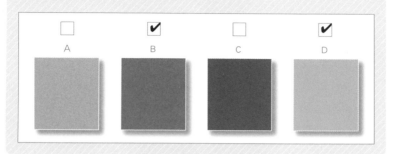

◉以 SAMT（單一選項矩陣）的李克特量表提問的情況

Q.請以您對下列商品包裝的喜好程度，分別勾選對應的選項

失敗模式TOP7
透過調查得知大眾心聲之後，很難判斷是小眾還是主流的意見

這種失敗模式的原因在於**「過於依賴量化調查或質化調查，不懂得視情況選用不同的調查方式」**。

透過調查瞭解消費大眾的手法大致分成「質化調查」與「量化調查」這兩種，而這兩種調查方法都有各自的優缺點，但不熟悉調查方法的人，常常會只使用自己相對熟悉的調查方法。

一旦過於依賴某種調查方法，就一定會遇到瓶頸。建議大家依照TOP5的建議，透過第2章P.90-95的內容瞭解這兩種調查手法的優缺點。

失敗模式TOP8
調查後仍完全不知道目標對象的理想樣貌

這種失敗模式的原因在於**「沒有正確地執行目標對象的分析流程」**。

話說回來，「目標對象分析」有許多調查方法可以使用，若是漫無目的地進行調查，往往無法找到目標對象，也無法瞭解想要知道的事情。

為了讓目標對象採取我們想要的行動，就必須設定正確的目標對象，以及加深對目標對象的理解，建議大家參考於第5章P.234-237說明的「打造暢銷商品的目標對象分析流程」。

◇ 失敗模式TOP9

明明知道收集到的資料一定有用處，卻不知如何使用

雖說收集這類資料也無傷大雅，但**如果因此拖垮工作效率，代表發生了「不懂得將無法解釋的資料以及可以解釋的資料區分開來」的問題。**

如果「打造暢銷商品的調查方法」無助於進行有效的行銷分析，那就是沒有意義的調查。

建議大家**將還不知道有什麼用途的資料先存放在其他的資料夾，並且將用途已知的資料放在另一個資料夾，不要讓這兩種資料混在一起**。如此一來，就能避免因為資料太多而勞神。

這部分的做法可參考第2章的P.115-118。

◇ 失敗模式TOP10

問受訪者對商品有什麼問題，得到的答案都是已知缺點

會發生這種失敗，是因為負面意見的用途本來就很少。

有些人以為問「商品的缺點」比問「商品的優點」更容易收集到有用的資料，但其實恰恰相反，因為缺點要多少就有多少，所以若只問商品的缺點，恐怕會不知道該怎麼改善，也不知道下一步該怎麼做。

如果想知道有效的改善重點，可調查「哪個部分做得不錯」以及「哪個部分做得不夠好」這類問題，這樣才比較有機會得到戰勝對手的資訊。

讓自家公司獲勝的調查方式可參考第7章P.416~內容，透過驗證效果找到下一步的調查方式可參考第8章P.452~內容

失敗模式TOP11

請受訪者說出想要哪種商品，卻只得到無聊的回答

這種失敗模式源自**大部分的人都無法以言語描述心中想要的東西**，所以「想要什麼商品？」這種問題實在沒什麼意義。

或許有人聽過「能以言語描述的事物只有冰山一角」這種說法。如果能找出那些難以言喻，深藏在顧客意識之中的洞察（最純粹的煩惱與需求），就能創造爆發力十足的暢銷商品。**那些難以筆墨形容的洞察（最純粹的煩惱與需求）是無法透過搜尋而找到的，所以在這些洞察出現在社會大眾面前以及競爭開始之前早一步發現才如此珍貴。**

要想催生那些前所未見的暢銷商品，可參考第3章「開發暢門商品的調查」、第5章「發現洞察」（P.330）、第6章發現品類外競爭者（P.379）的內容。

失敗模式TOP12

國家或智庫這類具公信力的機關和我做了相同的調查，白白浪費時間金錢

這種失敗模式的原因在於**不知道哪邊有資訊，未確實掌握資料來源**。為了避免浪費時間或精力去調查既有的資料，就必須先知道哪邊儲存了哪些資訊。這部分可參考第4章P.197~內容。

★結語

　　對我來說，「調查」一直是非常重要的方法。我因為聽力受損惡化，在年僅10歲的時候雙耳失聰，自此成為重度聽障者。在與聽力正常的人一起生活的過程中，我只能被動地接受有限的資訊，為了彌補這項缺憾，我自然而然變得更主動「調查」。正因為不自行調查就跟不上別人，所以我總是透過書籍、網路主動地提問，用盡一切方法找尋我想調查的東西。當我不斷調查之後，我的世界也越來越寬闊，也知道能使用這些調查所得的資訊做出決策。當我實際感受到這一切，回過神來才發現自己已經沉醉於「無所不調查」的世界裡。

　　進入廣告公司之後，前輩建議我「『調查魔人』最適合去的地方是行銷部門」。起初，我以為「我想去的行銷部門正是調查魔人如我的天職」，不過，當我實際瞭解行銷部門的策略規劃師進行的「行銷調查」之後，才知道事情沒有想像中那麼簡單，我很擅長的「調查」完全無法在規劃策略的時候發揮作用。還記得我花了5年以上，才學會真正的調查方法。

　　為什麼會花這麼多時間呢？我認為原因之一就是沒有「教科書」。介紹調查方式的好書其實有很多，但大部分都是調查專業公司、調查者、研究者這類以調查為專業的人所寫的書。

策略規劃師使用的調查方式是將重點放在讓客戶的事業成長與成功的調查方式。據我為所知，像本書從策略規劃師的角度出發，將客戶發展事業與研究調查方式連結起來，有如教科書的圖書或教材，在當時是不存在的，所以剛進入行銷部門的菜鳥策略規劃師，只能透過實際的業務執行邊看邊學，才能找出屬於自己的調查方法。如果能有教科書的話，就能快速學會調查方法，也不用像我學得那麼辛苦。

　　此外，有些非行銷部門的同事沒什麼機會實際進行調查；有些同事只負責過新創企業這類客戶，行銷經驗還不太夠；有些則是想要創立副業，銷售自己設計的商品。他們很常跑來問我「該怎麼做才能收集到事業所需的資料呢？」

　　若是沒有實際進行調查過的人，或許會覺得自己的事業與調查之間的距離非常遙遠，但就我的經驗來看，調查與事業是密不可分的，所以對於非行銷部門的上班族，或是想要銷售自己開發的商品的業主來說，絕對需要一本有關調查方法的教科書，這也成為我寫這本書的動機。

　　我在廣告公司工作已經超過 10 年，在這段期間，我接觸了數也數不盡的好企業、好商品與好服務讓我無數次感嘆「為什麼這麼棒的商品無法推廣呢？」「明明擁有這麼棒的技術，為什麼沒有能推廣這項技術的商品呢？」在物資與資訊充斥的現代，我們面臨的是資訊戰。如果在「調查」這個環節受挫，恐怕就無法替商品擬定適當的銷售策略。

因此，我非常希望各位能善用本書，學會正確的調查方法，早一步找到正確的「目標對象」與「賣點」，也希望優質的產品能送到需要的人手上。由衷盼望，這世上再也沒有優質商品被忽視的情況發生。

　　希望優質的東西能送到需要的人手中。
　　抱著這個想法的我，時至今日仍持續進行策略規劃。在此打從心底希望本書的內容得以發揮效果，讓各位的商品送到更多真正需要的人手中。

2021 年 8 月

阿佐見綾香

謝辭

　　策略規劃師都知道的確有所謂的「打造暢銷商品的調查方法」，但是要將這些調查方法寫成白紙黑字，再整理成一套完整的系統，是一件非常辛勞又耗費時間的工作。本書從企畫到出版，耗費了整整兩年的時光，也多虧各界的朋友鼎力相助，本書才得以順利付梓。接下來請讓我藉著這個機會感謝大家。

　　電通的林真哉局長、堀田真哉部長、Chief Solution Director 的大竹徹太郎、電通 MICROMILL Insight 董事長皆川直己，都從行銷部門的角度幫忙審視猶如長篇大論的本書，並且針對內文給予適當的建議。由衷感謝他們如此溫暖地守護著我。

　　此外，還要感謝電通的林信貴董事，感謝他為本書提供了策略性思考的模型，給予本書許多建議，更感謝他將我培養成策略規劃師。

　　感謝株式會社 2100 的國見昭仁，傳授給我直擊本質的策略規劃術，讓我知道我們能透過商業活動打造更棒的社會。

　　也非常感謝策略規劃總監的佐藤真木、杉本宏記，感謝他們的各種指點，我才能鉅細靡遺地介紹「目標對象」與「洞察」這些本書的重要概念。若未與這兩位交流，以及未接受這兩位的指導，我絕對沒辦法將這兩個重要概念寫成白紙黑字。真的非常感謝他們。

感謝 KOJI 本舖 DOLLY WINK 專案團隊的谷本憲宣、武田保奈實、玉置未來、渡邊理沙、小松大志,多謝他們在這段時間的照顧,感謝他們陪我一起煩惱,一起勇敢地面對各種挑戰,沒有半點妥協,真的打從心底感謝他們。

DOLLY WINK 專案製作人益若翼是一位思緒非常清晰的人,我從她身上學到不少關於品牌製作人的感性與專業,也得到不少良性刺激,非常感謝她給我與她一起工作的機會。

接著要感謝的是 DOLLY WINK 專案電通團隊的外崎郁美、八木彩、石崎莉子、辰野 ANA、鎌田明里、東亞理沙、川畑茉衣、周詩雨、池谷亮人、清水敦之。每一位都非常認真之外,也是我能打從心底依賴的團隊,我實在非常喜歡他們,也非常感謝他們,今後也請多多指教,一起從事各種工作。

接下來要感謝的是負責人力資源與培訓的高田愛與半田友子。感謝她們一起設計社內培訓課程,一起開發行銷部門新人教育課程,也給予許多寶貴的意見。非常感謝她們讓我得到如此寶貴的機會。

感謝電通的新冠疫情專案、KPI 專案的負責人兼策略規劃總監赤尾敦義與杉田和香,傳授給我們最先進的策略規劃術,讓我更知道該如何掌握社會大眾瞬息萬變的洞察力,也讓我知道該如何設定直擊本質的策略性課題。他們讓我學到許多知識,在此由衷感謝他們。

接著要感謝的是數據科學家田中悠祐,謝謝他給予許多有關大數據資料分析的建議。田中先生那淺顯易懂的著作也讓我讀得非常過癮。

接著要感謝的是 Forbes JAPAN Web 編輯部總編谷本有香。謝謝她讓我有機會專欄介紹提升行銷素養的調查方法。

感謝日本經營合理化協會的小澤勇一，讓我有機會在社會大眾中洞察尚未於浮上檯面之前，就先掌握洞察力的調查方法，並能用語言表述。

此外，也要在此感謝那些提供圖片、資料，以及幫忙確認文章內容是否屬實的不具名朋友，僅藉此機會深深地感謝他們。

感謝 PHP 研究所的中村康教讓我有機會撰寫本書。感謝他在這漫長的兩年裡，陪我一起煩惱與提供大量的靈感，成為最瞭解也全面支持我的人。若沒有中村先生，這本書絕不可能完成。真的非常感謝他。

感謝一手包辦精美的文字設計、插圖、圖表、排版的株式會社 JeeLamuu 齋藤稔。他耐心地設計這本厚度前所未見的書，沒有他的毅力與恆心，這本書絕對無法完稿印刷。非常感謝他徹底包容我的堅持。

由衷感謝負責日文版裝幀的三森健太，臉上沒有半點不耐煩地聽取我這個外行人的需求，以及替日文版設計了最棒的封面。

感謝「Elies Book Consulting」的土井英司傳授撰寫商業書籍的基礎知識。同時感謝他在我撰寫本書的時候，給予許多建議，也非常感謝他這些年來的支持。

另外還要感謝小名木佑來，感謝他在百忙之中答應我的邀請，幫忙撰寫讀者限定福利5大工具的程式。

感謝身為教育界專家的老公犬塚壯志，謝謝他從旁協助我，讓我得以將那些原本難以化為文字與系統的經驗寫成文字，以及整理成一套完整的知識體系，也在企畫與執筆的過程中，給了我非常多的指導。多虧有你，我才能寫到最後一刻，本書也才得以出版。非常感謝你打從心底聲援我的夢想。

感謝住在福岡的公公幹夫、婆婆千佳榮總是支持我的工作，給我許多的溫暖。有機會請讓我去久留米看望你們。感謝一直以來在背後支持我的爸爸和友、媽媽典子與弟弟和輝。我知道你們因為我的聽障吃了不少苦，所以接下來我會繼續努力，直到成為你們的驕傲為止。希望你們能永遠保持健康與長命百歲。

最後，要向購買本書的讀者表達感謝之情。能將本書獻給需要這方面知識的你是我最開心的事情。在此由衷感謝大家支持。

参考文献

『ある広告人の告白［新版］』デイヴィッド・オグルヴィ著、山内あゆ子訳（海と月社）

『「売る」広告［新訳］』デイヴィッド・オグルヴィ著、山内あゆ子訳（海と月社）

『広告の巨人オグルヴィ語録』デイヴィッド・オグルヴィ著、山内あゆ子訳（海と月社）

『The Mind of the Strategist: The Art of Japanese Business』大前研一著（McGraw-Hill）

『StrategicMind　2014 年新装版』大前研一著（NextPublishing）

『意思決定の思考技術』ハーバード・ビジネス・レビュー編、DIAMOND ハーバード・ビジネス・レビュー編集部訳（ダイヤモンド社）

「財務分析がイノベーションを殺す」クレイトン・M・クリステンセン, スティーブン・P・カウフマン, ウィリー・C・シー著（『DIAMOND ハーバード・ビジネス・レビュー』2008 年 9 月号より）

『真實の瞬間―SAS（スカンジナビア航空）のサービス戦略はなぜ成功したか』ヤン・カールソン著、堤猶二訳（ダイヤモンド社）

『本当に欲しいものを知りなさい―究極の自分探しができる16の欲求プロフィール』スティーブン・リース著、宮田攝子訳（角川書店）

『新規事業の實踐論』麻生要一著（NewsPicks パブリッシング）

『リーンスタートアップ』エリック・リース著、井口耕二訳（日経 BP）

『YouTube の時代 動画は世界をどう変えるか』ケヴィン・アロッカ著、小林啓倫訳（NTT出版）

『Hacking Growth　グロースハック完全読本』ショーン・エリス, モーガン・ブラウン著、門脇弘典訳（日経 BP）

『トリガー 人を動かす行動経済学26の切り口』楠本和矢著（イースト・プレス）

『ニューコンセプト大全』電通 B チーム著（KADOKAWA）

『ワークマンは商品を変えずに売り方を変えただけでなぜ 2 倍売れたのか』酒井大輔著（日経BP）

『スノーピーク「楽しいまま！」成長を続ける経営』山井太著（日経 BP）

『スノーピーク「好きなことだけ！」を仕事にする経営』山井太著（日経 BP）

『そもそも解決すべきは本当にその問題なのか（DIAMOND ハーバード・ビジネス・レビュー論文）』トーマス・ウェデル＝ウェデルスボルグ著、スコフィールド素子訳（ダイヤモンド社）

『マーケティングリサーチとデータ分析の基本』中野崇著（すばる舎）

『文系でも仕事に使える データ分析はじめの一歩』本丸諒著（かんき出版）

『マンガでわかるやさしい統計学』小林克彦監修、智・サイドランチ＜マンガ＞（池田書店）

『理系読書――読書効率を最大化する超合理化サイクル』犬塚壮志著（ダイヤモンド社）

『戦略インサイト』桶谷功著（ダイヤモンド社）

『はじめてのカスタマージャーニーマップワークショップ』加藤希尊著（翔泳社）

『人と組織を効果的に動かす KPI マネジメント』楠本和矢著（すばる舎）

『リサーチの技法』ウェイン・C・ブース, グレゴリー・G・コロンブ, ジョセフ・M・ウィリアムズ, ジョセフ・ビズアップ, ウィリアム・T・フィッツジェラルド著、川又政治訳（ソシム）

『マーケティング・リサーチのわな』古川一郎著（有斐閣）

『マーケティングリサーチの論理と技法［第 4 版］』上田拓治著（日本評論社）

『イノベーション 5つの原則』カーティス・R・カールソン, ウィリアム・W・ウィルモット著、楠木建監訳、電通イノベーションプロジェクト訳（ダイヤモンド社）

『［改訂 4 版］グロービスMBAマーケティング』グロービス経営大学院編著（ダイヤモンド社）

索 引

讀者限定福利

》本書發布的 5 大計算工具**僅供讀者免費使用**

》本書 40 個原創範本**僅供讀者免費下載**

5 大工具（日文版）

❶ 百萬元轉換器 （P.220～）
❷ 去年同期比增減率計算機 （P.222～）
❸ 人口確認機 （P.254）
❹ 目標對象結構與人口確認機 （P.266～）
❺ LAND 分析與人口確認機 （P.284～）

存取方法

請透過以下 URL 或 QR 碼進入網站，輸入網站上指定的密碼以存取資料。
（※密碼為本書中所寫的關鍵字）

• 請使用 Google Chrome 或 Microsoft Edge 等瀏覽器中的 5 大工具（不支援使用 Internet Explorer 瀏覽器）。此外，建議您在 PC 上使用這些工具。

• 本書的原創範本以 PowerPoint 檔案格式提供（也有 PDF 版本），請根據需求適當修改使用。請注意，書中範本與下載用的 PowerPoint 檔案雖有相同內容，但設計並非相同。

https://livelovelaugh.jp/
marketing_research_tools_
2021_ayaka_asami/top.html
↓
【短網址】
https://bit.ly/37HJfTK

 or

〈注意事項〉
※本書提供下載與使用的範本及計算工具，僅限個人使用，請勿散布或公開。

40 種範本

各範本的內文頁面可參考索引的 P.508

※下載服務可能因為各種因素停止，恕不另行公告。
※使用讀者限定福利而產生的任何問題，作者及其公司均不承擔任何責任，敬請見諒。

國家圖書館出版品預行編目（CIP）資料

精準行銷聖經：日本電通洞察目標對象、找出賣點、打造暢銷商品的市場調查教戰手冊 / 阿佐
見綾香作；許郁文譯 . -- 初版 . -- 臺北市：墨刻出版股份有限公司出版：英屬蓋曼群島商家庭
傳媒股份有限公司城邦分公司發行 , 2023.05

面； 公分

ISBN 978-986-289-872-7（平裝）

1.CST: 行銷學 2.CST: 市場調查

496.3 112005907

墨刻出版 知識星球 叢書

精準行銷聖經

日本電通洞察目標對象、找出賣點、打造暢銷商品的市場調查教戰手冊
ヒットをつくる「調べ方」の教科書

作　　　　者	阿佐見 綾香
譯　　　　者	許郁文
審　　　　訂	朱芳儀
責 任 編 輯	林宜慧
封 面 設 計	袁宜如
行 銷 企 劃	周詩嫻

社　　　　長	饒素芬
事業群總經理	李淑霞
發 行 人	何飛鵬
出 版 公 司	墨刻出版股份有限公司
地　　　　址	台北市民生東路 2 段 141 號 9 樓
電　　　　話	886-2-25007008
傳　　　　真	886-2-25007796
E M A I L	service@sportsplanetmag.com
網　　　　址	www.sportsplanetmag.com

發　　　　行　英屬蓋曼群島商家庭傳媒股份有限公司城邦分公司
地址：104 台北市民生東路 2 段 141 號 B1
讀者服務電話 0800-020-299
讀者服務傳真 02-2517-0999
讀者服務信箱 csc@cite.com.tw
城邦讀書花園 www.cite.com.tw

香 港 發 行　城邦（香港）出版集團有限公司
地址：香港灣仔駱克道 193 號東超商業中心 1 樓
電話：852-2508-6231
傳真：852-2578-9337

馬 新 發 行　城邦（馬新）出版集團有限公司
地址：41, Jalan Radin Anum, Bandar Baru Sri Petaling, 57000 Kuala Lumpur, Malaysia
電話：603-90578822
傳真：603-90576622

經 銷 商　聯合發行股份有限公司（電話：886-2-29178022）、金世盟實業股份有限公司
製　　　　版　漾格科技股份有限公司
印　　　　刷　漾格科技股份有限公司
城 邦 書 號　LSK004

I S B N 9789862898727（平裝）
E I S B N 9789862898741（EPUB）
定價 NT 780 元
2023 年 5 月初版

HIT WO TSUKURU "SHIRABEKATA" NO KYOKASHO
Copyright © 2021 by Ayaka ASAMI
All rights reserved.
Interior illustrations, designs and diagrams by Minoru SAITO（G-RAM.INC）
First original Japanese edition published by PHP Institute, Inc., Japan.
Traditional Chinese translation rights arranged with PHP Institute, Inc.
through Bardon-Chinese Media Agency.
This Complex Chinese edition is published by Mook Publications Co., Ltd.